Perspektiven der Mathematikdidaktik

Herausgegeben von
G. Kaiser, Hamburg, Deutschland
R. Borromeo Ferri, W. Blum, Kassel, Deutschland

In der Reihe werden Arbeiten zu aktuellen didaktischen Ansätzen zum Lehren und Lernen von Mathematik publiziert, die diese Felder empirisch untersuchen, qualitativ oder quantitativ orientiert. Die Publikationen sollen daher auch Antworten zu drängenden Fragen der Mathematikdidaktik und zu offenen Problemfeldern wie der Wirksamkeit der Lehrerausbildung oder der Implementierung von Innovationen im Mathematikunterricht anbieten. Damit leistet die Reihe einen Beitrag zur empirischen Fundierung der Mathematikdidaktik und zu sich daraus ergebenden Forschungsperspektiven.

Herausgegeben von

Prof. Dr. Gabriele Kaiser
Universität Hamburg

Prof. Dr. Rita Borromeo Ferri,
Prof. Dr. Werner Blum,
Universität Kassel

Frauke Ulfig

Geometrische Denkweisen beim Lösen von PISA-Aufgaben

Triangulation quantitativer und qualitativer Zugänge

Mit einem Geleitwort von Prof. Dr. Michael Neubrand

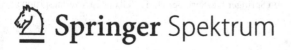 Springer Spektrum   **RESEARCH**

Frauke Ulfig
Eckernförde, Deutschland

Dissertation Carl von Ossietzky Universität Oldenburg, 2011

ISBN 978-3-658-00587-0 ISBN 978-3-658-00588-7 (eBook)
DOI 10.1007/978-3-658-00588-7

Die Deutsche Nationalbibliothek verzeichnet diese Publikation in der Deutschen National-
bibliografie; detaillierte bibliografische Daten sind im Internet über http://dnb.d-nb.de
abrufbar.

Springer Spektrum
© Springer Fachmedien Wiesbaden 2013

Gedruckt auf säurefreiem und chlorfrei gebleichtem Papier

Springer Spektrum ist eine Marke von Springer DE. Springer DE ist Teil der Fachverlagsgruppe
Springer Science+Business Media
www.springer-spektrum.de

Geleitwort

Für die Tests im Jahr 2003, also beim zweiten Zyklus der PISA-Studie, wurde erstmals Mathematik als die sog. „major domain" genommen. Auf der Basis des damals umfangreicheren Aufgabenbestands wurden zwei Charakteristika der mathematischen Leistungen in Deutschland identifiziert: Die Förderung der leistungsschwächeren Schülerinnen und Schüler schien das Kernproblem für die Weiterentwicklung des Mathematikunterrichts in Deutschland zu sein, und die deutlichsten inhaltlichen Defizite gab es in der Geometrie. Dennoch hat sich an den Schwerpunkten der mathematikdidaktischen Forschung seither nur wenig geändert. Nach wie vor finden wir die Mehrzahl der Arbeiten zum Mathematikunterricht im gymnasialen Bereich der Sekundarstufe-I, nicht etwa zum Mathematikunterricht an den Hauptschulen. Noch verstärkt gilt das für das Teilgebiet Geometrie. Somit reagiert die vorliegende Arbeit von Frauke Ulfig passgenau auf die mit PISA-2003 erkannten zentralen Probleme: Sie wählt Geometrie und blickt gezielt auf Schülerinnen und Schüler aus Hauptschulen.

Allein aus den Daten hergeleitete bildungspolitische oder mathematikdidaktische Desiderata definieren jedoch noch keinen Forschungsansatz und erst Recht keinen Entwicklungsansatz. Dazu bedarf es eben beider Seiten, der umfangreichen Daten als Evidenzbasis – diese liegen mit PISA vor – und der Einsicht in das individuelle und aufgabenbezogene geometrische Denken – und dazu muss ein geeignetes Untersuchungsdesign entworfen werden. Frauke Ulfig geht in vier Stufen vor: Auf das (videographierte) Lösen ausgewählter PISA-Aufgaben durch jeweils Paare von Hauptschülerinnen und -schülern folgt ein *Nachträgliches Lautes Denken*, das durch das Zeigen bestimmter Abschnitte des Videos gezielt unterstützt werden kann; sodann kommen zwei reflektierende Elemente, ein Interview (leitfadengestützt) und ein abermaliges, beobachtetes Lösen der Aufgaben. So gelingt es, Analysen von Lösungsprozessen von Aufgaben in angemessener Differenziertheit durchzuführen.

Die Grundbedingungen dafür sind wieder mit PISA verknüpft: Aufgrund der gerade von der deutschen PISA-Expertengruppe, der auch Frauke Ulfig seinerzeit als wissenschaftliche Mitarbeiterin angehörte, sehr differenziert durchgeführten Aufgaben-Analyse und (soweit es die deutschen Zusatzaufgaben betrifft) Aufgaben-Konstruktion konnte man auf ein Aufgabenset zugreifen, das zentrale mathematische Denkweisen abbildet, insbesondere auf eine hinreichende Anzahl von Aufgaben, die nicht den in der Schule dominierenden Berechnungen, sondern der begrifflichen Vertiefung gewidmet waren. Zudem liefert bereits PISA keineswegs nur Prozentzahlen korrekter Lösungen; wir kennen von PISA auch die vollständigen konkreten Schülerlösungen samt Anmerkungen und Skizzen. Damit ist auch eine Einbettung der hier fallmäßig untersuchten Schülerlösungen in das Verhalten der Schülerinnen und Schüler insgesamt bei PISA möglich. Gerade die Durchsicht der im PISA-Test angefertigten Zeichnungen und Rechenansätze ist hier aussagekräftig, weil damit nicht nur authentische sondern auch repräsentative Dokumente vorliegen.

Frauke Ulfigs Untersuchung fokussiert auf die beiden gerade in der Hauptschule zentralen Begriffe Umfang und Flächeninhalt. Hinter diesen Begriffen steht nämlich nicht nur die praktische Anwendbarkeit, sondern sie zeigen auch exemplarisch auf, dass sich bei geometrischen Themen rechnerische und begriffliche Aspekte der Mathematik in charakteristischer Weise überschneiden. Die Auswahl dieser beiden Grundbegriffe macht die Arbeit zudem unmittelbar brauchbar für anschließende Überlegungen zur Weiterentwicklung des Geometrieunterrichts.

Dafür eignen sich die von Frauke Ulfig aus den Beobachtungen der Schülerinnen und Schüler herausdestillierten und schlagwortartig bezeichneten vier geometrischen Denkweisen, die es als Realität zu beachten gilt, die aber eben auch gezielt so zu überwinden sind, dass – nicht nur in der Hauptschule – geometrisches Denken in seinem Facettenreichtum und seinem „Vorbildcharakter für die Mathematik" (Benno Artmann) stärker zum Zug kommt:

„Begriff ist Formel":   Aber eine Figur kann auch dann ein Objekt des geometrischen Denkens werden, wenn es dafür keine Formel gibt; und man kann es in der Schule an elementaren Beispielen illustrieren.

„Dominanz des Berechnens":   Aber erst die algebraische Struktur zeigt die geometrischen Eigenschaften auf, nicht das rein numerische Rechnen; und natürlich gewinnt dann umgekehrt auch die Algebra an inhaltlichen Beziehungen.

„Einschränkung auf Bekanntes":   Aber an Figuren könnte im Unterricht eine sehr viel größere Vielfalt vorkommen, als die wenigen, die einen Namen haben; und man sollte es im Mathematikunterricht dann auch wagen und realisieren.

„Messen statt Strukturieren":   Aber numerische Beziehungen können auch auf geometrische Zusammenhänge zurückgeführt werden und nicht nur auf Messergebnisse; und dies kann man im Mathematikunterricht vielfältig üben.

Es mag für manche Beobachter überraschend sein, dass large-scale-Untersuchungen wie PISA die fachdidaktische Entwicklungsarbeit beeinflussen können. Dieses Potential muss aber erst erschlossen werden, denn eine large-scale-Studie ist kein Entwicklungsprojekt. Die Arbeit von Frauke Ulfig ist wohl eine der ersten, die auf der Basis von PISA-Aufgaben und mit den PISA-Resultaten im Hintergrund den Schritt von empirischen großflächigen Studien zum individuellen Verhalten bei der Lösung konsequent umsetzt – und damit Entwicklungsperspektiven öffnet.

Oldenburg, im September 2012 Michael Neubrand

Dank

Allen Personen, die mich im Laufe meiner Forschungsarbeit und beim entstehen dieser Arbeit unterstützt haben, möchte ich an dieser Stelle meinen Dank aussprechen.

Zuerst danke ich den Schülerinnen und Schülern, die für mich Geometrieaufgaben bearbeitet haben und mir geduldig ihre Vorgehensweisen und Vorstellungen und vor allem auch ihre Schwierigkeiten und Fehler näher gebracht haben. Bei den Schulleiterinnen und Schulleitern sowie bei den Mathematiklehrkräften der ausgewählten Schulen bedanke ich mich dafür, dass sie mir bereitwillig Türen geöffnet haben. Ohne die Kooperation derer, die täglich Unterricht praktizieren, ist empirische Forschung nicht möglich.

Prof. Dr. Michael Neubrand, dem Betreuer meiner Dissertation, gilt mein besonderer Dank. Er holte mich nach Beendigung des Referendariats wieder an die Universität zurück, indem er mein Interesse an der PISA-Studie aufgriff und mir anbot, an der Konzeption und Auswertung der PISA-Studie 2003 in der Arbeitsgruppe Mathematik mitzuarbeiten. Prof. Dr. Michael Neubrands differenzierter Überblick über Zugänge, Tätigkeiten und Sichtweisen der (Schul-) Geometrie war für meine Orientierung in diesem weiten Feld äußerst hilfreich. Seine stoffdidaktischen Grundlagenanalysen und das diesen Sichtweisen zugrunde liegende Konzept hinter den nationalen Geometrieaufgaben der PISA-Studie sind für diese Arbeit von großem Wert.

Auch den weiteren Mitgliedern der PISA-Arbeitsgruppe Mathematik 2003 danke ich für anregende Diskussionen und inspirierende Analysen. Den zuständigen PISA-Mitarbeiterinnen und Mitarbeitern des IPN in Kiel und des IEA Data Processing and Research Center in Hamburg danke ich dafür, dass sie mir die benötigten PISA-Daten zur Verfügung stellten und auftretende technische Probleme lösten.

Den Doktorandinnen und Doktoranden des Studiengangs „ProDid – Didaktische Rekonstruktion" der Carl von Ossietzky Universität Oldenburg, ihren Betreuerinnen und Betreuern und weiteren Referenten sei gedankt für Gespräche und Anregungen, vor allem aus der Perspektive der qualitativen Forschung. Bei Prof. Dr. Ulrich Kattmann, dem „Erfinder" der „Didaktischen Rekonstruktion", möchte ich mich für die frühe Wertschätzung und sein besonderes Interesse an meiner Forschungsarbeit bedanken. Das hat mich sehr motiviert und führte letztendlich dazu, dass Prof. Dr. Ulrich Kattmann Zweitgutachter dieser Arbeit wurde.

Teilnehmerinnen und Teilnehmer des Doktorandenkolloquiums der Universitäten in Bremen und Oldenburg hatten entscheidende Ideen für die Auswertung und die Darstellung der Ergebnisse, auch dafür vielen Dank. Ramona Jansing und Marco Jürgens sei gedankt für zwei gelungene Masterarbeiten, die das Thema meiner Dissertation aufgreifen und weiterführen.

Manuela Hillje, Stephanie Schlump, Ariane Springfeld, Anja Oberle, Kerstin Triphaus und Annegret Wittkuhn haben Teile der Arbeit gründlich Korrektur gelesen. Dafür gilt ihnen mein besonderer Dank. Technische Unterstützung zum Fertigstellen der Druckversion fand ich bei meiner Lektorin Britta Göhrisch-Radmacher und bei Sascha Ulfig.

Meinem Mann, Sascha Ulfig, sowie meiner Familie danke ich abschließend dafür, dass sie mich mehrere Jahre lang vielfältig und geduldig unterstützt haben und damit einen entscheidenden Beitrag zum Fertigstellen dieser Arbeit leisteten.

Frauke Ulfig

Inhaltsverzeichnis

Tabellenverzeichnis

Tabellenverzeichnis

Abbildungsverzeichnis

1 Einleitung

Geometrische Denkweisen durchdringen die gesamte Mathematik, denn mathematisches Denken bedient sich oft geometrischer Stützen. Immer, wenn es darum geht, visuell dargebotene Informationen aufzunehmen, zu analysieren, zu speichern und mit ihnen in der Vorstellung zu operieren, sind dabei geometrische Denkweisen von grundlegender Bedeutung.

Vor diesem Hintergrund prägte Artmann (1979) in seiner Vorlesung über Elementargeometrie den programmatischen Titel „Geometrie als Vorbild für Mathematik". Er verdeutlicht, dass alle typischen mathematischen Arbeitsweisen in der Elementargeometrie einigermaßen unverfälscht und mit substantiellem Inhalt vorkommen und betont damit den eigentlichen Wert der Elementargeometrie als Schulfach. Freudenthal betont in diesem Zusammenhang den Nutzen der Geometrie für Entdeckungen zur Erschließung der Umwelt:

„Geometrie ist eine der großen Gelegenheiten, die Wirklichkeit mathematisieren zu lernen. Es ist eine Gelegenheit, Entdeckungen zu machen … Gewiss, man kann auch das Zahlenreich erforschen, man kann rechnend denken lernen, aber Entdeckungen, die man mit den Augen und Händen macht, sind überzeugender und überraschender. Die Figuren im Raum sind, bis man sie entbehren kann, ein unersetzliches Hilfsmittel, die Forschung und die Erfindung zu leiten." (Freudenthal 1973, Bd. 2, 380)

Interessante Erkenntnisse hinsichtlich der Bedeutung geometrischer Denkweisen für die Mathematikleistungen zeigen sich in den Ergebnissen von PISA, dem „Programme for International Student Assessment". Nach Expertenmeinung sind die PISA-Aufgaben zum Inhaltsbereich „Raum und Form", der dem Bereich Geometrie nahe steht, als besonders bedeutsam für einen zeitgemäßen Mathematikunterricht anzusehen (Blum u.a. 2005). Tatsächlich zeigen die insgesamt kompetenzstärksten Länder Bayern, Sachsen, Baden-Württemberg und Thüringen bei der Einordnung in das internationale Spektrum im Inhaltsbereich „Raum und Form" überdurchschnittliche Kompetenzwerte. Gute Geometrieleistungen gehen demnach mit einer insgesamt hohen mathematischen Kompetenz einher: „Es handelt sich tatsächlich um die Länder mit einer insgesamt hohen mathematischen Kompetenz, wenn dieser Schwerpunkt in der Geometrie eingelöst wird" (Blum u.a. 2005, 81). Diese Schlussfolgerung aus den PISA-Daten deutet darauf hin, dass im Bereich der Geometrie ein wichtiger Ansatz zur Weiterentwicklung des Mathematikunterrichts liegt und ein Schlüssel zur Verbesserung der Mathematikleistungen insgesamt.

Doch nicht erst die Ergebnisse von Vergleichsuntersuchungen wie TIMSS und PISA trugen zum Erkennen der Bedeutung der Geometrie bei, sondern bereits die seit den 70er Jahren vorgetragenen kontinuierlichen Argumentationslinien (Bauersfeld 1967 und Winter 1976) für eine Förderung geometrischen Denkens im Mathematikunterricht, die sich durch ihre Allgemeinheit und Grundsätzlichkeit auszeichnen. So gibt es heute eine Vielzahl neuer Forschungsthemen, -ansätze und -methoden und die Komplexität didaktischer Problemstellungen im Geometrieunterricht ist bewusst geworden (Graumann u.a. 1996, 177).

Ohne die im nächsten Kapitel beschriebenen Sichtweisen aus Kognitionspsychologie und Mathematikdidaktik zum geometrischen Denken und zur geometrischen Begriffsbildung vorweg nehmen zu wollen, seien an dieser Stelle einige der wichtigsten Leitgedanken aufgeführt, die das Fördern geometrischen Denkens im Mathematikunterricht begründen (vgl. Radatz und Rickmeyer 1991 sowie Bauersfeld 1993):

- „Geometrische Inhalte fördern grundlegende kognitive Kompetenzen,
- Geometrische Inhalte erlauben das Entwickeln spezifischer mathematischer Denkweisen,
- Geometrie trägt Unverzichtbares zur Umwelterschließung bei,
- Arithmetische Begriffe werden in engem Zusammenhang mit geometrischen Begriffen ausgebildet." (zitiert nach Neubrand 1994, 37)

Die vorliegende Arbeit entstand im Rahmen der Mitarbeit an der Konzeption und Auswertung der PISA-Studie 2003. Eine viel beachtete und diskutierte Konsequenz aus PISA ist der besondere Förderbedarf von Schülerinnen und Schülern im unteren Leistungsbereich. Der Anteil der Schülerinnen und Schüler in der Risikogruppe ist mit über 22 Prozent in Deutschland nach wie vor höher als in den meisten anderen Ländern. Die Reduzierung des hohen Anteils von Risikoschülerinnen und -Schülern ist ein dringendes Anliegen. Obwohl dies bereits eine zentrale Schlussfolgerung aus PISA 2000 war, sind gerade in diesem Bereich bis jetzt kaum Veränderungen zu erkennen (Blum u.a. 2004, 90).

Unbestritten scheint es hinsichtlich einer Weiterentwicklung des Geometrieunterrichts äußerst wichtig zu sein, mehr über die Vorgehensweisen dieser Schülerinnen und Schüler beim Bearbeiten von Geometrieaufgaben der PISA-Studie zu erfahren. Die Fragen nach gewählten Lösungswegen, Schwierigkeiten und Fehlern und den dahinter stehenden geometrischen Denkweisen einzelner Schülerinnen und Schüler lassen sich jedoch allein anhand der vorliegenden PISA-Ergebnisse nicht ausreichend beantworten. PISA liefert globale Daten über Bildungssysteme und diese Ergebnisse darf man nicht ohne Weiteres auf einzelne Schülerinnen und Schüler beziehen. An dieser Stelle setzt die von mir durchgeführte, ergänzende qualitative Studie an. Als Probanden wurden Schülerinnen und Schüler ausgewählt, die eine Hauptschule besuchen, da die Hauptschülerinnen und Hauptschüler bei PISA den überwiegenden Teil von Risikoschülerinnen und –Schülern bilden.

Während bei PISA nur die Ergebnisse der Aufgaben betrachtet werden können, stehen in meiner qualitativen Erhebung die Lösungsprozesse und in diesem Zusammenhang die individuellen Vorstellungen und Vorgehensweisen der Schülerinnen und Schüler im Vordergrund. Dabei werden quantitative und qualitative Analysen in wechselseitigem Nutzen miteinander verbunden. Einen Orientierungsrahmen liefert das Modell der Didaktischen Rekonstruktion als gemeinsames Forschungsparadigma des Promotionsprogramms ProDid der Universität Oldenburg. In diesem Modell geht es darum, theoretische Sichtweisen mit Lernerperspektiven so in Beziehung zu setzen, dass daraus ein Lerngegenstand entwickelt werden kann (Kattmann u.a. 1997, 3).

Für die vorliegende Arbeit wurden folgende Forschungsfragen formuliert:

- Welche geometrischen Denkweisen von Hauptschülerinnen und Hauptschülern führen zu Schwierigkeiten beim Bearbeiten der PISA-Aufgaben?
- Wie lassen sich diese geometrischen Denkweisen vor dem Hintergrund mathematikdidaktischer und kognitionspsychologischer Sichtweisen und des Grundbildungskonzepts von PISA beschreiben und strukturieren?

In der durchgeführten qualitativen Studie bearbeiteten Hauptschülerinnen und Hauptschüler vier ausgewählte Geometrieaufgaben der PISA-Studie, die auf die Begriffe Flächeninhalt und Umfang zielen. Um eine möglichst hohe Datendichte mit unterschiedlichen Reflexionsebenen zu erreichen, wählte ich hierzu ein mehrphasiges Design, das unterschiedliche Erhebungsphasen verbindet.

Für die ergänzende qualitative Erhebung wurden vor diesem Hintergrund Untersuchungsfragen formuliert, die zur Beantwortung der Forschungsfragen führen sollen:

- Wie gehen die untersuchten Hauptschülerinnen und Hauptschüler beim Lösen der Aufgaben vor?

- Welche besonderen Schwierigkeiten zeigen sich beim Lösen der Untersuchungsaufgaben?
- Welche Fehler machen die untersuchten Hauptschülerinnen und Hauptschüler?
- Welche Vorstellungen haben die untersuchten Hauptschülerinnen und Hauptschüler von den Begriffen „Umfang" und „Flächeninhalt"?

Ziel der Arbeit ist die Beschreibung und Strukturierung geometrischer Denkweisen von Hauptschülerinnen und Hauptschülern, die zu Schwierigkeiten bei der Bearbeitung von PISA-Aufgaben führen. Aus den Ergebnissen werden Konsequenzen für den Geometrieunterricht abgeleitet. Im Folgenden wird zusammenfassend ein inhaltlicher Überblick über die einzelnen Kapitel und den Aufbau der vorliegenden Arbeit gegeben.

Die anschließenden Kapitel 2 und 3 bilden den theoretischen Teil der Arbeit. In Kapitel 2 werden das Grundbildungskonzept von PISA und seine Umsetzung in den Geometrieaufgaben beschrieben. Grundlegende Aspekte geometrischen Denkens und geometrischer Begriffsbildung sowie ausgewählte Sichtweisen aus Kognitionspsychologie und Mathematikdidaktik werden in Kapitel 3 dargestellt.

In Kapitel 4 wird auf das Modell der Didaktischen Rekonstruktion eingegangen, welches einen Orientierungsrahmen für diese Arbeit liefert. Die Methodologie und das methodische Vorgehen werden in Kapitel 5 dargestellt. In Kapitel 6 folgen die Analysen der Untersuchungsaufgaben, die neben dem Grundbildungskonzept von PISA und den beschriebenen theoretischen Aspekten die Grundlage für die Auswertung bilden. Insbesondere werden in diesem Kapitel die PISA-Ergebnisse und die sich daraus ergebenden Konsequenzen für die ergänzende, qualitative Erhebung berücksichtigt.

Die Dokumentation und die Analysen der Ergebnisse erfolgen in Kapitel 7 und 8. Während in Kapitel 7 die Ergebnisse der vier Untersuchungsaufgaben auf einer beschreibenden und zusammenfassenden Ebene dargestellt werden, erfolgt in Kapitel 8 die Verbindung quantitativer und qualitativer Ergebnisse und die Beschreibung und Strukturierung geometrischer Denkweisen, so wie es Ziel der Arbeit ist. Abschließend werden in Kapitel 9 Konsequenzen der Ergebnisse für den Geometrieunterricht in der Hauptschule aufgezeigt. Eine Zusammenfassung der Arbeit erfolgt in Kapitel 10.

2 Das Grundbildungskonzept von PISA

„Our mathematical concepts, structures and ideas have been invented as tools to organize the phenomena of the physical, social and mental world." (Freudenthal 1983, IX)

Im ersten Teil dieses Kapitels wird auf das Grundbildungskonzept als Orientierungsrahmen der PISA-Studie eingegangen (Abschnitt 2.1). Die Operationalisierung des Grundbildungskonzepts in den Geometrieaufgaben der PISA-Studie wird im zweiten Teil dargestellt (Abschnitt 2.2).

2.1 Das Grundbildungskonzept als Orientierungsrahmen der PISA-Studie

Im folgenden Abschnitt werden zunächst die Begriffe „Mathematical Literacy" und „Mathematische Grundbildung" vor ihrem mathematikdidaktischen Hintergrund erörtert. Daran schließt sich eine Darstellung der übergreifenden Ideen und Kompetenzklassen als wesentliche Merkmale zur Einordnung der Aufgaben des internationalen PISA-Tests an. Für den nationalen Ergänzungstest zu PISA, der zusätzliche Untersuchungen beinhaltet, wurde der Begriff der mathematischen Grundbildung unter Berücksichtigung der vorherrschenden unterrichtlichen Schwerpunkte in Deutschland ausdifferenziert und erweitert. Deshalb wird in einem nächsten Abschnitt auf die aus der Differenzierung in der deutschen Rahmenkonzeption resultierenden „Typen mathematischen Arbeitens" und auf die Struktur des Aufgabenmodells beim nationalen Test eingegangen. Abschließend werden einige relevante Informationen zur Anlage und Umsetzung der PISA-Studie 2003 gegeben.

2.1.1 Mathematical Literacy" und „Mathematische Grundbildung" – mathematikdidaktische Hintergründe

Intention von PISA ist es, Indikatoren zu gewinnen, die konstruktiv nutzbare Hinweise auf den Stand der Bildung in den teilnehmenden Ländern ermöglichen. Auf diese Weise will PISA die Leistungsfähigkeit der Bildungssysteme messen. Die Studie ist so angelegt, dass grundlegende Stärken und Probleme identifiziert und empirisch belegt werden können (Neubrand 2004, 15).

Die Leistungstests in PISA orientieren sich dabei nicht nur an den curricularen Vorgaben in den einzelnen Ländern, sondern an einem Anspruch grundlegender Bildung für eine moderne, entwickelte Gesellschaft. Der Schlüsselbegriff hierfür ist „Mathematical Literacy". In der internationalen Rahmenkonzeption von PISA heißt es dazu: "Der Begriff Grundbildung (literacy) wurde gewählt, um zu betonen, dass mathematische Kenntnisse und Fähigkeiten, wie sie im traditionellen Curriculum der Schulmathematik definiert werden, im Rahmen von OECD/PISA nicht im Vordergrund stehen. Stattdessen liegt der Schwerpunkt auf der funktionalen Anwendung mathematischer Kenntnisse in ganz unterschiedlichen Kontexten und auf ganz unterschiedliche, Reflexion und Einsicht erfordernde Weise" (OECD 1999, 47). „Mathematical Literacy" wird so definiert: „Mathematical literacy is an individual's capacity to identify and understand the role that mathematics plays in the world, to make well-founded mathematical judgement and to engage in mathematics, in ways that meet the needs of that individual's current and future life as a constructive, concerned and reflective citizen." (OECD 1999, 41). Diese Formulierung geht zurück auf internationale und nationale mathematikdidaktische Diskussionen, über die an dieser Stelle ein Überblick gegeben werden soll, mit dem Ziel, die inhaltliche Bedeutung von „Mathematical Literacy" und „Mathematischer Grundbildung" im mathematikdidaktischen und pädagogischen Feld zu verorten.

Bereits der im Jahr 1994 durchgeführte TIMSS-Leistungstest orientierte sich an einem Bild der Bedeutung von „Mathematik als Werkzeug", welches sich im Literacy-Gedanken von PISA fortsetzt (Baumert u.a. 1997, 58). Dennoch richtete man sich in erster Linie nach curricularen Vorgaben: „Bei aller Variabilität innerhalb und zwischen den Ländern gibt es so etwas wie ein internationales Kerncurriculum des Mathematikunterrichts in der Mittelstufe, das in sehr unterschiedlicher Form im Lehrplan, im Lehrbuch oder im professionellen Selbstverständnis von Mathematiklehrern verankert sein kann." (Baumert u.a. 1997, 58). Bei TIMSS/III wurde schließlich zum ersten Mal das Konstrukt „Mathematical Literacy" verwendet. In dieser Untersuchung am Ende der Sekundarstufe II wurde neben einem Test mit curricularen Elementen auch ein Literacy-Test durchgeführt. In der entsprechenden Rahmenkonzeption heißt es: "Unlike both other components of TIMSS and other IEA-Studies, the mathematics and science literacy study is not curriculum based (...) Instead, it is a study of the mathematics and science learning that final year students have retained regardless of their current areas of study" (Orpwood und Garden 1998, 10-11). Ein Literacy-Test greift also nicht auf einzelne stoffliche Elemente zurück, sondern auf das jeweilige Umfeld, in das diese Elemente eingebettet sind. Dabei stehen allgemeine mathematische Fähigkeiten im Vordergrund, wie zum Beispiel Mathematisieren, Vernetzten und Reflektieren. Diese findet man in den Lehrplänen oft am Anfang bei den allgemeinen Zielen, Schlüsselqualifikationen oder fachspezifischen beziehungsweise fachübergreifenden Kompetenzen. Vor allem, wenn man, wie in PISA, die Qualität mathematischer Fähigkeiten beschreiben will, um daraus letztendlich Hinweise zur Weiterentwicklung des Mathematikunterrichts abzuleiten, ist dieser Literacy-Ansatz angemessen.

Die mathematikdidaktische Diskussion um allgemeine Ziele des Faches Mathematik ist breit gefächert, da die Aspekte, auf die sich mathematische Bildung bezieht, sehr vielfältig sind. Im folgenden Abschnitt werden einige Positionen dargestellt, die in engem Zusammenhang mit dem Literacy-Ansatz stehen.

Die internationale Rahmenkonzeption von PISA folgt im Wesentlichen den Vorstellungen des niederländisch-deutschen Mathematikers Hans Freudenthal (1973, 1983). Seine Ideen über Lehren und Lernen von Mathematik zielen vor allem auf Beziehungen zwischen Erfahrungen und Mathematik, einem zentralen Bestandteil von Literacy. Freudenthal argumentiert, dass alles Lernen und Lehren von Mathematik von der „Phänomenologie mathematischer Begriffe" ausgehen müsse. Seine Sichtweise zielt darauf ab, dass nicht eine vorweggenommene Abstraktion und die anschließende Anwendung fertiger Konzepte, sondern der verständige, reflektierte Gebrauch in geeigneten Situationen das Lernen mathematischer Begriffe bestimme. Mathematische Begriffe werden demnach aus vielfältigen außer- und innermathematischen Situationen heraus gebildet und tragen umgekehrt „als Werkzeuge" zur Erschließung „der Welt" bei. Der Grundgedanke dahinter wird in der internationalen Rahmenkonzeption von PISA (OECD 1999, 41) wie folgt zitiert: „Our mathematical concepts, structures and ideas have been invented as tools to organise the phenomena of the physical, social and mental world." (Freudenthal 1983, IX). Freudenthals Sichtweise beinhaltet eine „Orientierung an der Welt", erschöpft sich aber nicht darin, sondern sieht dies als Bedingung, mathematische Begriffe als „mental objects" auszubilden. Die Umsetzung dieser Ideen wurde im niederländischen Konzept der „Realistic Mathematics Education" realisiert. Hierfür wurden Aufgaben entwickelt, in denen es nicht allein um den Einbezug von Anwendungen ging, sondern die von einer „realistischen" Problemstellung ausgehen, an der mathematische Begriffe entwickelt werden. Die Aneignung der Begriffe steht hierbei im Vordergrund: „The real world problem will be used to develop mathematical concepts. (...) The problem is not in the first meant to be solved for problem solving purposes, but the real meaning lies in the underlying exploration of new mathematical concepts." (de Lange 1996, 90)

Diese begriffsbildende Seite der Mathematik kommt auch in den PISA-Aufgaben zum Ausdruck. Der überwiegende Teil der Aufgaben wurde so konzipiert, dass der Übergang von den Phänomenen zum mathematischen Begriff deutlich wird. Faktenwissen und prozedurale Fertigkeiten und Fähigkeiten werden nicht isoliert erfasst, sondern stets eingebunden in kontextbezogene, problemorientierte Aufgaben. Diese Art von Aufgaben wird dem Literacy-Ansatz der internationalen Rahmenkonzeption gerecht.

Neubrand (2004) geht in seinen vertiefenden Analysen im Rahmen von PISA 2000 ausführlich auf die mathematikdidaktischen Hintergründe von „Mathematical Literacy" und „Mathematischer Grundbildung" ein. Neben Freudenthals Modell des Lehrens und Lernens von Mathematik, das Realitätsbezüge als Bedingung für die Ausbildung mathematischer Begriffe betont, nennt Neubrand zwei Sichtweisen aus der amerikanischen Mathematikdidaktik. Diese befassen sich im Rahmen der „Principles and Standards for School Mathematics" (NCTM, 2000) mit der Bestimmung dessen, was mit Mathematik in der Ausbildung erreicht werden soll. Schlüsselbegriffe hierfür sind „literate citizenship" und „mathematical proficiency". Diese beiden Sichtweisen, die umfassende Ansprüche an „mathematische Fähigkeiten für alle" darstellen, sollen hier aufgegriffen werden.

Schoenfeld (2001) geht davon aus, dass man als „literate citizen" vor Problemen steht, die sich nicht mithilfe vorgefertigter Lösungen und standardisierten Verfahren bearbeiten lassen. Für jeden Beruf sei es wichtig, Entscheidungen zu treffen und Daten zu analysieren vor allem aber Daten und Fakten überzeugend darzustellen: „In short, the mathematical skills that will enhance the preparation of those who aspire to careers mathematics are the very same skills that will help people become informed and flexible citizens, workers, and consumers." (Schoenfeld 2001, 53) Es sei vor allem die Fähigkeit, „to make use of various modes of mathematical thought and knowledge to make sense of situations we encounter as we make our way through world", die man tatsächlich benötige, betont Schoenfeld. Er fordert, im Unterricht vor allem kontextbezogene, problemhaltige Aufgaben zu stellen, die diese Fähigkeit ansprechen und die wesentlich sind für „literate citizenship".

Klipatrick (2002) verwendet den Begriff „mathematical proficiency", um „mathematische Bildung für alle" zu erfassen. Für einen Bericht, der so genannten Mathematics Learning Study (Klipatrick, Swafford, Findell, 2001) an den National Research Council, formuliert er „five stands of mathematical proficiency": (a) conceptual understanding, which refers to the student's comprehension of mathematical concepts, operations and relations; (b) procedural fluency, or the student's skill in carrying out mathematical procedures flexibly, accurately, efficiently, and appropriately; (c) strategic competence, the student's ability to formulate, represent, and solve mathematical problems; (d) adaptive reasoning, the capacity for logical thought and for reflection on, explanation of, and justification of mathematical arguments; and (e) productive disposition, which includes the student's habitual inclination to see mathematics as a sensible, useful, and worthwhile subject to be learned, coupled with a belief in the value of diligent work and in one's own efficacy as a doer of mathematics." (Klipatrick 2002, 66)

Im Gegensatz zu Freudenthals und Schoenfelds Vorgehen, argumentiert Klipatrick sozusagen spiegelbildlich aus einer inneren Sicht der Mathematik heraus. Er geht aus von den Strukturen und dem Potenzial des Faches und kommt dennoch zu demselben Ergebnis, nämlich, dass der verständige Gebrauch mathematischer Kenntnisse, Fertigkeiten und Fähigkeiten in Problem- und Anwendungskontexten wesentlicher Teil mathematischer Grundbildung ist.

Klipatricks breit gefächert angelegte Sichtweise prägte auch die in Deutschland geführten Diskussionen zur mathematischen Allgemeinbildung. Neubrand (2004, 15-23) schildert in diesem Zusammenhang unter anderem Positionen von Tenorth (Tenorth 1994) und Winter (1995) sowie Inhalte des Gutachtens zum BLK-Modellversuch „Steigerung der Effizienz des mathematisch-naturwissenschaftlichen Unterrichts" (BLK 1997). Im Abschnitt „Mathematik im Rahmen einer modernen Allgemeinbildung" dieses Gutachtens, wird beschrieben, dass sich die Mathematik im Spannungsfeld von „Abbildfunktion und systemischen Charakter" bewegt. Einerseits orientiert sich die Mathematik an der Welt, andererseits hat die Mathematik einen abstrakten und formalen Charakter und eine gewisse innere „Ordnung". Die Herausforderung an den Mathematikunterricht sei es, beide Aspekte miteinander zu verbinden.

Tenorth beschreibt die Spannung spezifisch-gegenstandsgebundener Kenntnisse und formaler Denkweisen aus einem anderen Theoriezusammenhang heraus, nämlich an den zwei Polen, „der Sicherung eines Minimalbestands an Kenntnissen" auf der einen Seite und der „Kultivierung der Lernfähigkeit" auf der anderen Seite (Tenorth 1994, 101). Mit der Kultivierung der Lernfähigkeit meint er, eine Sicherung von Lernfähigkeit, die über den kognitiv lernenden Umgang hinaus geht, indem der Lernprozess im Unterricht selbst zur Sprache gebracht wird. Im Bezug auf die Mathematik geht es vor allem um die begriffliche Vernetzung durch das Mathematisieren von Situationen. Notwendig dafür ist ein breites Bild von Mathematik, das Verfahren, mathematische Modelle und innermathematische Strukturen umfasst.

Winter bündelt in seinem Aufsatz „Mathematik und Allgemeinbildung" (Winter 1995) die Breite des Anspruchs an mathematische Allgemeinbildung in drei Grunderfahrungen: „(1) Erscheinungen der Welt um uns, die uns alle angehen oder angehen sollten, aus Natur, Gesellschaft und Kultur, in einer spezifischen Art wahrzunehmen und zu verstehen; (2) mathematische Gegenstände und Sachverhalte, repräsentiert in Sprache, Symbolen, Bildern und Formeln, als geistige Schöpfungen, als eine deduktiv geordnete Welt eigener Art kennen zu lernen und zu begreifen; (3) in der Auseinandersetzung mit Aufgaben Problemlösefähigkeiten, die über die Mathematik hinaus gehen (heuristische Fähigkeiten), zu erwerben." (Winter 1995, 37).

In Aspekt (1) ist die Anwendbarkeit der Mathematik angesprochen. Dies bedeutet vor allem zu erfahren, wie mathematische Modellbildung funktioniert. Voraussetzung dafür ist das Verfügen über Kenntnisse, Fähigkeiten und Fertigkeiten zu den verschiedenen Inhaltsbereichen der Mathematik, beispielsweise über Geometrie. Mit Aspekt (2) meint Winter die innere Struktur der Mathematik. Hier geht es darum zu erfahren, dass Menschen Begriffe bilden und dass man mit Begriffen ein ganzes Netz aufbauen kann. Mit ihrem hohen Grad an Vernetzung stellt die Mathematik als „Schule des Denkens" ein reichhaltiges Potenzial für das Reflektieren über Wege des Denkens bereit. Hierdurch werden, wie in Aspekt (3) angesprochen, heuristische Strategien entwickelt, die sich auf andere Fächer und darüber hinaus auf unterschiedliche Bereiche des täglichen Lebens übertragen lassen.

Die geschilderten Sichtweisen zu „Mathematical Literacy" und „Mathematischer Grundbildung" bilden mathematikdidaktische Hinergründe zur Strukturierung der PISA-Aufgaben. In der internationalen Konzeption von PISA werden zwei wesentliche Merkmale zur Einordnung der Aufgaben beschrieben: die verschiedenen mathematischen Inhaltsbereiche (übergreifende Ideen) und die internationalen Kompetenzklassen (Abschnitt 2.1.2). Hinsichtlich der nationalen Erweiterung ist dies die Differenzierung der Aufgaben in Stoffgebiete und Typen mathematischen Arbeitens (Abschnitt 2.1.3). Darstellungen hierzu erfolgen in den nächsten beiden Abschnitten.

2.1.2 Die übergreifenden Ideen und Kompetenzklassen als Konstruktionsmerkmale des internationalen PISA-Tests

Die Klassifikation in die mathematischen Inhaltsbereiche folgt dem internationalen „Literacy"-Ansatz. Mathematische Begriffe, Methoden und Ideen werden danach im Sinne von Freudenthal (Abschnitt 2.1.1) als Werkzeuge betrachtet, mit denen die Phänomene der natürlichen, sozialen, kulturellen und mentalen „Welt" beschrieben und strukturiert werden können. Mit der PISA-Studie soll überprüft werden, inwiefern Schülerinnen und Schüler diese Werkzeuge verständig anwenden können. Deshalb ist es naheliegend, die mathematischen

Inhalte bei PISA so zu gliedern, dass diese phänomenologischen Wurzeln sichtbar werden (Blum u.a. 2004, 49). Es werden vier „Übergreifende Ideen" unterschieden:

- „quantity" bezieht sich auf die Verwendung von Zahlen zur Beschreibung und Strukturierung von Situationen,
- „change and relationship" bezieht sich auf relationale und funktionale Beziehungen zwischen mathematischen Objekten,
- „shape and space" bezieht sich auf ebene und räumliche Konfigurationen, Formen und Muster,
- „uncertainty" bezieht sich auf Phänomene und Situationen, die statistische Daten beinhalten oder bei denen der Zufall eine Rolle spielt („Daten und Zufall").

Auch wenn die „Übergreifenden Ideen" nicht mit den herkömmlichen Stoffgebieten der Schulmathematik (Arithmetik, Algebra, Geometrie und Stochastik) identisch sind, gibt es naheliegende Beziehungen. Dennoch wurde die enge Anbindung an curriculare Strukturen im Sinne des internationalen „Literacy"-Ansatzes nicht vollzogen. Dazu schreibt Neubrand: „die Items sind bewusst quer zu diesen Strukturen konstruiert, indem etwa funktionale Zusammenhänge auch in geometrischen Kontexten vorkommen oder arithmetische Aufgaben in den Kontext von Dateninterpretation gestellt sind" (Neubrand 2004, 42).

Neben den verschiedenen mathematischen Inhaltsbereichen sind die Kompetenzklassen ein zweites Merkmal zur Einordnung der PISA-Aufgaben. Als „Mathematische Kompetenzen" werden in der internationalen Konzeption von PISA Fähigkeiten verstanden, die zum Lösen von Mathematikaufgaben nötig sind (OECD 2003). Nach Niss (2003) werden sie in acht Kategorien eingeteilt: mathematisches Denken, mathematisches Problemlösen, mathematisches Modellieren, mathematisches Argumentieren, Darstellungen verwenden, mit Symbolen und Formalismen umgehen, Kommunizieren, Hilfsmittel verwenden. Dabei beziehen sich die ersten vier auf die mathematischen Inhalte selbst, während die anderen vier Kompetenzen eher den Umgang mit den Inhalten betreffen. In den PISA-Aufgaben werden immer mehrere dieser Kompetenzen auf ganz unterschiedlichen Anspruchsniveaus gefordert. Die Kompetenzen werden in drei Kompetenzklassen unterteilt. Zum Bereich „reproduction" gehören technisches Faktenwissen, Definitionen und Berechnungen. Aufgaben in denen es darum geht, Querverbindungen und Zusammenhänge herzustellen werden dem Bereich „connection" zugeordnet. Der Kompetenzklasse „generalization" werden Aufgaben zugeordnet, die von komplexer Struktur sind und einsichtsvolles mathematisches Denken und Verallgemeinern erfordern (OECD 2003, 49). Im Verlauf der Analysen der PISA-Ergebnisse, ergab sich, dass mit den drei internationalen Kompetenzklassen auch ein schwierigkeitserklärendes Merkmal angegeben ist (Neubrand 2004, 26). Dies hängt mit dem Anspruch an den in einer Aufgabe vorzunehmenden Modellierungsprozess zusammen, der in der Regel bei Aufgaben der Kompetenzklasse „reproduction" niedriger ist als bei „connection" und bei Aufgaben der Kompetenzklasse „connection" wiederum niedriger als bei „generalization".

2.1.3 Realisierung „mathematischer Grundbildung" in den drei „Typen mathematischen Arbeitens" beim nationalen PISA-Test

In der nationalen Konzeption wurde die Einteilung der internationalen Konzeption in Kompetenzklassen zunächst aufgenommen. Allerdings wurde der Begriff der mathematischen Grundbildung unter Berücksichtigung der vorherrschenden unterrichtlichen Schwerpunkte in Deutschland ausdifferenziert und erweitert (Neubrand u.a. 2001, 45-59).

Die Ausrichtung auf begriffliches Verstehen als Grundlage für das funktionale Verwenden von Mathematik findet sich zwar auch in den Positionen der deutschen Mathematikdidaktik (vgl. Tenorth 1994, Winter 1995, Heymann 1996), dass zur „Mathematischen Grundbildung" auch gehört, „Mathematik als deduktiv geordnete Welt eigener Art" (Winter, 1995) zu sehen, hebt Winter allerdings stärker hervor. Diese Sichtweise entspricht der Unterrichtskultur im traditionellen deutschen Mathematikunterricht, in dem das Bearbeiten von Aufgaben, die rein formales Wissen erfordern, einen höheren Stellenwert hat als in manch anderem Land. Deshalb bezieht die nationale Expertengruppe, anders als im internationalen Test, auch Aufgaben mit ein, in denen nur technische Fähigkeiten abverlangt werden. Solche Fähigkeiten werden in der nationalen Konzeption als notwendige Voraussetzungen mathematischer Grundbildung gesehen. Im internationalen Test hingegen wurden keine solchen Aufgaben verwendet, weil sie nicht den Focus von Literacy im Sinne der engen Verbindung von Phänomen und Begriff abbilden, wie er in der Sichtweise von Freudenthal zum Ausdruck kommt, die grundlegend für das internationale Konzept ist.

Ein weiterer Grund für eine Erweiterung und Differenzierung des internationalen Ansatzes ist durch die unterschiedlichen Denkweisen begründet, die mathematisches Arbeiten ausmachen. Dies drückt Klipatrick (2002) aus in der Gegenüberstellung von „procedural fluency" und „conceptual understanding" und Winter (1995), indem er auf strukturierende (konzeptuelle) Fähigkeiten einerseits und auf die Notwendigkeit von technischen (prozeduralen) Fertigkeiten andererseits hinweist. Mathematisches Arbeiten erfordert sowohl prozedurales Wissen als auch konzeptuelles Wissen. Die Klasseneinteilung in der nationalen Rahmenkonzeption geht auf dieses unterschiedliche Wissen ein.

Somit wurden die drei internationalen Kompetenzklassen entsprechend dem in einer Aufgabe vorwiegend zu aktivierendem Wissen (prozedural oder konzeptuell) in fünf Kompetenzklassen zerlegt. Später wurden diese fünf Kompetenzklassen nochmals gebündelt, diesmal aber quer zu den internationalen Kompetenzklassen zu den so genannten „drei Typen mathematischen Arbeitens". Diese drei Typen mathematischen Arbeitens beschreiben die Bearbeitung der „technischen Aufgaben", der „rechnerischen Problemlöse- und Modellierungsaufgaben" und der „begrifflichen Problemlöse- und Modellierungsaufgaben".

Kontextfreie Aufgaben, in denen nur technische Fähigkeiten abverlangt werden, werden zu den „technischen Aufgaben" zusammengefasst. Diese Aufgaben lassen sich unmittelbar durch die Anwendung bekannter mathematischer Prozeduren lösen. Zu den rechnerischen Modellierungs- und Problemlöseaufgaben werden alle die Aufgaben gezählt, bei denen die Mathematisierung auf einen Ansatz führt, der prozedural zu bearbeiten ist. Es sind Anwendungsaufgaben oder innermathematisch problemhaltige Aufgaben. Hierzu gehören die „üblichen" Textaufgaben, in denen es meist darum geht, eine gesuchte Größe zu berechnen.

Ist es zur Lösung einer Aufgabe erforderlich, einen begrifflichen Zusammenhang herzustellen bis hin zu dem Entwerfen von umfassenden Lösungsstrategien und Verallgemeinerungen und Reflexionen, wird von begrifflichen Modellierungs- und Problemlöseaufgaben gesprochen. Diese Bezeichnung schließt sich an Hieberts Definition von „conceptual knowledge" an (Hiebert 1986). Charakteristisch für diese Aufgaben ist, dass aufgrund einer erkannten oder erst konstruierten Beziehung ein Zusammenhang hergestellt werden muss. Die Lösung erfolgt also erst aus dem Beobachten und Ausnutzen des begrifflichen Zusammenhangs.

2.1.4 Die Struktur des Aufgabenmodells beim nationalen PISA-Test

In der Konzeption von PISA wird das Aufgabenlösen als Kreislauf von Finden des Ansatzes, Verarbeiten, Interpretieren und sich Vergewissern der Stimmigkeiten des Ansatzes beschrieben. Diese Sichtweise findet man in der mathematikdidaktischen Literatur als Prozess des Modellierens (Blum 1996). Diesen Prozess beschrieben Kintsch und Greeno (1985) sowie Reusser (1992, 1996) bereits am Beispiel sogenannter Sachaufgaben. Auch Blum bezieht sich zunächst ausschließlich auf anwendungsbezogene Aufgaben. Die Teilprozesse werden – terminologischen Vorschlägen von Schupp (1988) folgend – mit mathematisieren, verarbeiten, interpretieren und validieren beschrieben:

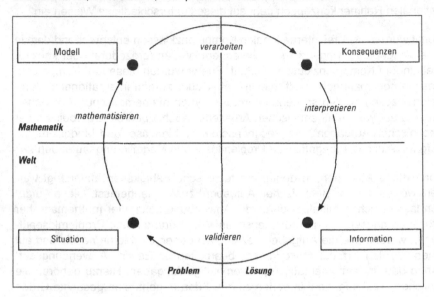

Abbildung 1: Ein Schema für den Modellierungsprozess bei mathematischen Aufgaben (Neubrand 2004, 36, vgl. de Lange, 1987 sowie Blum, 2002)

Ausgangspunkt ist eine Realsituation. Diese Situation muss *verstanden, präzisiert, strukturiert* und meist auch *vereinfacht* werden zu einem „Realmodell". Dieses wird dann *mathematisiert*, also in die Mathematik übersetzt. Es resultiert ein *mathematisches Modell* der Ausgangssituation. Nun werden *mathematische Hilfsmittel* herangezogen, mit denen das Modell bearbeitet wird. Es entstehen gewisse mathematische Ergebnisse, die in der Realität *interpretiert* werden müssen. Schließlich müssen diese Ergebnisse *validiert* werden, es muss also überprüft werden, ob die gefundene Lösung der realen Problemsituation auch angemessen und vernünftig ist. Sollte dies nicht der Fall sein, muss der ganze Zyklus nochmals durchlaufen werden. Komplexe Aufgaben erfordern häufig ein wiederholtes Durchlaufen der Teilprozesse. Es entsteht ein zirkulärer Prozess. Diesen Prozess nennt man mathematisches Modellieren (vgl. auch Klieme u.a. 2001).

In der nationalen Rahmenkonzeption von PISA wird dieses Schema erweiternd auch für innermathematische Aufgaben verwendet und zwar für solche „Probleme", die das Finden eines Lösungsansatzes beinhalten. Denn auch diese Aufgaben erfordern die kognitive Aktivität des „Übersetzens" einer Situation in einen mathematisch bearbeitbaren Ansatz. „Das Übersetzen", schreibt Neubrand, „beinhaltet unterschiedliche mathematische Tätigkeiten, zum Beispiel Idealisieren, Approximieren und Formalisieren bei realitätsbezogenen Aufgaben, Herausarbeiten einer Querverbindung, Aufstellen einer Systematik oder Einpassen eines Sachverhaltes in einen Begriff bei innermathematischen Aufgaben" (Neubrand 2004, 36).

Auf der Grundlage dieser Sichtweise des Aufgabenlösens orientierte sich die Konstruktion des PISA-Tests an einem „Modell" mathematischer Aufgaben. Weil die ausgewählten Aufgaben der qualitativen Erhebung anhand dieses Modells in Kapitel 6 analysiert werden, wird es im folgenden Abschnitt detailliert dargestellt. Das hinter der nationalen Konzeption von PISA stehende Aufgabenmodell veranschaulicht den inneren Zusammenhang der Klassifikationsstrukturen und der benutzen Aufgabenmerkmale. Zunächst kann jede Aufgabe, unabhängig von Stoffgebiet, Herkunft und Zweck durch vier zentral stehende Eigenschaften charakterisiert werden (vgl. J. Neubrand, 2002). Diese beziehen sich auf:

- den Modellierungsprozess,
- das vorrangig angesprochene Wissen (prozedural oder konzeptuell),
- die zu bearbeitenden Schritte (einschrittig oder mehrschrittig) und
- den Kontext (außer- oder innermathematische /kontextfreie Aufgabe).

Als zentral werden diese Eigenschaften gesehen, weil sie den Zielen des Mathematikunterrichts im Sinne des beschriebenen Allgemeinbildungsanspruchs entsprechen.

Die ersten drei der zentralen Eigenschaften dienten zur Bildung der fünf nationalen Kompetenzklassen (der „Kontext" wurde separat aufgeführt). Natürlich reichen die nationalen Kompetenzklassen nicht aus, um eine Aufgabe mit all ihren spezifischen Merkmalen und Anforderungen zu beschreiben. Deshalb gibt Neubrand (2004, 37) in der Peripherie des Modells exemplarisch weitere Merkmale an (vgl. Abbildung 2), die der Interpretation unter verschiedenen Gesichtspunkten dienen.

Wie bereits in Abschnitt 2.1.2 beschrieben, wurden die internationalen Kompetenzklassen reproduction, connection und generalization als Ausgangspunkt zur Bildung der nationalen Kompetenzklassen genommen.

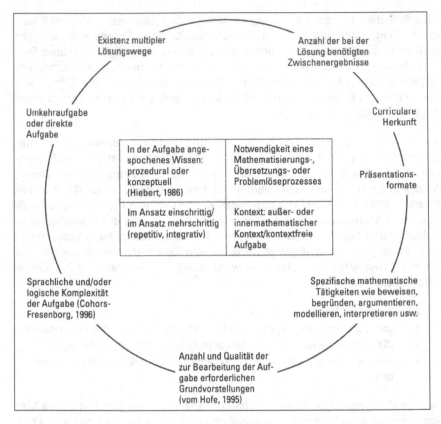

Abbildung 2: Das hinter dem PISA-Framework stehende Aufgabenmodell – Zentrale Eigenschaften und vielfältige spezifische Itemmerkmale (Neubrand 2004, S. 37)

Reproduction kann das *Beherrschen eines Lösungsverfahrens* bedeuten oder das *Verwenden eines Standardmodells* für bestimmte Modellierungsaufgaben. Im ersten Fall ist neben Faktenwissen (deklaratives Wissen) das Ausführen einer mathematischen Prozedur (prozedurales Verfahrenswissen) erforderlich, aber nicht das Finden eines Ansatzes. Weil der Startpunkt für das Lösungsverfahren bereits vorgegeben ist, erfordern diese Aufgaben keine Modellierungsprozesse. Dementsprechend werden diese Aufgaben in der nationalen Kompetenzklasse 1A zu den „technischen Aufgaben" zusammengefasst. Ein Beispiel für diesen Aufgabentyp ist die Aufgabe Rechteck aus der PISA Studie 2000, die der ersten Aufgabe der durchgeführten qualitativen Untersuchung ähnelt:

Rechteck

Ein Rechteck ist 4 cm lang und 3 cm breit.
Wie groß ist sein Flächeninhalt?

☐ 12 cm² ☐ 12 cm

☐ 7 cm ☐ 14 cm

☐ 7 cm²

4 cm

3 cm

(Zeichnung nicht maßgenau)

Abbildung 3: PISA-Aufgabe Rechteck (Klieme u.a. 2001, 152)

Durch den Aufgabentext ist der Ansatz zur Lösung der Aufgabe direkt vorgegeben. Es ist keine Modellierung erforderlich. Diese Aufgabe wurde von 85 Prozent der Schülerinnen und Schüler in PISA 2000 richtig gelöst (Klieme u.a. 2001, 152).

Aufgaben, in denen eine Situation gegeben ist und der Vorgang des Mathematisierens in einem Schritt zu einem (Standard-) Modell führt, werden als „einschrittige rechnerische Modellierungs- und Problemlöseaufgaben" in der nationalen Kompetenzklasse 1B zusammengefasst. Der Modellierungsprozess zieht eine prozedurale Bearbeitung nach sich. Ein Beispiel für diesen Aufgabentyp ist die erste Teilaufgabe der Aufgabe „Tischdecke" aus der PISA-Studie 2003, in der es darum geht, die Tischfläche eines Tisches zu berechnen.

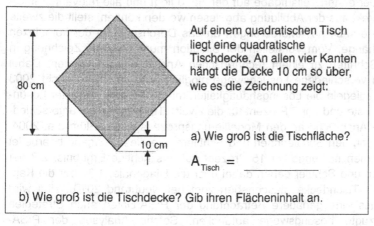

80 cm

10 cm

Auf einem quadratischen Tisch liegt eine quadratische Tischdecke. An allen vier Kanten hängt die Decke 10 cm so über, wie es die Zeichnung zeigt:

a) Wie groß ist die Tischfläche?

A_{Tisch} = _____

b) Wie groß ist die Tischdecke? Gib ihren Flächeninhalt an.

Abbildung 4: PISA-Aufgabe Tischdecke (Blum u.a. 2004, 59)

Es ist eine Zeichnung mit Angabe der Seitenlänge vorgegeben. Der Modellierungsprozess besteht darin, dass die Schülerinnen und Schüler zunächst anhand des Aufgabentextes erkennen müssen, dass der Flächeninhalt eines Quadrats zu berechnen ist und dass die hierfür benötigte Seitenlänge der Zeichnung zu entnehmen ist. Erst im Anschluss an diesen Vorgang des Mathematisierens erfolgt die prozedurale Bearbeitung.

Auch *connection*, die zweite internationale Kompetenzklasse wird in der nationalen Klassifizierung ausdifferenziert. Das Kriterium hierfür ist, welches Wissen den Verarbeitungsprozess überwiegend bestimmt, prozedurales Verfahrenswissen oder konzeptuelles, begriffliches Zusammenhangswissen (im Sinne von Hiebert 1986). Entsprechend zur nationalen Kompetenzklasse 1B den „einschrittigen rechnerischen Modellierungs- und Problemlöseaufgaben" werden in der nationalen Kompetenzklasse 2B „mehrschrittige rechnerische Modellierungs- und Problemlöseaufgaben" zusammengefasst. Beiden Aufgabentypen gemeinsam ist die prozedurale Verarbeitung des entwickelten Modells. Im Vergleich zu den Aufgaben der nationalen Kompetenzklasse 1B ist der Modellierungsprozess bei den Aufgaben der nationalen Kompetenzklasse 2B aufwendiger und sehr viel komplexer, meist mit mehreren Teilergebnissen. Diese Mehrschrittigkeit kann beispielsweise aus dem Wiederholen gleicher Gedankengänge oder aus dem Ineinanderschachteln einzelner Schritte bestehen. Ein Beispiel hierfür ist die zweite Teilaufgabe der Aufgabe „Tischdecke", in der der Flächeninhalt der Tischdecke berechnet werden soll. Während das Modell bei der ersten Teilaufgabe auf der Hand liegt und alle relevanten Informationen direkt aus der Abbildung abgelesen werden können, stellt die zweite Teilaufgabe erhebliche Anforderungen an das Durchschauen der komplexen Zusammenhänge. Vom Vorstellen der Situation muss über die Zeichnung in mehreren Schritten zu einem rechnerischen Ansatz gelangt werden. Dabei sind zudem verschiedene Lösungswege möglich. Wie im PISA-Bericht 2003 dargestellt, spiegeln die Lösungshäufigkeiten mit 50 Prozent korrekter Lösungen für die erste und nur 7 Prozent für die zweite Teilaufgabe die unterschiedliche hohen Ansprüche an den Modellierungsprozess wider (Blum u.a. 2004, 60). Selbst von den Schülerinnen und Schülern, die diese Aufgabe bearbeitet haben, kommen nur ungefähr 15 Prozent auf das richtige Ergebnis. 2/3 der Schülerinnen und Schüler gehen dabei über die Diagonale, 1/3 über die Kantenlänge der Tischdecke (beschrieben zum bei Neubrand 2010). Hier wird deutlich, dass eine genauere Betrachtung der PISA-Daten auch Strategien und bevorzugte Lösungswege aufdecken. Solche Analysen der PISA-Ergebnisse, sowie ergänzende Analysen ausgewählter Ergebniszahlen und Bearbeitungen erfolgen in Kapitel 6.

Erfordern Aufgaben vorwiegend konzeptuelles, begriffliches Zusammenhangswissen, steht das prozedurale Verfahrenswissen im Hintergrund. Bei diesen Aufgaben der nationalen Kompetenzklasse 2A den „begrifflichen Modellierungs- und Problemlöseaufgaben" geht es um das Herstellen von Zusammenhängen im Sinne einer begrifflichen Verarbeitung. So wie in den ersten beiden Teilaufgaben der PISA-Aufgabe „Knoten", die auf die Begriffe „Quadrat" und „Dreieck" zielen. Die erste Teilaufgabe wurde von 34,9% und die zweite von 34,2% der Schülerinnen und Schüler in PISA 2000 richtig gelöst.

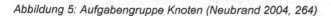

Knoten
In eine geschlossene Schnur sind 12 Knoten eingeknüpft.
Die Abstände zwischen benachbarten Knoten sind alle 1 cm.
Mit der Schnur kann man Figuren so legen,
dass auf jeder Ecke ein Knoten liegt.

(1) Mit der Schnur kannst du ein Quadrat legen.
Skizziere das Quadrat.
Welchen Flächeninhalt hat das Quadrat?

(2) Mit der Schnur kannst du Dreiecke legen. Skizziere, wie man spitzwinklige Dreiecke legen kann.

(3) Kannst du auch ein rechtwinkliges Dreieck legen? Skizziere und begründe deine Antwort.

Abbildung 5: Aufgabengruppe Knoten (Neubrand 2004, 264)

Das Charakteristikum der dritten internationalen Kompetenzklasse ist *generalization*. Bei Aufgaben, die unter dieser Kompetenzklasse zusammengefasst werden, besteht nicht die Notwendigkeit einer weiteren Differenzierung, weil bei solchen Aufgaben, die Elemente von Verallgemeinerung oder Reflexion enthalten, immer konzeptuelles, begriffliches Wissen im Vordergrund steht. Der notwendige Modellierungs- oder Problemlöseprozess ist beispielsweise verbunden mit dem Entwerfen einer allgemeinen Strategie oder dem systematischen Herleiten von Zusammenhängen für Begründungen. Dies ist beispielsweise in der dritten Teilaufgabe der PISA-Aufgabe „Knoten" gefordert. Während sich die ersten beiden Teilaufgaben mit begrifflichem Wissen und geschicktem Probieren lösen lassen, soll in dieser Aufgabe, zum Kehrsatz des Pythagoras, eine Begründung angegeben werden, wie man mit der Knotenschnur ein rechtwinkliges Dreieck legen kann. Dazu reicht es nicht, den Pythagoras und seine Anwendung zu kennen. Vielmehr erfordert die Aufgabe inhaltliche Vorstellungen, beispielsweise über die schematische Suche nach Tripeln (abc) natürlicher Zahlen, mit denen $a^2+b^2=c^2$ erfüllt wird. Die Forderung nach einer Begründung der Antwort macht ein Reflektieren des eigenen Lösungswegs notwendig. Diese Aufgabe war nur für 2,2% der Schülerinnen und Schüler zu lösen.

Wie in Abschnitt 2.1.2 beschrieben, wurden die fünf nationalen Kompetenz-klassen gebündelt zu den „drei Typen mathematischen Arbeitens". Die Aufga-ben der nationalen Kompetenzklasse 1A werden als „technische Aufgaben" bezeichnet. Die Klassen 1B und 2B werden zu den „Rechnerischen Modellie-rungs- und Problemlöseaufgaben" zusammengefasst und die Klassen 2A und 3 zu den „begrifflichen Modellierungs- und Problemlöseaufgaben".

2.1.5 Anlage und Umsetzung bei PISA 2003

Die PISA-Studie, die im dreijährigen Zyklus durchgeführt wird, liefert Daten zu Leistungsergebnissen und ihren Bedingungen im internationalen Vergleich. Die Ergebnisse sollen für Entscheidungen zur Verbesserung der Bildungssys-teme herangezogen werden (OECD 1999).

Neben dem Inhaltsbereich der Mathematik, der in PISA 2003 als Schwer-punktgebiet untersucht wurde, werden die Bereiche Lesen und Naturwissen-schaften erfasst, daneben weitere bereichsübergreifende Kompetenzen, in PISA 2003 das Problemlösen (Prenzel u.a. 2004, 13-16). Darüber hinaus wur-den in Deutschland zusätzliche nationale Erhebungen durchgeführt. Diese Er-weiterungen betrafen den Umfang und die Zusammensetzung der Stichprobe, die Erhebungsinstrumente und die befragten Gruppen und außerdem die Er-hebungszeitpunkte (Messwiederholung nach einem Jahr). Die Zielpopulation sind jeweils die 15-jährigen Schülerinnen und Schüler, also Schülerinnen und Schüler am Ende der Pflichtschulzeit.

Die im Mathematik-Test zu bearbeitenden Aufgaben setzen sich zu einem Drittel aus internationalen Aufgaben und zu zwei Dritteln aus nationalen Auf-gaben zusammen. Die internationalen Aufgaben wurden an Instituten des in-ternationalen Konsortiums[1] entwickelt und mit Vorschlägen aus den Teilneh-merstaaten ergänzt. Die Konstruktion der nationalen Aufgaben erfolgte vor-wiegend durch die PISA Expertengruppe Mathematik.

Man findet bei PISA eine Mischung aus drei unterschiedlichen Präsen-tationsformaten (Blum u.a. 2004, 50-51). Bei den „Multiple-Choice-Aufgaben" müssen die Schülerinnen und Schüler unter den (meist fünf) vorgegebenen Möglichkeiten eine oder mehrere richtige Lösungen auswählen. Besondere

---

1   Im internationalen Konsortium arbeiten verschiedene Institute zusammen, vornehmlich
    ACER (Australian Council for Educational Research), CITO (Netherlands National Insti-
    tute for Educational Measurement) und ETS (Educational Testing Service).

Formen sind das Zuordnen vorgegebener Zeichnungen oder eine Folge von Ja-Nein-Entscheidungen. Bei „Aufgaben mit freien geschlossenen Antworten" muss nur ein Ergebnis angegeben werden, beispielsweise eine Zahl. Aufgaben mit „freien offenen Antworten" erfordern das Aufschreiben von Überlegungen und Rechnungen oder Begründungen für die Ergebnisse. Sowohl in den internationalen als auch in den nationalen PISA-Aufgaben wurden alle Aufgabenformate berücksichtigt. Es wurde außerdem darauf geachtet, dass sich die Aufgaben angemessen auf die verschiedenen Inhaltsbereiche, beziehungsweise Stoffgebiete und auf die Kompetenzklassen verteilen.

In den internationalen Kompetenzklassen „Reproduction – Connection – Generalization" wird ein mathematikdidaktisch begründeter Anspruch inhaltlicher Breite gestellt. Breite bedeutet in diesem Sinne, dass Aufgaben mit unterschiedlichen Anforderungen an den in einer Aufgabe vorzunehmenden Modellierungsprozess gestellt werden. Durch die zusätzlichen Differenzierungen und Erweiterungen im Konzept des nationalen Tests, wird „Breite" in einem anderen Zuschnitt realisiert (Neubrand 2004, 23). Diese Unterschiede spiegeln sich in der Verteilung der Aufgaben auf Kompetenzklassen wider.

Insgesamt 84 internationale Mathematikaufgaben gingen in die Auswertung ein (Blum u.a. 2004, 51). Diese Aufgaben verteilen sich gleichmäßig über alle der vier Inhaltsbereiche "quantity", „change and relationship", „shape and space" und „uncertainty". Zudem wurde angestrebt, dass ungefähr die Hälfte der Aufgaben zur Kompetenzklasse „connection" gehört und je ein Viertel zu den Kompetenzklassen „reproduction" und „generalisation".

Internationale Kompetenzklasse	Inhaltsbereiche				
	quantity	change and relationship	shape and space	uncertainty	Gesamt
reproduction	9	7	5	5	26
connection	10	8	12	9	39
generalization	3	7	3	6	19
Gesamt	22	22	20	20	84

Tabelle 1: Verteilung der internationalen Aufgaben nach Inhaltsbereichen und internationalen Kompetenzklassen (Blum u.a. 2004, S. 51)

Auch bei den insgesamt 124 nationalen Aufgaben achtete man auf eine angemessene Verteilung der Aufgaben (Blum u.a. 2004, 57-58). Die Aufgaben lassen sich den üblichen Stoffgebieten Arithmetik, Algebra, Geometrie und Stochastik zuordnen. Die Stochastik erhielt einen Anteil von etwa 10 Prozent der Aufgaben, die anderen drei Stoffgebiete erhielten je 30 Prozent. Bei den

Typen mathematischen Arbeitens sind es 20 Prozent technische Aufgaben und jeweils 40 Prozent rechnerische und begriffliche Modellierungs- und Problemlöseaufgaben.

Typen mathematischen Arbeitens	Stoffgebiete				
	Arithmetik	Algebra	Geometrie	Stochastik	Gesamt
Technische Aufgaben	6	8	9	1	24
Rechnerische Modellierung- und Problemlöseaufgaben	17	14	15	5	51
Begriffliche Modellierung- und Problemlöseaufgaben	15	14	15	5	49
Gesamt	38	36	39	11	124

Tabelle 2: Verteilung der nationalen Aufgaben nach Stoffgebieten und Typen mathematischen Arbeitens (Blum u.a. 2004, S. 58)

Da für den empirischen Teil der vorliegenden Arbeit ausschließlich Geometrieaufgaben der PISA-Studie ausgewählt wurden, wird außerdem ein Überblick über die Verteilung der Geometrieaufgaben auf die nationalen und internationalen Kompetenzklassen gegeben werden. In Bezug auf die Geometrieaufgaben wird zudem ausführlicher auf den unterschiedlichen Anspruch eingegangen, Breite zu realisieren, der in den Verteilungen sichtbar wird.

In der PISA-Studie 2003 wurden insgesamt 65 Geometrieaufgaben gestellt. 21 davon sind internationale Aufgaben und 44 Aufgaben wurden von der nationalen Expertengruppe entwickelt. Die nachfolgenden Tabellen zeigen die Differenzierungen dieser Aufgaben in internationale und nationale Kompetenzklassen und in Typen mathematischen Arbeitens.

	Internationale Kompetenzklasse			Gesamt
	reproduction	connection	generalization	
Internationale Geometrieaufgaben	5	13	3	21
Nationale Geometrieaufgaben	14	25	5	44
Gesamt	19	38	8	65

Tabelle 3: Gegenüberstellung der Anzahl internationaler und nationaler Geometrieaufgaben in den internationalen Kompetenzklassen

	Typen mathematischen Arbeitens			Gesamt
	Technische Aufgaben	Rechnerische Modellierungs- und Problemlöseaufgaben	Begriffliche Modellierungs- und Problemlöseaufgaben	
Internationale Geometrieaufgaben	0	8	13	21
Nationale Geometrieaufgaben	9	17	18	44
Gesamt	9	25	31	65

Tabelle 4: Gegenüberstellung der Anzahl internationaler und nationaler Geometrieaufgaben in den drei Typen mathematischen Arbeitens

	Nationale Kompetenzklasse						Gesamt
	1A Technische Aufgaben	1B Einschrittige, rechnerische Modellierungs- und Problemlöse-aufgaben	2A begriffliche Modellierungs- und Problemlöse-aufgaben	2B Mehrschrittige, rechnerische Modellierungs- und Problemlöse-aufgaben	3 Verallgemeinerung / Reflexion		
Internationale Geometrieaufgaben	0	2	13	5	1		21
Nationale Geometrieaufgaben	9	4	13	13	5		44
Gesamt	9	6	26	18	6		65

Tabelle 5: Gegenüberstellung der Anzahl internationaler und nationaler Geometrieaufgaben in den nationalen Kompetenzklassen

Den größten Teil, nämlich mehr als die Hälfte der internationalen wie auch nationalen Aufgaben, machen die Aufgaben der Kompetenzklasse „connection" aus. Dies sind Aufgaben, in denen es darum geht, Querverbindungen und Zusammenhänge herzustellen. Die internationale Kompetenzklasse „connection" wurde in der nationalen Konzeption im Sinne von Hiebert (1986) ausdifferenziert zu den rechnerischen und den begrifflichen Modellierungs- und Problemlöseaufgaben. Diese beiden Aufgabentypen kommen bei den nationalen Aufgaben zu gleichen Teilen vor. Bei den internationalen Aufgaben gibt es mehr Aufgaben, die eine begriffliche Verarbeitung erfordern.

Die internationalen Kompetenzklassen „reproduction" und „generalization" sind bei den internationalen Aufgaben, wie in der Konzeption von PISA beschrieben (Blum u.a. 2004, 51), in allen Inhaltsbereichen zu etwa einem Viertel vertreten, während die Hälfte der Aufgaben der Kompetenzklasse „connection" zuzuordnen ist. Wie Tabelle 4 zeigt, sind das bei den internationalen Geometrieaufgaben 5 Aufgaben bei „reproduction" und 3 Aufgaben bei „generalization". Bei den nationalen Aufgaben sind es mehr Aufgaben bei „reproduction". Das liegt daran, dass in dieser internationalen Kompetenzklasse auch die „technischen Aufgaben" enthalten sind. Im Sinne des internationalen „Literacy"- Ansatzes hingegen wurden im internationalen Test nur Aufgaben gestellt, die einen Mathematisierungsprozess erforderlich machen. Aus den Tabellen wird ersichtlich, dass technische Aufgaben bei den internationalen Aufgaben gar nicht vorkommen, während unter den nationalen Geometrieaufgaben 9 technische Aufgaben vorkommen, die ausschließlich Faktenwissen oder das Ausführen einer mathematischen Prozedur nicht aber das Finden eines Ansatzes erforderlich machen. Hier wird das Verständnis von „Breite" im nationalen Konzept deutlich, in dem im Gegensatz zum internationalen Ansatz auch rein innermathematische Kontexte berücksichtigt werden.

Bei den rechnerischen Modellierungs- und Problemlöseaufgaben wurde in der nationalen Konzeption differenziert in einschrittige und mehrschrittige Aufgaben. Beide Aufgabentypen ziehen eine prozedurale Bearbeitung des entwickelten Modells nach sich. Allerdings wird unterschieden, ob das Modell auf der Hand liegt oder ob ein aufwendiger, komplexer Modellierungsprozess mit mehreren Schritten notwendig ist und ob es zudem verschiedene Lösungswege gibt. Die Tabelle verdeutlicht, dass die Verteilung der internationalen und nationalen Aufgaben auf diese beiden Kompetenzklassen ähnlich ist. Sowohl bei den internationalen als auch bei den nationalen Aufgaben überwiegt der Anteil der komplexeren, mehrschrittigen Modellierungs- und Problemlöseaufgaben gegenüber den einfacheren, einschrittigen Aufgaben deutlich.

2.2 Operationalisierung des Grundbildungskonzepts

In Abschnitt 2.2 wird zunächst auf die Multiperspektivität der Schulgeometrie eingegangen, denn die Geometrieaufgaben der PISA-Studie streuen nicht nur über die Kompetenzklassen, sondern auch inhaltlich über verschiedene Dimensionen von Schulgeometrie. Anschließend werden Positionen zu Aspekten der (Schul-) Geometrie in den NCTM-Standards, im britischen Geometry-

Report und in den deutschen Bildungsstandards beschrieben. Die Darstellung der Umsetzung von geometrischen Basiskompetenzen in den nationalen Geometrieaufgaben der PISA-Studie schließt dieses Kapitel ab.

2.2.1 Zur Multiperspektivität der Schulgeometrie

Wie bereits dargestellt, setzen die Differenzierungen der PISA-Aufgaben in so genannte Kompetenzklassen den Anspruch des Grundbildungskonzepts um, eine möglichst breite Sichtweise mathematischer Anforderungen abzubilden. „Breite" wird in den PISA-Aufgaben darüber hinaus auch inhaltlich eingelöst.

Die nationalen Geometrieaufgaben der PISA-Studie decken ein breites Spektrum unterschiedlicher Dimensionen von Geometrie ab. Die internen Formulierungen der PISA-Arbeitsgruppe hierzu resultieren vor allem aus grundlegenden Überlegungen zur Multiperspektivität der Schulgeometrie.

Die Geometrie als mathematisches Teilgebiet ist sehr facettenreich. Die Vielfalt von Aspekten macht den Geometrieunterricht zwar schwer und anspruchsvoll, bietet aber auch Chancen für die Analyse von Unterricht, beispielsweise für Einordnung und Bewertung von Unterricht oder Anhaltspunkte zur Erzeugung eines reichhaltigen Mathematikbildes bei den Schülerinnen und Schülern durch die Berücksichtigung unterschiedlicher Dimensionen der Geometrie (Neubrand 2010).

Neubrand (2010, 11-34) fasst Überlegungen zur Multiperspektivität der Schulgeometrie in seinem Vortrag „Inhalte, Arbeitsweisen und Kompetenzen in der (Schul-) Geometrie: Versuch einer theoretischen Klärung" auf der Herbsttagung 2009 des Arbeitskreises Geometrie der Gesellschaft für Didaktik der Mathematik zusammen. Da dieser Vortrag eine wichtige Grundlage für inhaltliche Einordnungen der nationalen Geometrieaufgaben der PISA-Studie liefert und diese Einordnungen in einen Gesamtzusammenhang im Sinne des Grundbildungskonzepts von PISA essentiell für weitere Analysen sind, wird der Inhalt des Vortrags an dieser Stelle zusammenfassend und sehr nah am Originaltext dargestellt.

Neubrand stellt ein Modell der systematischen Erschließung des Feldes (Schul-) Geometrie mit drei Orientierungen auf unterschiedlichen Ebenen dar. Es werden „generelle Sichtweisen von Geometrie", „Zugänge zur Geometrie" und „Tätigkeiten in der Geometrie" beschrieben.

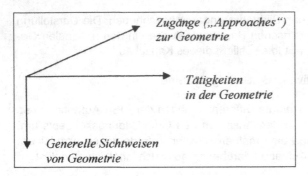

Abbildung 6: Drei Dimensionen des Feldes Schulgeometrie

Unter „generellen Sichtweisen der Geometrie" werden Definitionen von Geometrie zusammengefasst. Was Geometrie ist, lässt sich nur in Abhängigkeit
von Bestimmung und Funktion der Geometrie betrachten. Eine ausgearbeitete
Liste von „generellen Sichtweisen der Geometrie" hat Vollrath (1982) zusammengestellt. Die folgende Auflistung Neubrands hält sich an diese Liste. Man
kann Geometrie hiernach sehen,

- „als „fertiges" mathematisches Teilgebiet, als Vorrat verschiedener,
  ausgearbeiteter mathematischer Theorien,
- als ein Feld, in dem Begriffe zu finden, Theorien zu entwickeln, logische Abhängigkeiten aufzudecken, mathematische Arbeitsweisen zu
  realisieren sind,
- als Lieferant von mathematischen Problemen unterschiedlicher Art
  und Schwierigkeit,
- als ein Vorrat von Theorien, die die Planung und Konstruktion von
  technischen Geräten verschiedener Art ermöglichen,
- als Bereitstellung von Theorien über den uns umgebenden Raum;
  d.h. Geometrie erwachsend aus naturwissenschaftlichen Erfahrungen und diese deutend,
- als ein Produkt der Geistesgeschichte, als kulturelle Leistung,
- als einen Vorrat von Formen, die es zu beobachten, zu interpretieren, zu erzeugen gilt, und die man außerhalb der Geometrie nutzen
  kann."

Mit „Zugängen zur Geometrie" wird der Hintergrund in den Blick genommen,
von dem aus man sich der Geometrie nähert und wie man zu geometrischen
Fragestellungen kommt. Gegenüber anderen mathematischen Teildisziplinen

zeichnet sich die Geometrie hierbei durch eine besondere Multiperspektivität aus. Man kann zur Geometrie kommen ...

- „von Realitätsbezügen her:
  Dann aber sollte man deren Vielfalt ausnutzen: Technik, Geographie, Sonne-Mond-und Sterne, Kunst,... Im Mathematikunterricht werden Realitätsbezüge oft leider nur zum Motivieren oder zum Anregen benutzt; zentral ist aber, dass man sie auch zur Begriffsbildung einsetzt (vgl. Winter, 1995).
- vom Interesse an der Erschließung von inneren Zusammenhängen her.
  Dann steht im Mathematikunterricht oft das (nachträgliche) Erklären im Vordergrund, die Darstellung und Begründung von Sachverhalten. Man kann das Erschließen innerer Zusammenhänge aber auch für aktive Zugänge zu neuem mathematischem Wissen nützen, etwa indem logisches Ordnen neue Begriffe, Sätze, Beweise etc. erzeugt.
- vom Wunsch etwas zu beherrschen her.
  Dann sieht man im Mathematikunterricht oft nur das Üben. Auch dieses kann aber produktiv sein, wenn es operativ aufgefasst wird und zu vielfältigen selbstgesteuerten Aktivitäten Anlass gibt. Solche Übungsformen sind in der Geometrie gut realisierbar.
- vom Material her (auch Computer) und von Messgeräten her.
- von der Neugierde nach Erforschen, Entdecken, Problemlösen her.
- vom Wunsch nach „Verstehen" (über das Gelernte reflektieren) her."

Als dritte Ebene einer Orientierung zur systematischen Erschließung des Feldes
(Schul-) Geometrie sind die „Tätigkeiten in der Geometrie" zu nennen. Die Ausübung dieser mathematischen Tätigkeiten soll zu Kompetenzen führen. Auch hier bietet die Geometrie ein vielfältiges Potential und damit, wie Neubrand betont, „ein breites Reservoir an Möglichkeiten, geometrische Kompetenzen auszubilden". Die Voraussetzung, diese Vielfalt zu nutzen sei die Bewusstheit darüber. Als mathematische Aktivitäten in der Geometrie nennt Neubrand (2004, 17) zunächst:

- „reflektierte (!) konkrete Tätigkeiten: Falten, schneiden, kleben, rollen, zusammensetzen, bewegen, etc.,
- diese konkreten Tätigkeiten – nach gemachten Erfahrungen – auch symbolisch auszuführen,

- die spezifische Tätigkeit des Zeichnens mit ausgewählten (und entsprechend reflektierten) Zeichengeräten: Zirkel und Lineal, aber
  auch andere, incl. DGS,
- die spezifische Tätigkeit des „Sehens" und des Operierens mit dem
  Gesehenen,
- alle Tätigkeiten, die mit dem „Visualisieren" zu tun haben (vgl. Kautschitsch 1989)."

Gerade in der Geometrie kommen einige allgemeine mathematische Arbeitsweisen besonders authentisch zum Ausdruck, weil sie anschaulicher und damit leichter elementar zugänglich sind. Artmann spricht aus diesem Grund sogar von Geometrie als „Vorbild für Mathematik" (Artmann 1979). Zu den „Tätigkeiten in der Geometrie" gehören deshalb außerdem:

- „das Aufklären von Phänomenen,
- das Ordnen von Chaos,
- das Herstellen von Beziehungen zwischen verschiedenen Aussagen, oft sogar schärfer: das Aufdecken verborgener Beziehungen,
- die Präzisierung qualitativer Beziehungen,
- das Hinausgehen über Bekanntes, das Erweitern des Horizonts, das
  Verallgemeinern,
- das Umschlagen einer Fragestellung, die beantwortet scheint, in ein
  neues Problem (oft ausgelöst durch neue „Mittel"),
- die Suche nach einem aufklärenden Gedanken für ein ganzes Gebiet."

2.2.2 Geometrie in den NCTM-Standards, im britischen Geometry-Report und in den deutschen Bildungsstandards

Ein viel beachtetes Beispiel einer Formulierung geometrischer Basiskompetenzen, die systematisch eine große Breite der Schulgeometrie abdecken sind
die NCTM-Standards. Hierin heißt es: „Instructional programs from prekinder-
garten through grade 12 should enable all students to …

- analyze characteristics and properties of two- and three-dimensional
  geometric shapes and develop mathematical arguments about geometric relationships,
- specify locations and describe spatial relationships using coordinate
  geometry and other representational systems,
- apply transformations and use symmetry to analyze mathematical
  situations,

- use visualization, spatial reasoning, and geometric modeling to solve problems." (NCTM 2000)

Es lassen sich vier zentrale Dimensionen unterscheiden, die durch den Geometrieunterricht ausgebildet werden sollen. Es handelt sich dabei um allgemeine Funktionen des Mathematikunterrichts, die aber jeweils spezifisch geometrisch realisiert werden sollen:

- analytisch Denken: Formen – Figuren – innere Eigenschaften von Figuren.
- Darstellen und Beschreiben: Raum – Orientierung – Darstellung durch Koordinaten und andere Verfahren.
- beweglich Denken: Beweglichkeit – Beziehungen im Großen – Symmetrien.
- die geometrischen Möglichkeiten nutzen: Sehen – Erkennen – Veranschaulichen. (Neubrand 2010, 21)

Damit werden vier klare Funktionen der Geometrie als „Standards" definiert. Diese „Standards" sind für alle Klassenstufen gleich. Sie werden nach Klassenstufen ausdifferenziert und decken damit systematisch eine große Breite ab. Der Fokus liegt dabei auf dem Herstellen geometrischer Beziehungen als Grundlage für Verstehen.

Während geometrische Inhalte in den deutschen Lehrplänen der Bundesländer bis jetzt meist noch unter dem Themenbereich "Geometrie" zu finden sind, gehen sie in die deutschen Bildungsstandards in Anlehnung an die internationale Konzeption der PISA-Studie vorwiegend unter der Leitidee „Raum und Form" ein. Auch wenn sie als Konsequenz aus PISA zeitlich nach der Konzeption der PISA-Aufgaben anzusiedeln sind, soll an dieser Stelle die Umsetzung der Geometrie in den deutschen Bildungsstandards aufgeführt werden. Außerdem wird abschließend auf Kritik an den Bildungsstandards eingegangen, die sich aus den vorangeganenen Überlegungen zur Multiperspektivität der Geometrie und deren Umsetzung im Geometrieunterricht ergibt.

In den Bildungsstandards der KMK (Konferenz der Kultusminister der Länder in der Bundesrepublik Deutschland) heißt es zur Leitidee „Raum und Form" (KMK, 2004): „Die Schülerinnen und Schüler...

- erkennen und beschreiben geometrische Strukturen in der Umwelt,
- operieren gedanklich mit Strecken, Flächen und Körpern,

- stellen geometrische Figuren im kartesischen Koordinatensystem dar und erkennen Körper (z.B. als Netz, Schrägbild oder Modell) dar und erkennen Körper aus ihren entsprechenden Darstellungen,
- analysieren und klassifizieren geometrische Objekte der Ebene und des Raumes,
- beschreiben und begründen Eigenschaften und Beziehungen geometrischer Objekte (wie Symmetrie, Kongruenz, Ähnlichkeit, Lagebeziehungen) und nutzen diese im Rahmen des Problemlösens zur Analyse von Sachzusammenhängen,
- wenden Sätze der ebenen Geometrie bei Konstruktionen, Berechnungen und Beweisen an, insbesondere den Satz des Pythagoras und den Satz des Thales,
- zeichnen und konstruieren geometrische Figuren unter Verwendung angemessener Hilfsmittel wie Zirkel, Lineal, Geodreieck oder DGS,
- untersuchen Fragen der Lösbarkeit und Lösungsvielfalt von Konstruktionsaufgaben und formulieren diesbezüglich Aussagen,
- setzen geeignete Hilfsmittel beim explorativen Arbeiten und Problemlösen ein."

Wie bei so einer aufzählenden Übersicht nicht anders zu erwarten, bleiben die einzelnen Kompetenzen relativ unverbunden und ungeordnet nebeneinander stehen. Es erfolgen weder nähere Begründungen und Strukturierungen noch werden unterschiedliche Ebenen auseinander gehalten. Allgemeine Prinzipien, wie „gedanklich ordnen" oder „begründen" stehen dabei neben stofflichen Elementen, wie den explizit erwähnten Sätzen von Pythagoras und Thales. Der Informationsgehalt wird den Lehrerinnen und Lehrern vorwiegend über die angehängte Sammlung von Aufgabenbeispielen transportiert. Dass das durchaus bedenkliche Einschränkungen nach sich ziehen kann, darauf weisen Blum u.a. hin (Blum u.a. 2006, 33-35).

Neubrand weist außerdem darauf hin, dass zum Lehren und Lernen neben dem stofflichen Kanon und den prozessbezogenen Kompetenzen auch allgemeine mathematische Denkweisen und eine Einbindung des Stoffes in größere, auch für die Lernenden sichtbare Zusammenhänge gehören (Neubrand 2010). Er kritisiert, dass „eine gemeinsame Klammer fehlt", dass der Hintergedanke, warum die Leitidee „Raum und Form" nicht „Geometrie" genannt werde zu vage bleibe und dass eine Gesamtbeschreibung der Leitidee fehle. Es fehle vor allem der Hinweis, was geometrisches Denken, als Grundlage für Visualisierungen über die Geometrie hinaus leisten kann. Neubrand sieht daher die Gefahr der Verengung bei der konkreten Umsetzung sowie eine Einengung der Ideenwelt der Geometrie, indem auf Rechnerisches und Außermathematisches Bezug genommen wird und die Ansatzmöglichkeiten zur Reflexion zu wenig deutlich werden (Neubrand 2010).

2.2.3 Umsetzung von geometrischen Basiskompetenzen in den nationalen Geometrieaufgaben der PISA-Studie

Die aufgezeigte Breite geometrischer Kompetenzen konkret in Aufgaben umzusetzen, die sich für Schulleistungsuntersuchungen wie PISA eignen, stellt eine Herausforderung dar.

Solche Testaufgaben sind so zu konstruieren, dass von den Schülerinnen und Schülern weder „geniale" Ideen verlangt werden noch längere Argumentationsketten und keine aufwendigen Zeichnungen. Dennoch sollen diese Aufgaben auf solches Wissen und Fähigkeiten hinweisen können. Es kann nicht nur um realitätsorientierte Berechnungsaufgaben gehen, sondern auch das innermathematische Potential der Geometrie muss im Sinne der nationalen Rahmenkonzeption von PISA angemessen zur Geltung kommen.

Mit grundlegenden Ideen, die inhaltliche Breite von Geometrie ausnutzen, geht Wittmann (1999) an die Konstruktion eines Geometriecurriculums heran. Zu den Grundideen der Geometrie zählt er nicht nur innergeometrische Stoffbereiche, sondern er betont den Nutzen der Geometrie für die Allgemeinbildung besonders im Zusammenhang mit dem allgemeinen Lernziel des „Mathematisierens". Wittmann liefert den Ansatz zu einem einheitlichen stufenübergreifenden Konzept des Geometrieunterrichts und geht dabei von sieben Grundideen der Elementargeometrie aus:

- „Geometrische Formen und ihre Konstruktion,
- Operationen mit Formen,
- Koordinaten,
- Maße,
- Muster,
- Formen in der Umwelt,
- Geometrisierung."

In den ersten beiden Grundideen, geht es um die Fragen danach, welche Objekte es gibt, wie man sie konstruieren kann, welche Eigenschaften Objekte haben, wie man mit ihnen operieren kann und welche Wirkungen die Operationen auf Eigenschaften und Beziehungen haben. Bei derartigen Operationen mit Formen gilt es herauszufinden, welche Beziehungen entstehen und welche Eigenschaften erhalten bleiben oder sich in gesetzmäßiger Weise verändern.

Die Grundidee „Koordinaten" beinhaltet die Nutzung von Koordinatensystemen zur Lagebeschreibung von Punkten mit Hilfe von Zahlen auf Linien, Flächen und im Raum. Die Grundidee „Maße" umfasst das Messen von Längen, Flächeninhalten, Rauminhalten und Winkeln sowie die Vorgabe von Maßeinheiten und die Berechnung nach Formeln.

Es gibt viele Möglichkeiten geometrische Formen und Maße so in Beziehung zu setzen, dass geometrische Muster entstehen. Diese Muster können bereits auf inhaltlich-anschaulichem Niveau sauber begründet werden. Vor allem die beiden letzten Grundideen „Formen in der Umwelt" und „Geometrisierung" zielen auf das allgemeine Lernziel „Mathematisieren". Formen in der Umwelt und Operationen an und mit ihnen, sowie Beziehungen zwischen ihnen können mit Hilfe geometrischer Begriffe beschrieben werden. Raumgeometrische Sachverhalte und Problemstellungen, aber auch Zahlbeziehungen und abstrakte Beziehungen, können in die Sprache der Geometrie übersetzt und geometrisch bearbeitet werden.

Ähnliche systematische Überlegungen der PISA-Arbeitsgruppe Geometrie standen vor der Konstruktion der Aufgaben. Folgende verschiedene Dimensionen der Schulgeometrie sollten in den Aufgaben angesprochen werden[2]:

• geometrisches Grundwissen,
  z.B. Eigenschaften zu Figuren nennen, Formelwissen unmittelbar anwenden
• Sehen als Voraussetzung für geometrisches Arbeiten,
  z.B. Formen erkennen und zuordnen
• räumliches Sehen,
  z.B. Operieren in der Vorstellung, geometrische Modelle
• Handeln, Konstruieren und Herstellen von Formen,
  z.B. Konstruieren, Legen von Figuren aus Stäbchen (auf dem Papier)
• Berechnungen mit Modellierungscharakter,
  z.B. klassische Berechnungen mit oder ohne Kontext
• Anwendungen außerhalb der üblichen Berechnungen mit Anknüpfung an zentrale Begriffe und Ideen der Geometrie,
  z.B. geometrische Anwendungen mit und ohne Kontext

---

[2] In der Tabelle 6 sind hierzu jeweils Aufgabenbeispiele angegeben, sofern sie in dieser Arbeit genannt werden und zur Veröffentlichung freigegeben sind, Andernfalls werden die Inhalte der Aufgaben grob beschrieben.

- Beziehungen zwischen Geometrie und Algebra,
  z.B. Nachvollziehen und Veranschaulichen geometrischer Formeln
- Zusammenhänge der Geometrie als Vorstufe zum Beweisen,
  z.B. geometrische Zusammenhänge erklären und veranschaulichen

Facetten der Schulgeometrie	Anzahl solcher Aufgaben in PISA 2003 national (gesamt: 44)	Beispielaufgaben
Geometrisches Grundwissen	6	„Rechteckeigenschaften" (PISA 2003 national) „Rechteck" (PISA 2000 national)
Sehen als Voraussetzung für geometrisches Arbeiten	8	Erkennen von Figuren, die in einer anderen Figur versteckt sind
Räumliches Sehen	2	Rotationskörper, Bastelanleitungen
Handeln, Konstruieren und Herstellen von Formen	4	Aufgabengruppe „Knoten"
Berechnungen mit Modellierungscharakter	14	„L-Fläche" (PISA 2003 national) „Wandfläche" (PISA 2003 national) „Tischdecke" (PISA 2003 national)
Anwendungen außerhalb der üblichen Berechnungen mit Anknüpfung an zentrale Begriffe und Ideen der Geometrie	4	„Zimmermann" (PISA 2003 international)
Beziehungen zwischen Geometrie und Algebra	3	Aufgaben, bei denen bestimmt werden soll, für welche vorgegebene Figur eine bestimmte Formel gilt.
Erkennen von Zusammenhängen als Vorstufe zum Beweisen	3	„Trapezfläche" (PISA 2003 national)

Tabelle 6: Facetten der Schulgeometrie in den nationalen Aufgaben der PISA-Studie 2003

Die Einteilung der Aufgaben resultiert aus der Arbeit an der nationalen Rahmenkonzeption der PISA-Studie und wurde in der Arbeitsgruppe Geometrie entwickelt. Sie hat sich für die Arbeit mit den Aufgaben bewährt. Trotzdem wäre auch eine andere Einteilung denkbar. Es gibt teilweise enge Zusammenhänge und Überschneidungen der Bereiche. Einige Bereiche lassen sich zusammenfassen, andere wiederum in zwei Teilbereiche trennen. Bei den in Tabelle 6 angegebenen Anzahlen vorkommender Aufgaben in PISA 2003 national handelt es sich um eine grobe Einschätzung bei der leichte Verschiebun-

gen denkbar wären, da sich die Aufgaben teilweise mehreren Bereichen zuordnen lassen:

Die PISA-Ergebnisse zu einzelnen Aufgaben sind bisher nicht umfassend öf-
fentlich dargestellt. Deshalb kann an dieser Stelle nicht inhaltlich auf das volle
Aufgabenspektrum eingegangen werden. Bei den Aufgaben „Rechteck",
„L-Fläche", „Wandfläche" und Zimmermann" handelt es sich um die Untersuchungsaufgaben dieser Arbeit. Diese Aufgaben werden in Kapitel 6 ausführlich
analysiert.

Im Folgenden werden abschließend zwei weitere Beispiele interessanter Ergebnisse gegeben. Dabei handelt es sich um ein Aufgabenbeispiel zum geometrischen Grundwissen (Aufgabe „Rechteckeigenschaften) und ein weiteres
Beispiel zum Erkennen von Zusammenhängen als Vorstufe zum Beweisen
(Aufgabe „Trapezfläche")[3]:

Rechteckeigenschaften

Schreibe möglichst viele Eigenschaften von Rechtecken auf:

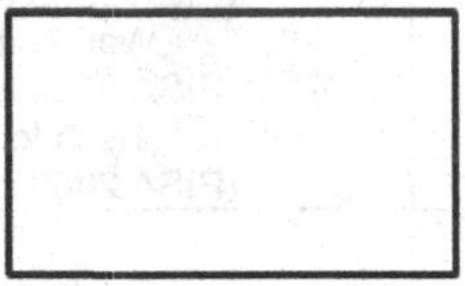

---

*Abbildung 7: Aufgabenbeispiel zum geometrischen Grundwissen (aus PISA 2003 –
national)*

Knapp 10 Prozent der deutschen Schülerinnen und Schüler gaben zu der
elementaren Frage nach „Rechteckeigenschaften" gar keine Antwort und über
10 Prozent nur falsche Antworten. Drei Viertel aller Schülerinnen und Schüler
beschränkten sich ausschließlich auf Eigenschaften von Winkeln und Seiten.
Weniger als 10 Prozent nennen auch Eigenschaften von Diagonalen, Mittelli-
nien oder Symmetrien. Ohne dieses notwendige geometrische Grundwissen
können komplexere Fragestellungen nicht bearbeitet werden.

---

[3]   Es handelt sich hier um keine exakte Auswertung der PISA-Ergebnisse. Ohne Schulfor-
      men, Gewichtungen und sonstige Differenzierungen werden an dieser Stelle nur grobe
      Orientierungszahlen angegeben.

Nur ungefähr einem Viertel der Schülerinnen und Schüler gelang es, eine hinreichende Erklärung zur Berechnung der „Trapezfläche" abzugeben. Die Hälfte der Schülerinnen und Schüler ließ diese Aufgabe aus, kann der Fragestellung also keinen Sinn abgewinnen, obwohl diese Art von Aufgaben durchaus nahe an dem sind, was im Mathematikunterricht behandelt wird.

Trapezfläche

In einem Schulbuch steht:

Die Formel für die Berechnung des Flächeninhalts eines Trapezes ergibt sich aus der folgenden Zeichnung.

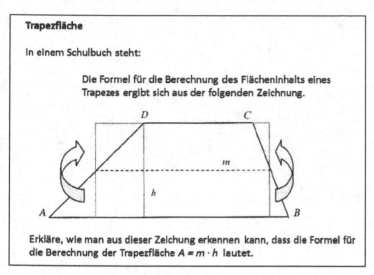

Erkläre, wie man aus dieser Zeichnung erkennen kann, dass die Formel für die Berechnung der Trapezfläche $A = m \cdot h$ lautet.

Abbildung 8: Aufgabenbeispiel zum Erkennen von Zusammenhängen als Vorstufe zum Beweisen (aus PISA 2003 – national)

Beide Beispiele zeigen, dass bei (zu) vielen deutschen Schülerinnen und Schülern grundlegende Schwierigkeiten bestehen, geometrische Zusammenhänge zu erkennen und zu beschreiben und dass es dringend erforderlich ist, mehr über die dahinter stehenden geometrischen Denkweisen zu erfahren, um Konsequenzen für den Geometrieunterricht abzuleiten. Die beschriebenen Facetten der (Schul-) Geometrie können dabei eine Leitlinie sein.

3 Geometrisches Denken und Begriffsbildung im Mathematikunterricht

„Geometrie ist eine der großen Gelegenheiten, die Wirklichkeit mathematisieren zu lernen. Es ist eine Gelegenheit, Entdeckungen zu machen ... Gewiss, man kann auch das Zahlenreich erforschen, man kann rechnend denken lernen, aber Entdeckungen, die man mit den Augen und Händen macht, sind überzeugender und überraschender. Die Figuren im Raum sind, bis man sie entbehren kann, ein unersetzliches Hilfsmittel, die Forschung und die Erfindung zu leiten." *(Freudenthal 1973, 380)*

Zunächst erfolgt in diesem Kapitel eine Klärung grundlegender Aspekte geometrischen Denkens und geometrischer Begriffsbildung (Abschnitt 3.1). Anschließend werden ausgewählte Sichtweisen aus Kognitionspsychologie und Mathematikdidaktik dargestellt (Abschnitt 3.2).

3.1 Grundlegende Aspekte geometrischen Denkens

In Abschnitt 3.1 wird als erstes auf terminologische Aspekte der Begriffe „geometrisches Denken", „geometrische Begriffsbildung" und „geometrische Denkweisen" eingegangen. Darauf folgen Ausführungen zur Bedeutung geometrischen Denkens und zum Bilden geometrischer Begriffe. Die Begriffe „Umfang" und „Flächeninhalt" sowie besondere Aspekte des Geometrielernens in der Hauptschule werden abschließend etwas ausführlicher behandelt.

3.1.1 Geometrisches Denken, geometrische Begriffsbildung und geometrische Denkweisen – Terminologisches

Denken und Denkentwicklung sind Gegenstand unterschiedlicher Disziplinen vor allem der Psychologie, beispielsweise der Denkpsychologie, deren drei Hauptgebiete, das Problemlösen, das logische Schließen und die Begriffsentwicklung sind. Für die vorliegende Arbeit zu geometrischen Denkweisen wird neben dem geometrischen Denken vor allem der Begriffsbildung eine entscheidende Bedeutung zugewiesen. „Geometrisches Denken" und „geometrische Begriffsbildung" werden als grundlegend angesehen, denn geometrische Begriffe sind die Grundlage geometrischen Denkens und so lässt sich geometrisches Denken nur im Zusammenhang mit geometrischer Begriffsbildung erfassen.

Der Begriff „geometrisches Denken" wird in dieser Arbeit mit Absicht weit gefasst. Darunter ist alles Denken zu verstehen, das im Zusammenhang mit der

(Schul-) Geometrie zu sehen ist. Wittmann schreibt über „geometrisches Denken": „Geometrisch denken können heißt, bewusst oder unbewusst über geometrische Vorstellungen zu verfügen" (Wittmann 1999, 206) und versteht unter Vorstellungen „mit Bedeutung gefüllte Formenbegriffe, operative Schemata, Diagramme und begriffliche Netze bis hin zu Theoriestücken". Je reichhaltiger Schülerinnen und Schüler mit solchen geometrischen Vorstellungen ausgestattet seien, desto besser können sie geometrisch denken.

Die Klärung der Verwendung des Wortes „Begriff" ist schwierig und wird in der mathematikdidaktischen Literatur von unterschiedlichen theoretischen Positionen aus gesehen. Bei Anderson (1989) wird die Repräsentation des Wissens im Gedächtnis mit einem Netzwerk aus Begriffen verglichen, die durch unterschiedliche Beziehungen miteinander verbunden sind.

Ob kognitivistisch betrachtet, als mentale Strukturen und Regeln des Denkens im Sinne von Bruner (1974), nach Aebli als Werkzeuge des Denkens, als Netze von Sachzusammenhängen (Aebli 2003) oder mathematikdidaktisch, wie bei Freudenthal, als mentale Objekte, als Ordnungsmittel und als Werkzeuge zur Erschließung der Welt (Freudenthal 1973): Begriffe bestimmen das menschliche Denken. Geometrische Begriffe bestimmen das geometrische Denken.

„Schließlich sind die Begriffe die Einheiten, mit denen wir denken, indem wir sie kombinieren, zusammensetzen, umformen" (Aebli 2003, 246)

Für diese Arbeit wird außerdem der Begriff „geometrische Denkweise" verwendet. Analog zu den Begriffen der Verhaltensbiologie „verhalten" und „Verhaltensweise" bezeichnet man als „Denkweisen" einzelne Gedankengänge. Die Verwendung dieses Begriffs in dieser Arbeit soll zum Ausdruck bringen, dass individuelle Denkweisen von Schülerinnen und Schülern untersucht werden. Gegenstand dieser Arbeit ist es, diese geometrischen Denkweisen genau zu erfassen, zu beschreiben und zu strukturieren.

3.1.2 Geometrie als Vorbild für die Mathematik – zur Bedeutung geometrischen Denkens

„Geometrie als Vorbild für die Mathematik" – diesen programmatischen Vortragstitel verwendete Artmann 1979 in seiner Vorlesung zur Elementargeometrie (Artmann 1979). In der Geometrie findet man zu allen wesentlichen, spezifischen, mathematischen Tätigkeiten gute und für Schülerinnen und Schüler zugängliche Beispiele. Solche Beispiele findet man zugeordnet zu spezifischen mathematischen Aktivitäten bei Neubrand (1991, 120-130). Für die mathematische Aktivität „Ordnen von Chaos" nennt Neubrand als Beispiel aus der Elementargeometrie das „Haus der Vierecke", auf das weiter unten im Zusammenhang mit dem Bilden geometrischer Begriffe eingegangen wird (Abbildung 10). Neubrand bezieht sich dabei vor allem auf die reflektierte Tätigkeit des Mathematiktreibens und die dabei notwendigen mathematischen Begriffsbildungsprozesse. Das Ordnen und Klassifizieren von Vierecken, das Füllen von Lücken durch neu hinzukommende Begriffe und die in diesem Zusammenhang notwendige Fähigkeit des Verallgemeinerns führen zum Ausbau einer mathematischen Theorie. Dieser Aspekt wird als „ein Abbild mathematischer Arbeit im allgemeinen" (Graumann u.a., 213) und „Kraft der Entwicklung mathematischen Wissens" beschrieben (Neubrand 1981, 44).

Weitere Beispiele anderer Autoren zielen darauf, dass kein anderer Inhaltsbereich besser geeignet ist, allgemeine Ziele der Mathematikdidaktik zu erreichen als die Geometrie (Radatz und Rickmeyer 1991, 7) und die Geometrie unter den Disziplinen der Mathematik eine besondere Position einnimmt:

„Geometry occupies a specific position among other branches of mathematics and among all other disciplines because of its unique character, consisting of the union of logic, imagination and practice. Geometry in its essence is this union." (Alexandrov 1994, 365)

Auch Wittmann (1999, 205-223) weist der Geometrie eine zentrale Rolle im Mathematikunterricht zu und nennt dafür fünf Gründe (Wittmann 1999, 206-207):

- Geometrische Vorstellungen sind grundlegend dafür, dass wir uns im Erfahrungsraum orientieren und zielgerichtet bewegen können.
- In vielen Berufen sind geometrische Kenntnisse unerlässlich.
- Die Geometrie leistet einen fundamentalen Beitrag zur Entwicklung intelligenten Verhaltens ganz allgemein.
- Geometrische Vorstellungen durchdringen in starkem Maße auch andere Inhaltsbereiche der Mathematik, insbesondere die Arithmetik und die Analysis.
- Kein anderer Bereich weist einen so großen Reichtum an anschaulichen Problemen aller Schwierigkeitsniveaus auf und ist damit von der Grundschule an für die allgemeinen Lernziele „Entdecken von Strukturen" und „Argumentieren" so ergiebig wie die Geometrie.

Vor allem der letztgenannte Grund spiegelt die Sichtweise „Geometrie als Vorbild für die Mathematik" wider. Als heuristische Strategien, die in der Geometrie musterhaft für andere Bereiche erarbeitet werden können, nennt Wittmann beispielsweise „Systematisches Probieren", „Analogisieren" und wie im Beispiel von Neubrand das „Verallgemeinern". In seinem Buch „Elementargeometrie und Wirklichkeit" führt Wittmann als „Einführung in geometrisches Denken" zahlreiche und vielfältige Beispiele auf. Sein Anliegen ist es, den Geometrieunterricht mehr auf Problemkontexte zu beziehen, um Sinnzusammenhänge zu stiften, eine Verständnisgrundlage zu schaffen, die Mobilisierung verfügbarer Kenntnisse und Fertigkeiten zu erleichtern und vor allem ein heuristisches Vorgehen zu fördern. Er stellt dem axiomatischen Vorgehen in der Geometrie ein inhaltlich-anschauliches Vorgehen gegenüber.

Abbildung 9: Gärtnerkonstruktion einer Ellipse (Abdruck mit freundlicher Genehmigung der Martin Luther Universität Halle-Wittenberg)

So lässt sich eine Ellipse auf einfachste Art konstruieren und aus den Entdeckungen resultieren Erkenntnisse, die geometrische Vorstellungen und damit die Fähigkeit des geometrischen Denkens fördern. Die Art der Konstruktion ergibt sich direkt aus der Definition und wird in der Praxis von Gärtnern angewandt (Gärtnerkonstruktion), wenn sie ein elliptisches Beet anlegen wollen. Hierzu werden zwei Holzpflöcke   eingeschlagen und an ihnen knapp über dem Erdboden ein Stück Schnur mit der Länge befestigt. Die Schnur wird mit einem Stock gespannt, mit dem bei ständig gespannter Schnur eine Furche gezogen wird (Abbildung 9). Je nach Abstand der Holzpflöcke und Länge der Schnur können langgestreckte und gedrungene Ellipsen entstehen. Erkenntnisse diesbezüglich entstehen beispielsweise durch die heuristische Fähigkeit des systematischen Probierens. Die Art der Konstruktion lässt sich mit Hilfe eines Bindfadens, zwei Reißzwecken und eines Bleistifts auf dem Papier leicht nachahmen.

Wittmann schildert weiter, wie man ausgehend von dieser Konstruktion analytisch aber auch inhaltlich-anschaulich Eigenschaften und Zusammenhänge entdecken und beschreiben kann. Das Gebiet, auf dem Fragen dieser Art untersucht werden, bildet die Grundlage für die geometrische Analyse und Synthese mechanischer Systeme und ist daher unter anderem eine wichtige Disziplin für den konstruktiven Maschinenbau (Wittmann 1987, 236 ff).

Bauersfeld (1993) nennt drei Gründe, warum es wichtig ist, geometrisches Denken zu fördern: „Den genetischen Zusammenhang", „die sozialisatorische Differenz" und „die defizitäre Grundschullehrerausbildung". Bauersfeld bezieht sich zwar auf die Grundschule, die Gründe lassen sich aber auf den Unterricht in den weiterführenden Schulen übertragen. Vor allem die ersten beiden beschriebenen Gründe weisen eine Relevanz für den Inhalt dieser Arbeit auf.

Mit dem „genetischen Zusammenhang" meint Bauersfeld, das enge Zusammenhängen des Ausbildens arithmetischer Begriffe mit der Entwicklung geometrischer Grundvorstellungen: „Vom Zahlenstrahl bis zur Durchschnittsbildung, von der Zahlentreppe bis zu beliebigen graphischen Darstellungen und ebenso beim Umformen von Punkt- oder Kringelfeldern zur „Veranschaulichung" der Kommutativität oder des Zerlegens einer Multiplikation. Es gibt keine arithmetische „Veranschaulichung" ohne geometrische Hypostasierung." (Bauersfeld 1993, 8). Bauersfeld spricht in diesem Zusammenhang von der Bodenlosigkeit des Rechnens und meint, dass jedes Rechnen auf geometrische Eigenschaften gegründet ist und nur über geometrische Strukturen und Eigenschaften vermittelt werden kann. Beispiele hierfür sind das Hantieren mit Plättchen zur Zahlraumerschließung oder zur Produktzerlegung. Für eine internationale Sichtweise sei auf Hansen (1998, 235) verwiesen, der auf Veränderungen und Trends hinsichtlich des Stellenwertes der Geometrie in den Lehrplänen eingeht: "The teaching of geometry should include links with the construction of rational numbers and an idea of real numbers in the context of geometry […]. All this is fundamental geometry" (Hansen 1998, 240).

Die in jüngerer Zeit häufiger zitierte Sichtweise der Mathematik als „Wissenschaft von den Mustern" (vgl. Devlin 2002, 9) verdeutlicht den hohen Stellenwert der Geometrie für die Mathematik. Auch die Vermutung, in der Förderung des Geometrieunterricht liege der Schlüssel zur Verbesserung der Mathematikleistungen insgesamt (Kapitel 1) passt zu dieser Begründung der Bedeutung geometrischen Denkens.

In seiner zweiten Begründung „sozialisatorische Differenz" bezieht sich Bauersfeld darauf, dass mehr als je zuvor erhebliche Differenzen aus der primären Sozialisation im Anfangsunterricht aufgefangen und zu individuell tragfähigen Lerngrundlagen ergänzt werden müssen. Bauersfelds Text stammt aus dem Jahre 1993, seine Erkenntnis, dass der Anfangsunterricht aufgrund starker individueller Unterschiede der Kinder schwieriger geworden ist, resultiert aus dem Vergleich mit einem Projekt aus dem Jahre 1966. Aus heutiger Sicht ist festzustellen, dass es bis jetzt trotz einiger Bemühungen der Frühförderung nicht gelungen ist, die Unterschiede in der Lernausgangssituation abzumildern. Im Gegenteil, Studien wie PISA bestätigen, dass die soziale Herkunft sich entscheidend auf die zukünftige Schullaufbahn auswirkt (Prenzel u.a. 2004, 225).

Ein weiteres, häufig genanntes, allgemeines Lernziel, zu dem Geometrieunterricht beitragen kann, ist die Erschließung der Lebenswelt. Einen Schwerpunkt zur Umsetzung dieses Ziels von Geometrieunterricht findet man in den Niederlanden. De Moor und van den Brink beschreiben den realistischen Geometrieunterricht „vom Kind und von der Umwelt aus" mit dem Ziel, „die Umwelt zu begreifen und auf elementare Weise erklären zu können" (De Moor, van den Brink mathematik lehren 83). Aus der gleichen Richtung argumentiert Freudenthal:

„Geometrie ist eine der großen Gelegenheiten, die Wirklichkeit mathematisieren zu lernen. Es ist eine Gelegenheit, Entdeckungen zu machen ... Gewiss, man kann auch das Zahlenreich erforschen, man kann rechnend denken lernen, aber Entdeckungen, die man mit den Augen und Händen macht, sind überzeugender und überraschender. Die Figuren im Raum sind, bis man sie entbehren kann, ein unersetzliches Hilfsmittel, die Forschung und die Erfindung zu leiten" (Freudenthal 1973, 380).

Dana sieht zudem in der Geometrie einen motivierenden Ansatz: „Geometry is a great untapped source of ideas, processes and attitudes that are entirely appropriate for elementary school" (Dana 1987, 113). Es wird hier eine Chance für Schülerinnen und Schüler beschrieben, mal anders an die Mathematik heranzugehen. Oft haben Schülerinnen und Schüler mit Lernschwierigkeiten im Rechnen besondere Erfolgserlebnisse, wenn sie handelnd geometrische Aufgaben lösen: "Students, who are not whizzes at arithmetic are often the first to solve a puzzle, the most artistic in creating designs, and the most persistent when asked to find all possible patterns or shapes of a given kind" (Dana 1987, 113).

3.1.3 Bilden geometrischer Begriffe

Für einen Überblick über die Theorien zum Bilden von Begriffen ist es manchmal sinnvoll, verschiedene Arten von Begriffen zu unterscheiden. Begriffe lassen sich nach inhaltlichen, logischen, axiomatischen und strukturellen Aspekten ordnen (Kadunz, Sträßer 2008, 142). Die Ordnung von Begriffen nach inhaltlichen Aspekten bezieht sich auf die Gegenstände der Geometrie, die unterrichtet werden. Dies sind in der Sekundarstufe I Figuren, Abbildungen und das Messen. Holland unterscheidet deshalb Figurenbegriffe, Abbildungsbegriffe und Maßbegriffe und berücksichtigt dabei, dass Geometrie in der Ebene und im Raum betrieben werden kann:

Diese starre und sehr schematische Einteilung bietet einige Nachteile, die im Gegensatz zur Multiperspektivität der Schulgeometrie stehen, auf die später eingegangen wird. Bei Freudentahl heißt es dazu:

„Will man die Geometrie als logisches System dem Schüler auferlegen, so kann man sie in der Tat abschaffen." (zitiert nach Radatz und Rickmeyer 1991, 18 vgl. Freudenthal 1973)

Für eine logische Einteilung wird nach Holland von der Menge aller gegebenen, ebenen und räumlichen Objekte der Geometrie ausgegangen. Die Objekte können durch konkrete Gegenstände oder Modelle repräsentiert werden. Alle Objekte mit einer gemeinsamen Eigenschaft werden unter einem Begriff versammelt. Ein Objektbegriff steht dann für eine Klasse von Objekten, die gemeinsame Eigenschaften besitzen. Zu den Objektbegriffen gehören die Begriffe „Würfel", „Kugel", „Dreieck", „Kreis" (Franke 2000, 79) aber auch „Drehung" oder „Achsenspiegelung".

	Figurenbegriffe	Abbildungsbegriffe	Maßbegriffe
Ebene	Gerade Strecke Vieleck Kreis Parallel kongruent achsensymmetrisch	Geradenspiegelung Drehung Kongruenzabbildung Zentrische Stre- ckung	**Länge** Winkelgröße **Flächeninhalt**
Raum	Ebene Kugel Quader parallel kongruent ebenensymmetrisch	Ebenenspiegelung Kongruenzabbildung Zentrische Stre- ckung	Volumen

Tabelle 7: Einteilung geometrischer Begriffe in Figurenbegriffe, Abbildungsbegriffe und Maßbegriffe nach Holland (1996, 157)

Zum Definieren weiterer Begriffe werden Eigenschaftsbegriffe benutzt. Ein Oberbegriff kann durch Festlegen von Eigenschaften wieder in Klassen unterteilt werden. Als Eigenschaftsbegriffe können auch Beziehungen für Objekte auftreten. Zu den Eigenschaftsbegriffen zählen „Ecke", „Kante", „quadratisch" oder „gekrümmt" (Franke, 2000, 79). Einige Autoren (Holland, 1996, 2007 und Wittmann 1981) nehmen keine Unterscheidung zwischen Objekt- und Eigenschaftsbegriffen vor, weil es, je nach Verwendung, Überschneidungen gibt.

Um Beziehungen zwischen geometrischen Objekten zu beschreiben, verwendet man Relationsbegriffe wie „parallel", „orthogonal" (Kadunz, Sträßer 2008, 143) und „symmetrisch" oder „deckungsgleich" (Franke, 2000, 79).

Kadunz und Sträßer (2008, 143) verwenden zur Unterscheidung außerdem noch „Funktionsbegriffe", mit denen Maße bestimmt werden. Zu ihnen zählen „Länge", „Flächeninhalt" und „Volumen". Nach dieser Sichtweise liegen Funktionen vor, die aus der Menge von Figuren in eine Menge von Größen abbilden, zum Beispiel, die Flächeninhaltsfunktion. Die Einteilung von Begriffen nach axiomatischen und strukturellen Gesichtspunkten spielt für die Geometrie in der Hauptschule keine Rolle, deshalb wird an dieser Stelle auf Kadunz und Sträßer (2008, 159ff) sowie Holland (2007, 55ff) verwiesen.

Werden Begriffe nach verschiedenen Eigenschaften geordnet, so kann dies zu Begriffen auf unterschiedlichen Ebenen führen. Man spricht dann von „Begriffshierarchien", in denen es Oberbegriffe, nebengeordnete Begriffe und Unterbegriffe gibt. Eine aus der fachdidaktischen Literatur vielfach bekannte Konstruktion einer Begriffshierarchie ist als das „Haus der Vierecke" bekannt (vgl. Neubrand 1981, 37-50) und geht auf Breidenbach zurück. Hier sind die Vierecke in einer Abbildung unter dem Gesichtspunkt der Symmetrie angeordnet. Der Abbildung kann man dann zum Beispiel entnehmen, dass jedes Quadrat ein Rechteck und eine Raute ist, weil das Quadrat den beiden nebengeordneten Begriffen Rechteck und Raute übergeordnet ist. Als substantielle mathematische Tätigkeit kommt hier das Ordnen vor.

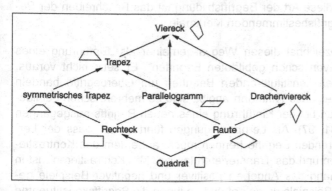

Abbildung 10: Haus der Vierecke (dargestellt bei Franke 2000, 81)

Das Einführen neuer Begriffe erfolgt im Unterricht auf verschiedenen Wegen, die meist nicht in reiner Form, sondern kombiniert auftreten. Franke (2000, 84) unterscheidet ausgehend von Wittmann (1981) und Holland (1996) drei Wege zur Bildung von Begriffen: Begriffserwerb durch Spezifizieren aus einem Oberbegriff, Begriffserwerb durch Abstrahieren und konstruktiven Begriffserwerb. Holland (2007, 60) ergänzt noch den Begriffserwerb durch Idealisierung und Komplettierung. Für weitere Betrachtungen werden diese vier Wege unterschieden.

Bei dem Begriffserwerb durch Spezifizieren aus einem Oberbegriff, geht man davon aus, dass die Schülerinnen und Schüler bereits einen Oberbegriff des neu zu erwerbenden Begriffes kennen. Den Lernenden wird ein Oberbegriff (die Grundmenge) und mindestens ein spezifisches (aussonderndes) Merkmal angegeben, das den neuen Begriff charakterisiert. Dann geht es darum, alle Objekte, die zum Oberbegriff gehören, hinsichtlich des neuen Merkmals zu untersuchen und zu entscheiden, ob das Objekt zu dem neuen Begriff (Unterbegriff) gehört oder nicht (Franke 200, 85). Dazu sind Vorstellungsbilder von den Begriffen erforderlich, die im handelnden Umgang mit den Objekten, beispielsweise beim Nachmessen, Falten, Umklappen, Übereinanderlegen erworben werden. Nach Vollrath (2007, 59) erfolgt der Begriffserwerb aus einem Oberbegriff meist durch Beispiele und Gegenbeispiele, bei denen die Schülerinnen und Schüler die spezifischen Merkmale selber entdecken müssen, sowie durch zusätzliche verbale Erläuterungen. Abschließend sollte eine Definition formuliert werden. An dieser Stelle zeichnen sich bei Vollrath Überschneidungen zum Begriffserwerb durch Abstrahieren ab, denn auch hier geht es darum, einen Begriff durch Beispiele und Gegenbeispiele zu charakterisieren. Deshalb spricht Vollrath vom Begriffserwerb durch intensionale Abstraktion. Charakteristisch für diese Art der Begriffsbildung ist das Beschreiben der Begriffe anhand der begriffsbestimmenden Merkmale.

Wittmann (1981) bezeichnet diesen Weg allgemeiner als „Einführung eines Begriffs ausgehend von schon gebildeten Begriffen". Er setzt nicht voraus, dass es sich bei den konstituierenden Begriffen um Oberbegriffe handeln muss. In dem Beispiel, dass Wittmann angibt, sind es mehrere schon gebildete Begriffe, von denen bei der Einführung eines neuen Begriffs ausgegangen wird (Wittmann, 1981, 97). Als Lernbedingungen führt er auf, dass der Lernende die konstituierenden Begriffe kennen muss, außerdem das Kontrastieren, das Verbalisieren und das Transferieren lassen. Mit „Kontrastieren", ist in diesem Zusammenhang das Angeben positiver und negativer Beispiele gemeint, dass positive Beispiele vorgelegt und an ihnen die Begriffskonstituenten aufgewiesen werden und dass ebenso negative Beispiele gegeben werden und als negativ aufgezeigt werden. „Verbalisieren" meint das Formulieren einer Definition und „Transferieren lassen" das Vorlegen neuer Beispiele.

Auch bei dem Begriffserwerb durch Abstrahieren kommt es darauf an, Vorstellungsbilder von dem Begriff zu erwerben und die Objekte auch dann zu erkennen, wenn sie in der Größe, der Farbe und der Lage variieren (Franke 2000, 87). Als Vorgehen für diese Art des Begriffserwerbs beschreibt Franke, dass Kindern Objekte vorgelegt werden, die zu sortieren sind. Die Klassenbildung erfolgt dann entweder nach bestimmten Merkmalen oder durch Beispiele und Gegenbeispiele (Franke 2000, 86). Bei der Klassenbildung nach bestimmten Merkmalen können die Merkmale entweder vorgegeben oder selbst entdeckt werden oder es wird eine Kategorie zum Sortieren vorgegeben. Abschließend wird der neue Begriff verbal beschrieben. Bei der Charakterisierung des neuen Begriffs durch Beispiele und Gegenbeispiele wird den Schülerinnen und Schülern ein Objekt, das den neuen Begriff repräsentiert, gezeigt und anhand von konkreten Objekten eine Zuordnung vorgenommen oder es wird entschieden, dass das Objekt nicht zu dem neuen Begriff gehört (Franke 2000, 86). Diese Vorgehensweise kommt dem Begrifferwerb im Alltag nahe und kann vor allem in der Grundschule genutzt werden. Um ein Abstrahieren zu fördern, ist bei diesem Vorgehen darauf zu achten, dass die geometrischen Eigenschaften, nach denen Objekte zu sortieren sind, hervorgehoben werden (Franke 2000, 87). Franke schlägt deshalb vor, zu Beginn des Begriffserwerbs merkmalsarmes Material zu verwenden. Vollrath bezeichnet diesen Weg als Begriffserwerb durch intensionale Abstraktion im Gegensatz zur extensionalen Abstraktion durch Klassenbildung. Er schlägt diesen Weg vor, wenn kein Oberbegriff zur Verfügung steht, aus dem der Begriff durch Spezifikation gewonnen werden kann. In so einem Fall kann der Begriff durch Abstraktion von charakteristischen Merkmalen anhand von Beispielen und Gegenbeispielen erworben werden (Holland 2007, 60).

Wittmann bezeichnet diesen Weg als Einführung eines Begriffs ausgehend von Beispielen und nennt folgende Lernbedingungen: Die Fähigkeit des Lernenden, das zu definierende Merkmal von irrelevanten zu unterscheiden, außerdem das Kontrastieren, das Transferieren lassen, den Gebrauch verbaler und ikonischer Hilfen und das Verbalisieren. Das Kontrastieren meint die Angabe repräsentativer positiver und negativer Beispiele für den Begriff. Transferieren lassen bezeichnet das Einordnen neuer Beispiele durch den Lernenden. Durch den Gebrauch verbaler und ikonischer Hilfen zur Beschreibung der relevanten Merkmale wird das Lernen erleichtert. Das Verbalisieren als das sprachliche Erfassen bei der Einführung eines Begriffs ausgehend von Beispielen ist wichtig, damit die Begriffe im symbolischen Bereich benutzt werden können.

Als Unterrichtsprinzipien, die den Begriffserwerb von Begriffen durch Spezifizieren aus einem Oberbegriff oder den Begriffserwerb durch Abstrahieren fördern, hebt Wittmann das Prinzip der Variation und das Prinzip der Veranschaulichung hervor und bezieht sich dabei auf Dienes (1970) und Karaschewski (1966).

Prinzip der Variation (Mehrmodellmethode):

„Damit es beim Schüler zur Bildung eines Begriffs kommt, muss man genügend viele repräsentative Beispiele vorlegen, d.h. solche, die nur den für den Begriff wesentlichen Kern gemeinsam haben." (zitiert nach Wittmann 1981, 98 vgl. Dienes 1970, 46 und Karaschewski 1966, 80)

Prinzip der Variation der Veranschaulichung:

„Um bei der Begriffsbildung einen möglichst weiten Rahmen für individuelle Variationen zu haben und das Erfassen des mathematischen Kerns einer Abs-

traktion zu fördern, muss dieselbe begriffliche Struktur in möglichst vielen, äquivalenten Veranschaulichungen geboten werden." (Dienes 1970, 46)

Ein anderes Unterrichtsprinzip, das operative Prinzip, steht für die operative Begriffsbildung. Diesen Weg zum Einführen von Begriffen bezeichnet man als konstruktiven Begriffserwerb oder nach Wittmann als Einführung eines Begriffs ausgehend von Handlungen oder Konstruktionen. Nach Holland wird ein Begriff konstruktiv erworben, „indem die Schülerinnen und Schüler Beispiele des Begriffs erzeugen, durch Falten, Auseinanderschneiden, Kleben und durch geometrische Konstruktionen" (Holland 2007, 58). Ein Vorteil dieser Art der Begriffsbildung ist nach Franke, dass beim Herstellen „die Eigenschaften deutlich (entdeckt und erlebt) und dauerhaft als Wissen aufgenommen" (Franke 2000, 90) werden. Nicht jedes Handeln mit Material führt zur Begriffsbildung, denn „geometrische Begriffe können nur durch Handeln erworben werden, wenn die wesentlichen Eigenschaften beim Operieren mit dem Material erfahren werden und sich als tragfähig für das Lösen weiterer Probleme erweisen" (Franke 2000, 90). Wittmann nennt als Lernbedingungen für die Einführung eines Begriffs ausgehend von Handlungen und Konstruktionen, dass der Lernende die zu Grunde liegenden Handlungen oder Konstruktionen beherrschen muss, daneben noch das Operieren, Verbalisieren und das Transferieren lassen. Operieren bezeichnet die Vorlage verschiedener Situationen, in denen entsprechend operiert werden kann. Das Verbalisieren bezieht sich auf Handlungen, Konstruktionen und das Benennen des Begriffs und das Transferieren lassen meint, dass dem Lernenden neue Situationen vorgelegt werden. Auf das operative Prinzip und operative Begriffsbildung wird in Abschnitt 3.2.3 ausführlicher eingegangen.

Den Begriffserwerb durch Idealisierung und Komplettierung ergänzt Vollrath zu den bisher genannten für den Erwerb der Begriffe „Punkt", „Gerade" und „Ebene". Diese Begriffe stehen am Anfang der Theorie des axiomatischen Aufbaus der ebenen und räumlichen euklidischen Geometrie und bei dem ihrem Erwerb „sind geistige Prozesse involviert, deren wesentliche Komponenten als Idealisierung und (bei Geraden und Ebenen zusätzlich) als Komplettierung zu bezeichnen sind" (Holland 2007, 61). Da der Erwerb dieser Begriffe nicht Inhalt der Arbeit ist, wird hinsichtlich der Darstellung dieses Weges der Begriffsbildung auf Vollrath (Holland 2007, 61) verwiesen.

Die Begriffsbildung wird allgemein als langwieriger Prozess gesehen, der in unterschiedlichen Stufen abläuft. Es werden dabei folgende Stufen unterschieden: Intuitives Begriffsverständnis, inhaltliches Begriffsverständnis, integriertes Begriffsverständnis und formales Begriffsverständnis (vgl. Winter 1983, Vollrath 1984 und Holland 2007).

Auf der Stufe des intuitiven Begriffsverständnisses kennen die Lernenden Repräsentanten für einen Begriff, können Repräsentanten zum Begriff herstellen und aufgrund der Wahrnehmung Beispiele und Gegenbeispiele finden (Franke 2000, 90). Auf der Stufe des inhaltlichen Begriffsverständnisses werden Eigenschaften des Begriffs erfasst. Repräsentanten können auf der Grundlage bekannter, begriffsbestimmender Eigenschaften zugeordnet und hergestellt werden. Holland (2007) nennt zum inhaltlichen, integrierten und formalen Begriffsverständnis Inhaltsziele und zwar in Bezug auf Figurenbegriffe, Maßbegriffe und Abbildungsbegriffe. Hier werden jeweils die Inhaltsziele für Maßbegriffe wiedergegeben. Als Inhaltsziele für ein inhaltliches Begriffsverständnis bei Maßbegriffen nennt Holland (2007, 93):

- „zwischen der Figur und ihrer Größe unterscheiden,
- dieselbe Größe in verschiedenen Maßeinheiten angeben,
- bei Vielecken und Körpern die Inhaltsgleichheit (in geeigneten Fällen) durch Zerlegen und / oder Ergänzen entscheiden,
- die zur Berechnung eines Flächen- oder Rauminhalts benötigten Formeln kennen und anwenden."

Nach Holland liegt inhaltliches Begriffsverständnis bei einem Maßbegriff vor, wenn die Schülerinnen und Schüler in der Lage sind, „zu einer vorgegebenen Figur die betreffende Größe (Winkelmaß, Länge, Flächeninhalt, Volumen) durch Messen, Zerlegen, Ergänzen und /oder Berechnen zu bestimmen" (Holland 2007, 93).

Auf der Stufe des integrierten Begriffsverständnisses erfassen die Schülerinnen und Schüler Beziehungen zwischen den Eigenschaften eines Begriffs oder auch die Beziehungen zwischen Begriffen, insbesondere zu Unter- und Oberbegriffen sowie zu nebengeordneten Begriffen einer Begriffshierarchie. Auf dieser Stufe erfolgt die eigentliche Begriffsdefinition, denn das Begriffsverständnis basiert nicht mehr auf der Wahrnehmung, sondern auf dem Verständnis anderer Begriffe. Holland (Holland, 2007, 93) nennt zum integrierten Begriffsverständnis folgende Inhaltsziele für Maßbegriffe:

- „Herleiten der Flächeninhaltsformeln für Rechteck, Parallelogramm, Dreieck und Trapez (z.B. mit den Eigenschaften der Flächeninhaltsfunktion),
- Begründung der Umfang- und Flächeninhaltsformeln für den Kreis,

- Herleiten der Oberflächen- und Volumenformeln für Quader, Pyramide, Kegel und Kugel."

Integriertes Begriffsverständnis liegt nach Holland bei Maßbegriffen vor, „wenn die Schülerinnen und Schüler die benutzten Verfahren zum Vergleich zweier Größen bzw. zu ihrer Berechnung begründen können" (Holland 2007, 93).

Das formale Begriffsverständnis betrifft die Einbettung von Begriffen als formale Objekte innerhalb eines axiomatischen Aufbaus der Geometrie und wird in der Sekundarstufe I nicht erreicht.

Es gibt in der Fachliteratur keine einheitliche Meinung darüber, welche Fähigkeiten bei Lernenden vorhanden sein müssen, bis man davon sprechen kann, dass sie einen Begriff verstanden haben. Vollrath beschreibt das „Verständnis eines Begriffs" als einen Zustand, „den man in Abhängigkeit von dem Begriff und vom Lernenden durch bestimmte Leistungen beschreiben kann." Er nennt folgende Fähigkeiten:

- „Der Lernende kann eine Definition des Begriffs angeben.
- Er kann bei vorgelegten Objekten entscheiden, ob sie unter den Begriff fallen.
- Er kann selbst Beispiele für den Begriff nennen.
- Der Lernende kennt Eigenschaften des Begriffs.
- Er kann den Begriff und seine Eigenschaften zur Beschreibung von Sachverhalten und zur Lösung von Problemen nutzen.
- Er kennt wichtige Unter – und Oberbegriffe und ist sich der Beziehungen zwischen ihnen bewusst." (Vollrath 1999, 191-198).

Franke (Franke 2000, 92) nennt Bedingungen, die das Begriffsverständnis fördern. Dies sind unter anderem:

- anfängliches Reproduzieren der Komplexität der Merkmale/ Eigenschaften von Objekten, die zur Begriffsbildung untersucht werden sollen,
- Hervorheben relevanter Merkmale,
- Einbeziehen von Beispielen und Gegenbeispielen zur Auseinandersetzung mit konkreten Objekten, um Übergeneralisieren und Untergeneralisieren zu vermeiden,
- Anregen zum Beschreiben und Begründen

In diesem Zusammenhang hebt Franke besonders hervor, dass genügend Gelegenheit zum Üben der Begriffe beim Auseinandersetzen mit Problemen geboten werden muss. Sonst bestehe die Gefahr, dass nur leere Worte benutzt werden, ohne den Begriff verstanden zu haben.

Bevor sie auf die verschiedenen Arten geometrischer Begriffe eingeht, unterscheidet Franke zwischen Alltagsbegriffen und geometrischen Begriffen (Franke, 2000, 71ff). Franke weist darauf hin, dass zahlreiche geometrische Begriffe (bereits im Kleinkind- und Vorschulalter) im Alltag erworben werden, wie die Figurenbezeichnungen „Dreieck", „Kreis" oder auch „Würfel", die Eigenschaftsbegriffe „gerade" und „krumm" oder die Relationsbegriffe „vor" und „hinter". Nicht immer jedoch werden die im Geometrieunterricht erforderlichen Begriffe im selben Erfahrungsbereich verwendet oder lassen sich aus der Alltagssprache ableiten. Aus diesem Grund muss der Geometrieunterricht auch beim Bilden von Begriffen an Alltagswissen anknüpfen und gegebenenfalls systematisieren, präzisieren, manchmal auch korrigieren und in bestehendes Wissen sinnvoll einordnen. Begriffsbildung darf auch deshalb nicht losgelöst vom Problemlösen erfolgen, sondern muss im Problemlösen integriert und als Instrumentarium weiterentwickelt werden und damit die Struktur des Unterrichts prägen (Franke 2000, 78). Auf weitere Schwierigkeiten bei der Vermittlung von Begriffen wird im letzten Abschitt dieses Kapitels eingegangen.

Aspekte der Begriffsbildung werden im Zusammenhang mit der Behandlung der Begriffe „Umfang" und „Flächeninhalt" im folgenden Abschnitt dargestellt.

3.1.4 Die Begriffe „Umfang" und „Flächeninhalt" in der Schulgeometrie

Das Messen und Berechnen von Längen, Flächeninhalten und Volumina ist das älteste Themengebiet der Geometrie. Schließlich hat das Vermessen der Erde der Geometrie ihren Namen gegeben (Geo-metrie = Erd-messung) und die altägyptischen Geometer nannte man „Seilspanner" (Wittmann 1987, 286). Noch heute nimmt das Bestimmen von Längen-, Flächen- und Volumenzahlen einen hohen Stellenwert im Geometrieunterricht ein. Für die Berechnungen steht eine Vielzahl von Formeln zur Verfügung, in die nur noch die passenden Werte eingesetzt werden müssen. Dennoch ist das Gebiet von seinem Problemgehalt her nicht reizlos. Wittmann nennt dazu drei interessante Aspekte:

- „das heuristische Vorgehen bei der Längen-, Flächen- und Volumenberechnung (d.h. die Anwendung schon bekannter Berechnungsformeln für relativ einfache Formen auf die Berechnung immer komplizierterer Formen)

- die nicht proportionale Veränderung von Oberfläche und Volumen eines Körpers bei Vergrößerung bzw. Verkleinerung seiner Lineardimensionen,
- die Bestimmung von Objekten mit extremalem Längen-, Inhalts- oder Volumenmaß innerhalb bestimmter Klassen von Objekten (z.B. die Bestimmung der Figur maximalen Inhalts innerhalb der Klasse der Rechtecke mit festem Umfang)." (Wittmann 1987, 287)

Die ersten unterrichtlichen Erfahrungen zum Umfang und Flächeninhalt machen Kinder in der Grundschule. Hier spielen die Formeln zur Berechnung noch keine Rolle.

Der Flächeninhalt ist das Maß für die Größe einer Fläche. Häufige Sachsituationen zum Bestimmen des Flächeninhalts in Geometrieaufgaben sind das Bestimmen der Größe von Gärten und Grundstücken oder Wand- und Tischflächen.

Der Flächeninhalt eines Rechtecks wird in der Grundschule bestimmt, indem es mit Hilfe von Parallelen zu den Seiten in Quadrate der Seitenlänge 1 cm zerlegt wird, die untereinander kongruent sind und daher den gleichen Inhalt haben. Der Inhalt dieser Einheitsquadrate beträgt 1 cm². Im Beispiel wird der Flächeninhalt eines Rechtecks mit den Seitenlängen 4 cm und 6 cm berechnet. Das Rechteck lässt sich in 4 Streifen zerlegen. Jeder Streifen besteht aus 6 cm² Einheitsquadraten und hat somit den Flächeninhalt 6 cm². Für das gesamte Rechteck lässt sich so der Flächeninhalt folgendermaßen bestimmen: $4 \cdot 6$ cm² $= 24$ cm² berechnen.

Durch entsprechende Aktivitäten in der Grundschule können laut Franke (2000, 245-246) konkrete Erfahrungen zum Vergleichen von Flächen gewonnen und Vorstellungen zur Fläche einer Figur in Abgrenzung von der Randlinie dieser Figur ausgebildet werden. Zu solchen Aktivitäten gehören das Legen, Zerlegen, Zusammensetzen und das Spannen am Geobrett. Zum Erfassen der Flächengleichheit nennt Franke (2000, 247) folgende drei Stufen: 1. Direktes Vergleichen von Flächen, 2. Direktes Vergleichen von Flächen durch Zerlegen und Zusammensetzen und 3. Indirektes Vergleichen von Flächen durch Auslegen. Hiermit werden Grundlagen für das Berechnen von Flächeninhalten gelegt.

Diese Form der Berechnung, die sich aus dem Auslegen mit Einheitsquadraten ergibt, gilt für Rechtecke mit ganzzahligen Seitenlängen a und b. Die hierzu übliche Formel lautet: $A = a \cdot b$. Folgende Eigenschaften des Flächeninhalts werden dabei benutzt:

- „Normierung: ein Quadrat mit der Seitenlänge 1 wird als Einheit gewählt und erhält die Inhaltszahl 1.
- Invarianz bei Kongruenzabbildungen: Kongruente Figuren haben den gleichen Inhalt.
- Additivität: Wird eine Figur in Teilfiguren zerlegt (d.h. die Teilfiguren überdecken die Figur lückenlos und überschneidungsfrei), so ist der Inhalt der Gesamtfigur gleich der Summe der Inhalte der Teilfiguren." (Wittmann 1987, 288)

Unter Berücksichtigung dieser drei Eigenschaften lässt sich zeigen, dass die Inhaltsformel für das Rechteck auch für rationale Seitenmaßzahlen gültig ist. Will man jedoch zeigen, dass die Rechtecksformel auch für reelle Seitenmaßzahlen gilt, benötigt man zusätzlich zu den genannten noch die Eigenschaft der Monotonie. Dies ist nachzulesen bei Wittmann (1987, 288-289).

Auf zwei interessante Beispiele der Flächeninhaltsberechnung, die Wittmann im Zusammenhang mit der Berechnung von Flächeninhalten aufführt, soll an dieser Stelle eingegangen werden. Beide verdeutlichen anschaulich, dass es sich mit dem Flächeninhalt nicht immer so verhält, wie zunächst angenommen wird. Bei dem ersten handelt es sich um einen Dialog Platons. Sokrates stellt einem Sklavenjungen die Aufgabe, zu einem Quadrat von „zweimal zwei Fuß" ein doppelt so großes herzustellen. Der Junge berechnet zunächst den Flächeninhalt des doppelt so großen Quadrats richtig mit 8. Auf Sokrates Frage, wie lang denn die Seite dieses Quadrats sei antwortet er darauf: „Offenbar, mein Sokrates, doppelt so lang." Nach der Berechnung des Quadrates mit doppelter Seitenlänge findet der Junge 16 und stellt fest, dass er sich geirrt hat.

Als weiteres Beispiel beschreibt Wittmann ein Piaget-Experiment (vgl. Piaget 1967). Vier kongruente gleichschenklig-rechtwinklige Dreiecke, beziehungsweise vier kongruente Quadrate aus Holz bilden je ein großes Quadrat (Abbildung 11). Die Schülerinnen und Schüler sollen entscheiden, welche Form, Dreieck oder Quadrat, einen größeren Flächeninhalt aufweist. Aufgrund der längeren Seiten des Dreiecks entscheiden sich viele der Schülerinnen und Schüler für das Dreieck, selbst dann, wenn anschließend die Figuren zu gleichen Quadraten zusammengeschoben werden.

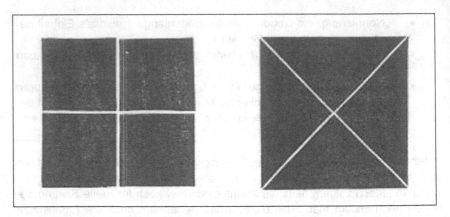

Abbildung 11: Piaget-Experiment zum Flächeninhalt

Ausführlich und gründlich dargestellt ist die traditionelle Inhaltslehre bei Fricke (1983). Hier wird deutlich, dass nur ein langfristiger Lernprozess zum angemessenen Erwerben des Begriffs Flächeninhalt führen kann.

Ein Modell für das langfristige Lernen des Begriffs Flächeninhalt findet man bei Vollrath (Vollrath 1999, 191-198). Dieses wurde nach Vorgehen von van Hiele als Lernen in Stufen geplant. Solch ein Modell entwickelte Vollrath bereits zuvor für den Zahlbegriff. Dabei erwies es sich laut Vollrath als zweckmäßig, neben dem Lernen in Stufen ein Lernen durch Erweiterung einzubeziehen. Das zu entwickelnde Modell sollte im Einklang mit der Sachstruktur und mit der kognitiven Struktur der Lernenden stehen und alle Flächen einbeziehen, für die nach der Theorie Flächeninhalte zu behandeln sind. Eine weitere wichtige Anforderung an das Modell war, dass mit dem Modell angestrebt werden sollte, den Lernenden die Beziehungen zwischen den Formeln bewusst werden, beispielsweise welche Zusammenhänge zwischen den Flächeninhaltsformeln von Rechteck, Quadrat und Trapez bestehen. „Die Dominanz der Formeln in den Aufgaben", so Vollrath, „führt bei den Lernenden häufig zu einer gewissen Hilflosigkeit bei der Bestimmung des Flächeninhalts einer Figur unbekannten Typs" (Vollrath 1999, 193). Eine solche Verengung sollte vermieden werden. Deshalb sei es eine weitere Anforderung an das Modell, dass deutlich werde, welche Fähigkeiten und Kenntnisse am Ende einer Unterrichtssequenz und am Ende des Lehrgangs angestrebt werden und auf welchem Wege das erreicht werden soll. Ausgehend von einer Anfangsphase, dem „Aufbau intuitiver Vorstellungen von der Größe einer Fläche" formuliert Vollrath in seinem Modell neun Übergänge, die durch den Zuwachs an bestimmten Kenntnissen und

Fähigkeiten bestimmt sind, wobei die letzten beiden Übergänge für die Hauptschule nicht relevant sind:

- „von intuitiven Vorstellungen über die Größe einer Fläche zum Abzählen der Einheitsquadrate in einem Rechteck,
- von einer Formel für die Anzahl der Quadrate zu einer Formel mit Längen,
- von einer Formel mit natürlichen Maßzahlen zu einer Formel mit gebrochenen Maßzahlen,
- vom Rechteck zu den Vielecken,
- von den Formeln zu den Beziehungen zwischen den Formeln,
- von den Vielecken zum Kreis,
- von den ebenen zu den gekrümmten Flächen,
- Flächeninhalt als Maßbegriff,
- von der Parabel zu Graphen." (Vollrath 1999, 195-198)

Der Umfang einer Figur ist die Länge ihrer Begrenzungslinie. Zu den verwendeten Sachsituationen für Geometrieaufgaben gehören zum Beispiel, das Errichten eines Zaunes, das Einrahmen eines Bildes, das Einfassen einer Terrasse und das Begrenzen eines Beetes.

Das Erfassen des Umfangs in der Grundschule kann durch das Nachfahren mit dem Finger, das Nachmalen mit einem Farbstift, das Ausschneiden von Figuren sowie das Abschreiten erfahren und erfasst werden (Franke, 2000, 254). Eine weitere wichtige Möglichkeit ist das Umspannen mit einem Bindfaden oder Seil.

Der Umfang eines Rechtecks wird bestimmt, indem man die vier Seitenlängen addiert. Die hierzu übliche Formel ist U=2a+2b. Im Geometrieunterricht der Grundschule wird der Umfang nicht nach einer Formel berechnet. Es ist vor allem wichtig, Figuren hinsichtlich ihres Umfangs zu vergleichen und dabei auch die Unterschiede zwischen dem Umfang zu dem Flächeninhalt zu erkennen:

- „Umfangsgleiche Figuren müssen nicht deckungsgleich sein.
- Umfangsgleiche Figuren müssen nicht denselben Flächeninhalt haben.
- Flächengleiche Figuren können einen unterschiedlichen Umfang haben." (Franke 2000, 254)

Der allgemeine Zusammenhang zwischen Umfang und Flächeninhalt lässt sich auf der Ebene der elementaren Mathematik nicht verdeutlichen. Eine zusammenfassende Darstellung mit Argumentationen auf dieser Ebene findet man bei Schlump (Schlump 2009, 73-83), die in ihrer Masterarbeit zum Thema „Professionelle Kompetenz von Lehrer(innen)n bei herausfordernden mathematikdidaktischen Szenarien" den Zusammenhang von Umfang und Flächeninhalt auch anhand von Funktionen darstellt und als höchste von fünf Ebenen des Verständnisses der Beziehungen zwischen Umfangs und Flächeninhalt beschreibt. Sie bezieht sich dabei auf das Szenario „Exploring New Knowledge: The Relationship Between Perimeter and Area" einer Untersuchung zum Verständnis elementarer Mathematik von chinesischen und US-amerikanischen Lehrkräften nach Ma (1999), auf die weiter unten eingegangen wird (Abschnitt 3.2.4).

Für die vorliegende Arbeit sind Erkenntnisse der Zusammenhänge relevant, die auf den weniger abstrakten Ebenen gewonnen werden, zum Beispiel durch Ausprobieren. Hierfür seien nachfolgend einige Beispiele genannt.

Rechtecke mit gleichem Flächeninhalt können verschiedene Umfänge haben und umgekehrt. Aktivitäten zum Entdecken von Zusammenhängen stellen das Finden von Figuren gleichen Flächeninhalts und verschiedenen Umfangs und analog hierzu von Figuren gleichen Umfangs und unterschiedlichen Flächeninhalts.

Weitere Aufgaben sind das Herstellen von Figuren mit extremalem Umfang beziehungsweise Flächeninhalt. Erfahrungen hierzu lassen sich handelnd von Material machen, zum Beispiel beim Legen mit Plättchen und Stäben. Zur Veranschaulichung, dass der Flächeninhalt bei gleichbleibendem Umfang unterschiedlich sein kann, eignen sich Gelenkfiguren wie hier abgebildet:

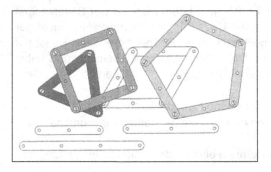

Abbildung 12: Gelenkfiguren zur Veranschaulichung, dass bei gleichem Umfang der Flächeninhalt unterschiedlich sein kann (Franke 2000, 256)

Auf Kästchenpapier oder auf Punktefeldern lassen sich unterschiedliche Rechtecke zeichnen und hinsichtlich ihre Umfangs und Flächeninhalts miteinander vergleichen. Aus einem alten Schulbuch stammt diese Aufgabe, bei der Flächeninhalt und Umfang für verschiedene aus Streichhölzern gelegte Figuren bestimmt werden sollen:

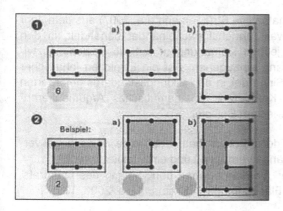

Abbildung 13: Aufgabe zum Legen mit Streichhölzern aus altem Schulbuch (gefunden bei Radatz 1991, 76)

Die parallele Behandlung der Begriffe „Umfang" und „Flächeninhalt" sowie die Herausarbeitung der Beziehungen im Unterricht hat den Vorteil, dass die Vorstellungen der Schülerinnen und Schüler vernetzt werden und Verwechslungen der Begriffe vorgebeugt wird. In Schulbüchern finden sich durchaus unterschiedliche Umsetzungen der Behandlung von Umfang und Flächeninhalt. Für diese Arbeit wurden einige Schulbücher daraufhin gesichtet, ob Flächeninhalt und Umfang gemeinsam oder separat behandelt werden. Im Folgenden werden einige nicht systematisch ausgewählte Beispiele dargestellt, welche der Veranschaulichung der unterschiedlichen Umsetzungen dienen sollen.

In einer älteren Ausgabe des Schulbuchs „Welt der Zahl" für die siebte Klasse von 1991 (Bauhoff u.a. 1991, 57) werden die Begriffe Flächeninhalt und Umfang parallel auf einer Seite behandelt. In den dazugehörigen Übungsaufgaben wird jeweils nach beiden Begriffen gefragt. Einige abschließende Aufgabenstellungen, wie zum Beispiel die Frage nach dem kleinsten Umfang eines Rechtecks mit vorgegebenen Flächeninhalt oder danach, wie sich Umfang und Flächeninhalt verändern, wenn man eine Seitenlänge verdoppelt, zielen dabei auf Vorstellungen der Zusammenhänge von Flächeninhalt und Umfang. In dem Schulbuch „Lernstufen" (Geldermann u.a. 1991) hingegen, ebenfalls für die siebte Klasse und mit dem gleichen Erscheinungsjahr, werden die Begriffe

vollständig getrennt behandelt. Hier werden die Begriffe auch in den abschließenden Übungsaufgaben nicht verbunden. Zudem beziehen sich die Berechnungen zunächst nur auf die Figuren Quadrat und Rechteck. Auch in der neu-
eren Ausgabe dieses Schulbuchs aus dem Jahr 2001 (Leppich 2001) wird dieses streng schematische Vorgehen beibehalten.

In dem aktuellen Schulbuch „mathe live 6" (Kliemann u.a. 2007) aus dem Jahr
2007, werden die Begriffe zwar zunächst nacheinander behandelt, in den
Übungsaufgaben finden sich jedoch Bemühungen, auf die Beziehung zwischen Flächeninhalt und Umfang einzugehen. Auf ein Erreichen inhaltlicher
Vorstellungen der Begriffe im Sinne der in den Bildungsstandards geforderten
allgemeinen mathematischen Kompetenz „Mathematisches Argumentieren"
zielt man mit Fragestellungen wie zum Beispiel:

- „Wie verändert sich der Flächeninhalt, wenn eine Seitenlänge verdoppelt (eine Seitenlänge verdoppelt und eine halbiert) wird?
- Stimmt die Aussage: „Verdoppelt man den Umfang des Quadrats,
  vervierfacht sich der Flächeninhalt?" (Kliemann u.a. 2007, 130)

Bei der unsystematischen Sichtung zahlreicher Unterrichtswerke fiel auf, dass
gerade die Schulbücher, die ausdrücklich für die Hauptschule konzipiert wurden, einen besonders schematischen Lehrgang beinhalten, bei denen die Begriffe vorwiegend getrennt und anhand weniger bekannter Figuren behandelt
werden. Übungsaufgaben treten häufig entweder unter der Überschrift „Aufgaben zum Umfang" oder „Aufgaben zum Flächeninhalt" auf oder die Schülerinnen und Schüler werden in den einzelnen Aufgaben durch Aufforderungen wie
„Berechne den Umfang" zur richtigen Lösung geführt und die Frage, ob der
Umfrag oder der Flächeninhalt einer Figur berechnet werden soll, erschließt
sich weniger aus dem Aufgabenkontext.

3.1.5 Besondere Aspekte des Geometrielernens in der Hauptschule

Einen Überblick zum Geometrielernen in der Hauptschule gibt Vollrath (1982,
7-18). Die Grundhaltung bis zum Ende der sechziger Jahre war, in der Geometrie Fragestellungen der Raumlehre zu behandeln, die zwar etwas über die
vorwiegend auf die Grundschule beschränkte „Raumkunde" hinausgehen sollten, ohne aber so theoretisch orientiert zu sein, wie der Unterricht an den
Gymnasien. Die Richtlinien der KMK von 1968, so Vollrath, verwischten die
konzeptionellen Unterschiede. Der vorwiegend Unterricht solle von nun an
nur noch darin bestehen, in der Hauptschule im Vergleich zum Gymnasium ei-
niges wegzulassen. Die Lehrpläne enthielten gymnasiale Ausgangsmuster, die
lediglich etwas ausgedünnt wurden. Demgegenüber verfolgte Vollrath das Ziel

einer spezifischen Unterrichtskonzeption für die Hauptschule, die aus lerntheoretischen Überlegungen und Zielvorstellungen erwächst: „Geometrie wird gelernt, indem man geometrische Begriffe bildet, mit diesen Begriffen arbeitet, über sie nachdenkt, neue Begriffe bildet, neue Verfahrensweisen entwickelt usw. Es ist für die Planung zweckmäßig, in diesem komplexen Geschehen einige Aspekte des Lernens hervorzuheben, durch die dieser Prozess durchsichtiger gemacht werden kann" (Vollrath 1982, 8). Als Bezugspunkte dienen Vollrath neben dem Lernen in Stufen (van Hiele 1964, 220) die Sichtweise des Ausbilden eines Netzes von Kenntnissen sowie das Bild eines Profils von Fähigkeiten.

Bei dem van-Hiele-Modell zur Entwicklung geometrischer Begriffe, für das das Lernen in Stufen steht, wird das Geometrielernen als ein gestufter Prozess dargestellt und in fünf Niveaustufen beschrieben. Auf dieses Modell wird im nächsten Kapitel näher eingegangen. Hinsichtlich des Geometrieunterrichts in der Hauptschule beschränkte man sich auf die untersten beiden Stufen, in denen Geometrie überwiegend experimentell betrieben wurde.

Kenntnisse, die Schülerinnen und Schüler im Unterricht erwerben, werden in das bisherige Wissen eingegliedert. Dieser Prozess des Knüpfens eines Netzes von Kenntnissen schlägt sich in der Konzeption von Unterricht nieder:

„Die Mathematik scheint, so erschlossen, nicht mehr als ein Turm (die kalte Pracht des euklidischen Marmorturms), sondern als ein bunter Teppich, dessen Muster man von diesem oder jenem Punkt des Gewebes aus nachgehen kann". (Wagenschein 1970, 410)

Jeder Geometrieunterricht sollte beziehungsreich gestaltet sein und Querverbindungen, beispielsweise zwischen Begriffen aber auch zwischen der Umwelt und der Geometrie fördern.

Das Bild eines Profils von Fähigkeiten verwendet Vollrath, um zu verdeutlichen, dass für unterschiedliche Problemstellungen vielfältige Hierarchien von Anforderungen gegeben sind. Ziel des Geometrieunterrichts in der Hauptschule sollte es sein, ein angemessenes Fähigkeitsprofil bei den Hauptschülerinnen und Hauptschülern zu entwickeln, das auf ihre Bedürfnisse passt. Hierzu schlägt er vor, ein Profil anzustreben, bei dem die Hauptschülerinnen und Hauptschüler ihre Stärken zeigen können. Es müssen nicht, wie im Gymnasium, intellektuelle Fähigkeiten angestrebt werden, auch im Bereich praktischer Fähigkeiten kann ein hohes Niveau an Können, Einsicht und Originalität erzielt werden (Vollrath 1982, 11). Als Kurzformel formuliert Vollrath für den Geometrieunterricht in der Hauptschule: „Geometrie in der Hauptschule als Theorie des Handelns im euklidischen Raum" (Vollrath 1982, 12). Knappe Definitionen sollten in der Hauptschule gegenüber dem Vermitteln tragfähiger Erfahrungen im Umgang mit Begriffen in den Hintergrund treten, damit die Schülerinnen und Schüler Eigenschaften von den Begriffen und Zusammenhänge zwischen den Eigenschaften erkennen. Die Frage nach der Organisation eines Geometrielehrgangs für die Hauptschule beantwortet Vollrath mit einem Hinweis auf die Theorie der Curriculumspirale von Bruner (1980). Diese sei ein geeignetes Organisationsmuster, das ein Fortschreiten in Stufen des Erkennens, das Knüpfen eines Netzes von Kenntnissen und den Aufbau eines Profils von Fähigkeiten ermöglicht. Bestimmte große geometrische Themen, wie zum Beispiel „Figuren", „Abbildungen" und „Inhalte" sollten durchgängig in allen Jahrgangsstufen behandelt werden und zwar nicht nur wiederholt, sondern erweitert und vertieft und vernetzt.

Neubrand und Neubrand (2007) sehen in den Chancen, die die Geometrie im Bereich praktischer Fähigkeiten bietet, auch eine besondere Problematik, denn die vielen Möglichkeiten für praktische Aktivitäten bergen auch Gefahren. Aus dem konkreten Tun, dem Basteln, Schneiden, Falten wird nicht von selbst Mathematik. Es kommt vor allem darauf an, hinter dem konkreten Tun das Allgemeine zu erkennen. Nur so können die inneren Zusammenhänge heraus gearbeitet werden, die zur Erweiterung, Vertiefung und Vernetzung führen.

Dies wird am Beispiel der Tischleraufgabe dargestellt: „Ein Tischler steht oft vor der Aufgabe, eine Schublade, eine Türfüllung, den Rahmen eines Schranks oder Regals, eine Tischplatte genau rechteckig zusammenzubauen. Tischler können dafür so vorgehen: Zuerst sichern sie, dass sich je gleich lange Seiten a und b gegenüber liegen. [...] aber nun kann sich das Werkstück verziehen. Deshalb misst der Tischler auch die beiden Diagonalen e und f. Sind diese ebenfalls gleich lang, dann ist das Werkstück tatsächlich im rechten Winkel" (Neubrand und Neubrand 2007, 29). Im Fall der beschriebenen Situation reicht Basiswissen zu den Begriffen „rechter Winkel", „Länge", „Rechteck" für ein Verstehen nicht aus. Es ist hierzu eine weniger statische Sicht auf die Figur einzunehmen. Folgende Fragen schließen sich an:

- Wie kann sich eine solche Figur verändern, wenn einige Größen gleich bleiben?
- Innerhalb welcher Schar von Figuren ist das Rechteck anzusiedeln?
- Was ändert sich, was bleibt erhalten, wenn sich ein Werkstück „verzieht" oder eben eine Figur systematisch verändert wird?

Den Hauptschülerinnen und Hauptschülern ein geschlossenes geometrisches System aufzudrängen, ist nicht angemessen. Konkrete Erfahrungen zum Kontext dürfen aber auch nicht zu eng sein, sondern sollten auf allgemeine Beziehungen zielen. Neubrand schlägt das Basteln und Experimentieren mit Stäben, Gelenken, Gummibändern vor und formuliert dazu folgende Fragen:

- „Was passiert, wenn man zwei Paare gleich langer Stäbe verbindet?
- Kann man einsehen, dass Parallelität entsteht?
- Was passiert mit der Gegenseite, wenn man in einem Dreieck den Winkel verändert?" (Neubrand und Neubrand 2007, 29)

Für Hauptschülerinnen und Hauptschüler angemessene Antworten liegen „jenseits der fertigen Mathematik" (Neubrand und Neubrand 2007, 29, vgl. Wagenschein 1970 und Freudenthal 1973). Die Erklärungen sollten sich eng an den Phänomenen orientieren und dennoch „Begründungen" im Sinne des Aufeinanderbeziehens von bekannten und neuen Problemen darstellen. Statt um formales Beweisen geht es in der Hauptschule um ein Verständlichmachen durch angemessene Begründungen im Sinne „von Vernetzungen" von Wissenselementen aus dem Lehrplan und auf Verbindungen dieser Elemente zu Erfahrungen mit Zeichnen, Konstruieren und Handeln (Neubrand und Neubrand 2007, 30). Aus dem Beispiel der Tischleraufgabe wird deutlich, dass geometrisches Basiswissen allein als Mindeststandard in der Hauptschule nicht genügt. Isoliertes Wissen über einige Grundbegriffe kann nicht zum Verständnis von Zusammenhängen führen. Das eigentlich Entscheidende ist das Verknüpfen des Gewussten zu anderen Wissenselementen und zu reflektierten Erfahrungen mit konkreten Gegenständen. Zentral ist es, dabei wenigstens einen Schritt zu einer Verknüpfung ins Allgemeine zu gehen und sei er noch so klein. Die Geometrie bietet für ein derartiges Vorgehen reichlich Inhalte, zum Beispiel:

- „Begriffsbildung: Quadrat und Rechteck sind bekannt als Basisfiguren, aber auch: Jedes Quadrat ist ein Rechteck, nicht jedes Rechteck ist ein Quadrat.
- Berechnungstypen: Bei der Berechnung des Flächeninhalts eines Rechtecks geht man nach der Regel Grundlinie · Höhe vor, aber auch beim Parallelogramm, aber nicht bei einem Drachenviereck." (Neubrand und Neubrand 2007, 31)

Für einen Schritt ins Allgemeine kann es dabei schon genügen, eine Aufgabe geringfügig zu variieren, einen Schritt weiterzudenken oder eine verwandte

Aufgabenstellung zu betrachten. Dies trägt dazu bei, das wirkliche Verstehen geometrischer Inhalte anzubahnen (Neubrand und Neubrand 2007, 31).

3.2 Sichtweisen aus Kognitionspsychologie und Mathematikdidaktik

Die Darstellung ausgewählter Sichtweisen aus Kognitionspsychologie und Mathematikdidaktik im folgenden Abschnitt berücksichtigt unter Positionen zum van-Hiele-Modell (van Hiele 1964), einen Unterrichtsversuch von Aebli (Aebli, 1963) sowie Hinweise auf das operative Prinzip (Wittmann 1981 und 1985) und weitere Sichtweisen zu Schwierigkeiten bei der Vermittlung geometrischer Begriffe.

3.2.1 Das van-Hiele-Modell zur Entwicklung geometrischer Begriffe

Das Ehepaar van Hiele forschte am Freudenthal-Institut in Utrecht und entwickelte ein Modell zur Entwicklung geometrischer Begriffe, das in den letzten 40 Jahren internationale Beachtung fand und in zahlreichen empirischen Untersuchungen bestätigt wurde. In ihren Überlegungen beziehen sie sich auf die genetische Erkenntnistheorie und Psychologie Piagets (vgl. Piaget 1967). Sie gingen davon aus, „dass Piagets Ergebnisse zu wichtigen Schlussfolgerungen führen können, wenn man sie mit dem Verlauf eines kontrollierbaren Lernprozesses in Zusammenhang bringt" (van Hiele, 1964, 106). Piaget entwickelte eine Stufentheorie, die beschreibt, welche kognitiven Schemata sich im Laufe der Entwicklung eines Kindes ausbilden (vgl. Piaget und Inhelder 1971). Dieser Stufentheorie wird eine Bedeutung für die Psychologie des Mathematiklernens zugesprochen (vgl. Wittmann 1981, 70).

Auf der Grundlage Piagets Erkenntnisse wird das Geometrielernen im van-Hiele-Modell zum Verständnis geometrischer Begriffe als ein gestufter Prozess dargestellt und in fünf Niveaustufen beschrieben. Man gelangt von einer Niveaustufe zu einer höheren, indem man sich mit der inneren Ordnung des bisherigen Denkniveaus beschäftigt: „Auf dem Grundniveau betrachtet man den Raum, wie er sich uns darbietet. Wir können von einem räumlichen Denken sprechen. Auf dem ersten Niveau hat man das geometrisch räumliche Denken. Auf dem zweiten Niveau hat man das mathematisch geometrische Denken. Man untersucht da, was mit einem geometrischen Denken gemeint ist. Auf dem dritten Niveau studiert man das logisch-mathematische Denken" (van Hiele 1964, 220). Die Beschreibung und Bezeichnung der einzelnen Stufen ist in der Literatur nicht einheitlich. Die folgende Darstellung folgt Franke (2000, 93-100):

Grundniveau
Räumlich-anschauungsgebundenes Denken (Visualization)

Auf dieser Stufe werden geometrische Objekte als Ganzes erkannt und noch nicht in ihren charakteristischen Eigenschaften erfasst. Die Kinder identifizieren Figuren aufgrund der Ähnlichkeit mit früher betrachteten Figuren. Das Denken ist weitgehend an Hantieren mit Material gebunden. Als Beispiel nennt Franke das Identifizieren von Rechtecken und Quadraten in einer vorgelegten Abbildung (Franke 2000, 95).

Erste Niveaustufe:
Geometrisch-analysierendes Denken (Analysis)

Auf der ersten Niveaustufe beginnt die Analyse geometrischer Objekte mit ihren Eigenschaften mit dem Ziel einer feineren Klassifizierung. Wie auf dem Grundniveau geschieht dies vor allem durch Handlungserfahrungen und genaues Betrachten. Beziehungen zwischen den Figuren sind noch nicht einsehbar.

Franke nennt folgende Beispiele zum Arbeiten auf diesem Niveau:

* „das Sortieren geometrischer Formen nach ihren Eigenschaften,
* das Prüfen, ob Objekte bestimmte Eigenschaften besitzen,
* das Beschreiben von Figuren mit Hilfe von Eigenschaften,
* das Erkennen von Figuren nach mündlicher und schriftlicher Beschreibung mit Hilfe von Eigenschaften, „Welche Figur hat 4 Seiten und alle Seiten sind gleich lang?"
* das Erkennen von Figuren, die zum Teil verdeckt sind und allmählich aufgedeckt werden." (Franke 2000, 96)

Zweite Niveaustufe:
Geometrisch-abstrahierendes Denken (Abstraction)

Auf der zweiten Niveaustufe werden Beziehungen zwischen den Eigenschaften einer Figur und den Eigenschaften verwandter Figuren festgestellt. Die Kinder können beispielsweise erkennen, dass jedes Quadrat auch ein Rechteck ist, weil es alle Eigenschaften des Rechtecks hat. Bedeutsam für diese Stufe sind Definitionen, denn es können Argumente abgeleitet und erste logische Schlüsse gezogen werden. Deshalb wird diese Stufe auch als „erstes Ableiten und Schließen" oder „informal deduction" bezeichnet. Diese Stufe kennzeichnet den Übergang vom Grundschulunterricht zur Sekundarstufe I. Als typische Beispiele nennt Franke:

- „das Vergleichen von Vierecken und das Erarbeiten des „Hauses der Vierecke,
- das Klassifizieren von Dreiecksarten,
- das Vergleichen geometrischer Körper nach unterschiedlichen Gesichtspunkten." (Franke 2000, 97)

Dritte Niveaustufe:
Geometrisch-schlussfolgerndes Denken (Deduction)

Auf der dritten Niveaustufe werden logische Schlussfolgerungen als Weg zum Entdecken von Theorien umgesetzt. Die Schülerinnen und Schüler erkennen hierbei die Bedeutung von geometrischen Axiomen, Definitionen, Sätzen und Beweisen. Der Begriff „logisch mathematisches Denken" kennzeichnet diese Stufe.

Vierte Niveaustufe:
Strenge, abstrakte Geometrie (Rigor)

Auf der vierten Niveaustufe werden geometrische Sätze zu Axiomensystemen zusammengefasst und diese werden ihrerseits miteinander verglichen. Selbst in der gymnasialen Oberstufe erreichen nicht alle Schülerinnen und Schüler dieses Niveau.

Für das Geometrielernen in der Hauptschule sind insbesondere das Grundniveau und die ersten zwei Niveaustufen relevant, in Ansätzen auch die dritte Niveaustufe. Die vierte Niveaustufe wird nicht erreicht. Vollrath (Vollrath 1982) beschäftigt sich insbesondere mit dem Geometrielernen in der Hauptschule und beschreibt die Niveaustufen als „Stufen des Erkennens". Er veranschaulicht sie an den unterschiedlichen Betrachtungsweisen des Rechtecks:

„Auf dem Grundniveau (räumliches Denken) betrachtet man das Rechteck als „einprägsame" Figur. Man erkennt ein Rechteck, wie man eine Eiche oder eine Maus erkennt.

Auf dem ersten Niveau (geometrisch räumliches Denken) betrachtet man das Rechteck mit seinen Eigenschaften. Es wird an seinen Eigenschaften erkannt.

Auf dem zweiten Niveau (mathematisch geometrische Denken) werden Beziehungen zwischen den Eigenschaften erkannt. Man entdeckt hier, dass bei einem Viereck das Vorhandensein von drei rechten Winkeln zur Folge hat, dass auch der vierte ein rechter ist.

Das dritte Niveau (logisch mathematisches Denken) befasst sich mit den logischen Beziehungen zwischen Sätzen – etwa, ob zu einem Satz auch die Umkehrung gilt. Geometrielernen kann also als Prozess verstanden werden, in dem man schrittweise immer höhere Niveaus des Erkennens erreicht." (Vollrath 1982, 12)

Es ist möglich, mit geeigneten unterrichtlichen Maßnahmen das Erreichen der verschiedenen Niveaustufen zu fördern. Gewisse Unterrichtsmethoden können aber auch den Zugang zu den höheren Denkebenen versperren, so dass den Schülerinnen und Schülern die Denkweise auf höheren Ebenen nicht zugänglich ist. Für die Begriffsbildung und den Wissenserwerb im Geometrieunterricht ist es daher wichtig, zu berücksichtigen, auf welcher Niveaustufe sich die Schülerinnen und Schüler befinden. Jede Stufe hat ihre eigenen Begriffe und Symbole. Deshalb sind die Begriffe entsprechend dem Denkniveau auf jeder Ebene neu zu behandeln, mit dem Ziel, ein Begriffsverständnis auf dem jeweiligen Niveau anzustreben (Franke, 2000, 93). Wenn Personen auf unterschiedlichen Niveaustufen denken und kommunizieren, treten Verständnisschwierigkeiten auf:

„Das Wesentliche des Begriffs der Denkebenen (Denkniveaus) liegt in der Feststellung, dass es in jedem wissenschaftlichen Fach möglich ist, auf verschiedenen Ebenen zu denken und zu argumentieren, und dass dieses Argumentieren dabei auf verschiedene Sprachen zurückgreift. Die Sprachen benutzen manchmal gleiche linguistische Zeichen, diese haben dann jedoch nicht die gleiche Bedeutung und sind auf verschiedene Weise miteinander verbunden. Dieser Umstand bildet ein Hindernis beim Meinungsaustausch über den gelernten Stoff zwischen Lehrer und Schüler und kann als Grundproblem der Didaktik angesehen werden." (van Hiele und van Hiele Geldorf 1978, 139)

Diese Erkenntnis kann hilfreich sein, wenn es darum geht, Ursachen für Schwierigkeiten beim Geometrielernen aufzudecken. Möglicherweise werden Anforderungen gestellt, die nicht dem Denkniveau der Kinder entsprechen oder ein Voranschreiten zu formaleren Stufen ist aufgrund von Schwierigkeiten beim Erreichen der unteren Stufen nicht möglich.

Ob mit Hilfe der van-Hiele-Stufen Vorgehensweisen von Schülerinnen und Schülern beim Lösen geometrischer Aufgaben beschreibbar sind, wurde in zahlreichen Studien untersucht.

Burger und Shaughnessy (1986) beispielsweise forderten in einer Untersuchung Versuchspersonen auf, verschiedene Dreiecke zu zeichnen. Dabei sollte das zweite Dreieck anders als das erste sein, das dritte sollte sich wiederum unterscheiden. Schülerinnen und Schüler unterschiedlichen Alters wurden daraufhin gefragt, wie viele verschiedene Dreiecke sie zeichnen könnten. Die Vorgehensweisen der Schülerinnen und Schüler unterschiedlichen Alters machen deutlich, dass die van-Hiele-Stufen beim Lösen geometrischer Aufgaben zu erkennen sind. Für jüngere Kinder unterscheiden sich alle Dreiecke nach irrelevanten Merkmalen, beispielsweise, der Größe oder der Lage auf dem Blatt. Kinder mittleren Alters betonen bestimmte Eigenschaften wie zum Beispiel die Winkelgröße. Ältere Kinder kombinieren unterschiedliche Merkmale miteinander und gehen dabei abstrakter vor. Burger und Shaughnessy fanden heraus, dass Kinder gleichen Alters auf verschiedenen Stufen arbeiteten. Teilweise zeigte sich, dass ein und derselbe Schüler je nach Aufgabe auf verschiedenen Stufen arbeitet. Besonders zwischen den ersten Stufen wurde häufig gewechselt. Hinweise des Interviewers versetzten die Versuchspersonen in die Lage, auf eine höhere Stufe zu wechseln. Die wichtige Erkenntnis aus den Versuchen ist, dass das Denken kontext- und aufgabenabhängig ist. Ursachen für Schwierigkeiten beim Bearbeiten von Aufgaben können sich ergeben, wenn Anforderungen gestellt werden, die nicht dem Denkniveau der Kinder entsprechen (Franke 2000, 100). Wurden untere Stufen nicht erreicht, ist ein Fortschreiten zu den formaleren Stufen nicht möglich.

Eine Anwendung des van-Hiele-Models hinsichtlich der Begriffe „Umfang" und Flächeninhalt" beschreibt Malloy (1999, 87-90). Malloy sieht in dem Vorgehen nach dem van-Hiele-Modell mit Berücksichtigung der unterschiedlichen Ebenen des Verständnisses einen Gegensatz zur traditionallen Art des Geometrieunterrichts. Als traditionelle Art bezeichnet sie die Vorgehensweise, nach der ein Problem als Beispiel herausgearbeitet wird und die Schülerinnen und Schüler dann an vielen ähnlichen Problemen arbeiten. Dieser Ansatz wird als „parrot math" bezeichnet (Malloy 1999, 88). Hierbei handele es sich eher um ein Wiederholen als um echtes Verstehen, da sich die Lehrerinnen und Lehrer häufig auf einer anderen sprachlichen Ebene bewegen. Als Beispiel einer Aufgabe, die das Verständnis auf den verschiedenen Ebenen des van-Hiele-Modells fördert, beschreibt Malloy eine Aufgabe, bei der eine Figur mit quadratischen Platten ausgelegt wird und die Schülerinnen und Schüler dazu aufgefordert werden, eine Figur mit vorgegebenem Umfang herzustellen. Hierbei nährten sich die Schülerinnen und Schüler dem Problem auf verschiedenen Ebenen des Verständnisses. Die meisten Vorgehensweisen der von Malloy untersuchten Schülerinnen und Schülern werden Ebenen zwischen dem Grundniveau (Visualization) und zweiter Niveaustufe (Abstraction) zugeordnet. Vor allem die Interaktionen der Schülerinnen und Schüler und das Wechseln unterschiedlicher Ebenen trugen, so Malloy, letztendlich zum Fördern des geometrischen Verständnisses bei (Malloy 1999, 90).

Dieses Beispiel der Anwendung zeigt anschaulich, dass die unterschiedlichen Ebenen des van-Hiele-Modells im Unterrricht, sowie in einzelnen Aufgaben parallel vorkommen und dass ein Berücksichtigen dieser Sichtweise seitens der Lehrenden, zum Verständnis der Vorgehensweisen und Vorstellungen der Schülerinnen und Schüler beitragen kann.

3.2.2 Aeblis Unterrichtsversuch über die Berechnung von Umfang und Fläche des Rechtecks

Bereits aus dem Jahr 1949 stammt ein „Unterrichtsversuch über die Berechnung von Umfang und Fläche des Rechtecks" (Aebli 1963, 123-130). In zwei Volksschulklassen wendete Aebli zwei verschiedene Vorgehensweisen zur Berechnung von Umfang und Flächeninhalt des Rechtecks an. In der einen Klasse ging er traditionell rein schematisch und formelorientiert vor („nach den Grundsätzen der traditionellen Didaktik"). In der anderen Klasse folgte Aebli den didaktischen Grundsätzen der Psychologie Piagets („nach den Grundsätzen einer aktiven Didaktik") und gestaltete einen schrittweisen Aufbau der Operationen durch die Schülerinnen und Schüler. Dabei versuchte er, die neuen Operationen durch persönliches Forschen und Suchen entdecken zu lassen.

Bei dem Unterrichtsstoff handelte es sich um die Berechnung des Umfangs und der Fläche des Rechtecks und um die inverse Operation, durch die man aus der Fläche des Rechtecks und der Länge einer Seite auf die Länge der anderen Seite schließt. In beiden Gruppen wurde die gleiche Anzahl von Aufgaben bearbeitet. Beide Gruppen wurden so lange unterrichtet, bis die Operationen entsprechend den Kriterien der beiden Vorgehensweisen als angeeignet betrachtet werden konnten. Die moderne Gruppe wurde zwei Stunden länger unterrichtet. Dies wird von Aebli mit der Begründung gerechtfertigt, „dass die Methoden der Arbeitsschule mehr Zeit brauchen, als die traditionellen Schule" (Aebli 1963, 128). Am Anfang und am Ende der Unterrichtssequenzen wurden einige schriftliche Testaufgaben von den Schülerinnen und Schülern bearbeitet, um zu beurteilen, in welcher der beiden Gruppen der größere Lernerfolg eintrat.

Die Ergebnisse des Unterrichtsversuchs, der von Aebli sehr sorgfältig vorbereitet und durchgeführt wurde, mögen aus heutiger Sicht nicht überraschen. Die „moderne Gruppe", die „nach den Grundsätzen einer aktiven Didaktik" unterrichtet wurde, weist am Ende einen deutlich höheren Lernzuwachs auf. Interessante Kenntnisse ergeben sich allerdings aus den Details der Untersuchung.

In beiden Klassen wurde mit der Berechnung des Umfangs begonnen. Der Unterschied bestand darin, dass mit der „traditionellen Gruppe" die Formel und ein Merksatz hergeleitet und auswendig gelernt wurden. Mit der „modernen Gruppe" stellte Aebli keine Regel für die Berechnung des Umfangs auf und gab kein besonderes Verfahren für die Berechnung des Umfangs vor. Statt, wie mit der „traditionellen Gruppe" an mehreren Beispielen die Anwendung der Formel zu üben, führte Aebli mit der „modernen Gruppe" operative Übungen durch. Um die Art solcher operativer Übungen zu zeigen, wird eine dieser operativen Übungen an dieser Stelle ausführlicher beschrieben.

Abbildung 14 zeigt den Plan eines zweimal vergrößerten Gartens, bei dem die Schülerinnen und Schüler die Umfänge der entstandenen neun Rechtecke berechnen sollten. Die operative Übung wurde als Spiel durchgeführt. Eine Schülerin beziehungsweise ein Schüler sollte sich eines der Rechtecke denken und nur die Rechnung vorgeben, zum Beispiel 2 cm+5 cm+2 cm+5 cm. Die übrigen Schülerinnen und Schüler müssen dann in der zusammengesetzten Figur das entsprechende Rechteck finden. Eine der schwierigen Beschreibungen lautete: „Die Breite ist 2 cm und der Umfang ist 14 cm" (Aebli 1963, 132).

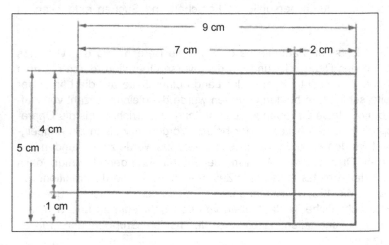

Abbildung 14: Plan eines Gartens nach zwei Vergrößerungen. Die neun in der Figur enthaltenen Rechtecke waren Gegenstand einer operativen Übung der „modernen Gruppe" im Unterrichtsversuch Aeblis (1963, 132)

In der folgenden Unterrichtsstunde wurde in beiden Klassen das Maßquadrat zur Berechnung des Flächeninhalts eingeführt. Bei der „traditionellen Gruppe" zunächst ohne die Durchführung von Berechnungen als ein den Schülerinnen und Schülern auferlegtes „Maßsystem".

Bei der „modernen Gruppe" hingegen, wurde es anhand folgender Problemstellung hergeleitet: Die Frage, bei welchem von zwei Feldern ein größerer Grasertrag zu erwarten ist, erwies sich geeignet als praktische Aufgabe zur Einführung der Messung von Flächen. Einige Schülerinnen und Schüler der „modernen Gruppe" berechneten für einen Größenvergleich zunächst den Umfang der zwei größenmäßig zu vergleichenden Felder. An dieser Stelle wird deutlich, dass Schülerinnen und Schüler dazu neigen, den Umfang als charakteristisch für die Größe des Rechtecks zu betrachten. Aebli erklärt dies mit den Untersuchungen Piagets (1967), die zeigen, dass Kinder anfänglich in eindimensionalen Größenbegriffen denken und dass die zwei- und mehrdimensionalen Größen erst später aufgebaut werden (Aebli 1963, 168).

Bereits an dieser Stelle der Einführung der Flächenmessung werden die Begriffe Umfang und Flächeninhalt einander gegenüber gestellt. Im Laufe der Lektion wurden weitere operative Übungen durchgeführt, in denen die Begriffe zueinander in Beziehung gesetzt wurden: „Wir meiden die Situationen nicht, die zur Verwechslung der beiden Operationen führen könnten, sondern lassen beide Operationen in allen Aufgaben klar nebeneinander und in Beziehung zueinander auftreten; denn nur so beginnen sich die beiden Operationen voneinander abzuheben, um schließlich zueinander in klare Beziehung zu treten (Aebli, 1963, 143)."

Der entscheidende Unterschied im Vorgehen in den beiden Versuchsgruppen war also darin bestimmt, dass Umfang und Flächeninhalt in der einen Klasse („traditionelle Gruppe") hintereinander und in der anderen Klasse („moderne Gruppe") parallel behandelt wurden. Noch heute ist das Vorgehen im Geometrieunterricht nicht einheitlich. Das zeigt, wie bereits beschrieben, ein Blick in die Schulbücher, in denen beide Vorgehensweisen zu finden sind.

Abschließend soll ein für diese Arbeit besonders interessantes Ergebnis des Unterrichtsversuchs Aeblis berichtet werden. Die Schülerinnen und Schüler der „traditionellen Gruppe" schnitten im Abschlusstest nicht einheitlich schlechter ab als die Schülerinnen und Schüler der „modernen Gruppe". Leistungsstärkere Schülerinnen und Schüler der „traditionellen Gruppe" kamen mit dem schematischen formelorientierten Unterricht offenbar besser zurecht und erzielten ordentliche Ergebnisse. Besondere Schwierigkeiten zeigten sich bei den Schülerinnen und Schülern der schwachen Gruppe. Daraus ist zu schließen, dass ein formelorientierter, schematischer Unterricht vor allem für die schwachen Schülerinnen und Schülern wenig förderlich ist.

Bleibt nicht aber der problemzentrierte Unterricht, bei dem Schülerinnen und Schüler sich anhand von kontextorientierten Aufgaben eigenständig Erkenntnisse zu geometrischen Begriffen erarbeiten bei uns eher den Gymnasiastinnen und Gymnasiasten vorbehalten? Hierfür steht die (nicht repräsentative und nicht weiter verfolgte) Aussage einer der Mathematiklehrerinnen der von mir untersuchten Hauptschülerinnen und Hauptschülern, die ein Ziel ihres Geometrieunterrichts wie folgt formulierte: „Ach, wenn sie doch wenigstens die Formel wissen!"

3.2.3 Das operative Prinzip im Geometrieunterricht

Für das Fördern geometrischen Denkens und geometrischer Begriffsbildung spielen Operationen im Sinne von Handlungen eine bedeutende Rolle. Für den Mathematikunterricht wurden die Begriffe „operative Übung" und „operatives Prinzip" entwickelt.

Das operative Prinzip geht zurück auf Piagets Theorie der Operation (Piaget 1967). Hiernach entwickelt sich das Denken aus dem Wahrnehmen und Handeln des Kleinkindes. In seiner weiteren Ausarbeitung stellt Aebli insbesondere Handlungen an konkreten Objekten in den Mittelpunkt: „Man kann mit einer gewissen Vereinfachung sagen, dass das operative Prinzip einen Unterricht leitet, der das Denken im Rahmen des Handelns weckt, es als ein System von Operationen aufbaut und es schließlich wieder in den Dienst des praktischen Handelns stellt" (Aebli 1985, 4). Aebli versteht die Operation als „abstrakte Handlung" (Aebli 2003, 204) und formuliert „Operationen" so:

„Eine Operation ist eine effektive, vorgestellte (innere) oder in ein Zeichensystem übersetzte Handlung, bei deren Ausführung der Handelnde seine Aufmerksamkeit ausschließlich auf die entstehende Struktur richtet" (Aebli 2003, 209).

Wichtig in Aeblis Sichtweise ist, dass nicht einzelne Operationen, sondern ein System von Operationen gemeint ist. Außerdem ist nach Aebli eine Verinnerlichung der Operationen notwendig, damit sie auch rein in der Vorstellung verfügbar sind. Die gewünschte Beweglichkeit des Denkens wird erst durch die Organisation in so genannten Gruppierungen, auf deren Konstruktion Unterricht abzielen sollte, gewährleistet. Nach Aebli können alle Begriffe und Operationen, die untereinander gewisse Beziehungen haben, zueinander in Beziehung gesetzt werden. Dies geschieht dadurch, dass im Unterricht bewusst Zusammenhänge und Gegensätze aufgezeigt werden. So wird jede Operation in eine Gesamtstruktur eingebettet und Verbindungen und Zusammenhänge zwischen verwandten Operationen werden deutlich.

Krauthausen und Scherer (2008, 241) sehen im Hinblick auf den Einsatz von anschaulichen Arbeitsmitteln und Materialien zum konkreten Handeln im Mathematikunterricht die Gefahr einer nur mechanischen Handhabung, als „sinnlose" Aktivitäten. Entscheidend für den Lernprozess sei nach Aebli die Idee des Lösungsweges, die Strategie für ein grundsätzliches Vorgehen bei allen Aufgaben einer Kategorie, im Gegensatz zu einer rezepthaft durchgeführten Handlung an konkretem Material (Krauthausen, Scherer 2008, 146). Schon Aebli verwendet hierzu den Begriff „operative Übung", dem bis heute eine besondere Bedeutung für die Mathematikdidaktik zugewiesen wird.

Die wesentlichen Merkmale seiner Grundform „eine Operation aufbauen" hat Aebli als eine von „zwölf Grundformen des Lehrens"[4] in sieben Regeln zusammenfassend dargestellt (Aebli 1985, 4-6):

(1) Anlässe des Denkens und Lernens sind Probleme, die sich aus Bedürfnissituationen und aus Vornahmen des Handelns, Wahrnehmens und Deutens ergeben.

(2) Gewisse Operationen kann man gewinnen, indem man entsprechende praktische Handlungen und konkrete Vorgänge abstrakt betrachtet.

(3) Praktische Handlungen und konkrete Wahrnehmungen werden schrittweise zu Handlungs- und Wahrnehmungsvorstellungen verinnerlicht.

(4) Im Zuge der Interiorisation und der Abstraktion von Handlungen und wahrgenommenen Prozessen zu Operationen müssen diese mit den begrifflichen Mitteln, über die der Schüler verfügt, geklärt und durchsichtig rekonstruiert werden.

(5) Operationen und Begriffe sind systembildend. Der Unterricht hat die Aufgabe, ihrer Systemhaftigkeit Rechnung zu tragen und alles zu tun, um dem Schüler Einsicht in die Zusammenhänge innerhalb der Operationen und Begriffe zu vermitteln.

(6) Operationen und – allgemeiner – Bedeutungen von Begriffen können beweglich werden, wenn wir sie mannigfaltigen Transformationen unterwerfen und sie unter verschiedenen Gesichtspunkten beleuchten, d. h. „durcharbeiten".

---

[4] Erstausgabe der „Zwölf Grundformen des Lehrens" (Aebli 2003) aus dem Jahr 1981

(7) Die Produkte des Denkens und Lernens müssen auf die konkreten Situationen, ihre Objekte und die darin und mit ihnen geplanten Handlungs- und Gestaltungsvornahmen zurückbezogen werden, aus denen sie ursprünglich entsprungen sind. Sie müssen, mit anderen Worten, angewendet werden.

Die hier zusammenfassend dargestellte Grundform „eine Operation aufbauen" lässt die Grundzüge erkennen, nach denen Wittmann (1985) „das operative Prinzip" formuliert hat:

„Objekte erfassen bedeutet, zu erforschen, wie sie konstruiert sind und wie sie sich verhalten, wenn auf sie Operationen (Transformationen, Handlungen,...) ausgeübt werden. Daher muss man im Lern- oder Erkenntnisprozess in systematischer Weise

(1) untersuchen, welche Operationen ausführbar und wie sie miteinander verknüpft sind,
(2) herausfinden, welche Eigenschaften und Beziehungen den Objekten durch Konstruktion aufgeprägt werden,
(3) beobachten, welche Wirkungen Operationen auf Eigenschaften und Beziehungen der Objekte haben (Was geschieht mit ..., wenn ...?)"
(Wittmann 1985, 9)

In den „Grundfragen des Mathematikunterrichts" beschreibt Wittmann den Kern des operativen Prinzips mit einem Hinweis auf Aebli (1963, 109-113): „Aufgabe des Lehrers ist es, die jeweils untersuchten Objekte und das System („Gruppierung") der an ihnen ausführbaren Operationen deutlich werden zu lassen und die Schüler auf das Verhalten der Eigenschaften, Beziehungen und Funktionen der Objekte bei den transformierenden Operationen gemäß der Frage „Was geschieht mit ..., wenn ...?" hinzulenken" (Wittmann 1981, 79). Ziegenbalg (2004) fasst sich in Anlehnung an Wittmann noch kürzer: „Im Sinne des operativen Prinzips zu arbeiten heißt, im Sinne der Frage „Was passiert, wenn ..." zu arbeiten.

Die folgende Abbildung zeigt eine Unterrichtsidee, die das operative Prinzip nutzt, um geometrische Abbildungen zu veranschaulichen und entdecken zu lassen.

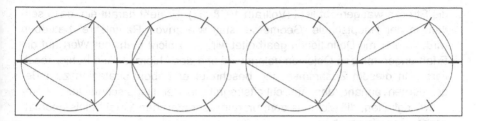

Abbildung 15: Unterschiedliche Dreiecke am sechsgeteilten Kreis (Pohle und Reiss 1999, 32)

Die Schülerinnen und Schüler sollten zeichnerisch alle unterschiedlichen Dreiecke finden, die man in einem Kreis abstecken kann. Nach dem Einzeichnen konnten die Dreiecke ausgeschnitten und durch Übereinanderlegen verglichen werden. Die Abbildung zeigt die vier grundsätzlich verschiedenen Dreiecke, die von den Lernenden mittels operativer Vorgehensweisen entdeckt wurden.

Als Beispiel dafür, in operativen Übungen zur Geometrie zielstrebig im Sinne des operativen Prinzips zu arbeiten, nennt Wittmann „geometrische Operationen":

„Operationen in der Geometrie können durch Anwendung geometrischer Transformationen auf geometrische Objekte dargestellt werden. Die Eigenschaften einer Gruppierung spiegeln sich direkt wieder in den Standardeigenschaften einer Gruppe. Anwendung des operativen Prinzips bedeutet hier die Herausarbeitung der Gruppenstruktur und die Konfrontation geometrischer Eigenschaften mit den verschiedenen Gruppen" (Wittmann 1981, 80).

Wittmann betont, dass gerade den fundamentalen mathematischen Begriffen Handlungen zugrunde liegen. Diese Begriffe werden durch Abstraktion von den Handlungen aus gebildet. Aus diesem Grund müssen operative Begriffe an die sie begründenden Operationen geknüpft werden. Dabei ist nach Wittmann dafür zu sorgen, dass durch breite Variation der Objekte, auf die sich die Operationen beziehen können, die Operationen (und nicht spezielle Objekte) als wesentlich erkannt werden (Wittmann 1981, 81). In diesem Zusammenhang spricht Wittmann von operativer Begriffsbildung.

3.2.4 Schwierigkeiten bei der Vermittlung geometrischer Begriffe

Vollrath (1978) beschreibt Schwierigkeiten bei der Vermittlung geometrischer Begriffe aufgrund von Definitionen, die nicht auf alle Situationen anwendbar sind, beispielsweise, dass eine Mittelsenkrechte nur dann erkannt wird, wenn die Strecke waagerecht liegt (Vollrath 1978, 57). Er geht darauf ein, dass seitdem in der Hauptschule „Geometrie" statt wie zuvor „Raumlehre" betrieben wird, stärker mit Definitionen gearbeitet wird und nicht mehr nur Wert auf die Erfahrungen mit den Objekten gelegt wird und dass hieraus viele Fehler resultieren. In diesem Zusammenhang beschreibt er neben Strategien zum Begriffslernen anhand des Ähnlichkeitsbegriffs in der Hauptschule auch Lernschwierigkeiten, die sich aus dem umgangssprachlichen Verständnis geometrischer Begriffe ergeben.

Anderson (1989) gibt einen Überblick über Untersuchungen zu Eigenschaften von Alltagsbegriffen und stellt fest, dass es Menschen schwer fällt, für untypische Repräsentanten zu entscheiden, ob sie zu einem Begriff gehören oder nicht und dass es Unterschiede im Grad der Zugehörigkeit zu einem Begriff gibt. Bei Alltagsbegriffen gibt es oft Abstufungen von weniger typisch bis typisch für einen Begriff, während die Entscheidung in der Mathematik festgelegten Merkmalen und Eigenschaften folgt. Erst mit dem Fortschreiten der Entwicklung und in einem langwierigen Prozess werden Begriffe zu kognitiven Einheiten in Beziehung gesetzt, so dass ein Netz aus Begriffen entsteht.

Schwierigkeiten beim Lehren und Lernen geometrischer Begriffe beschreibt auch Blanco (2001, 1-11). Er bezieht sich auf Erfahrungen aus seiner Arbeit in der Ausbildung spanischer Mathematiklehrkräfte. Dabei geht es ihm um die zentrale Frage, wie geometrische Kenntnisse aufgebaut werden und wie vor diesem Hitergrund falsche Vorstellungen entstehen. Typische Fehler, die sich bei den untersuchten Studentinnen und Studenten zeigten, waren beispielsweise, dass sie zwar Definitionen kannten, diese aber nicht in allen Situationen anwenden konnten. Als Beispiel nennt Blanco das Einzeichnen der „Höhe" im Dreieck. Es zeigte sich, dass die Begriffe „Höhe im Dreieck" und „Höhenschnittpunkt" nur für besondere Dreiecke galten und als mentale Bilder abgespeichert sind, zum Beispiel nur in spitzwinkligen Dreiecken mit der Grundseite parallel zum Heftrand. Dabei ist das mentale Bild stärker als die allgemeine Definition und setzt sich daher bei der Bearbeitung von Aufgaben durch, zum Beispiel die Erwartung, dass der Höhenschnittpunkt innerhalb und nicht außerhalb der Begrenzungslinien eines Dreiecks liegt. Blanco führt die Schwierigkeiten der Studenten auf Erfahrungen des eigenen Geometrieunterrichts zurück und kommt zur abschließenden Erkenntnis, wie wichtig es ist, Schülerinnen und Schüler im Unterricht an der Konstruktion geometrischer Begriffe teilhaben zu lassen und ihnen Begriffe nicht als fertige Konzepte aufzuerlegen.

Auch Ma (1999) befasst sich einer Studie mit Lehrerinnen und Lehrern und deren Verständnis von Mathematik, welches deutliche Auswirklungen auf den Mathematikunterricht hat. In dem Szenario „Exploring New Knowledge: The Relationship Between Perimeter and Area" (Abbildung 16) vergleicht sie Reaktionen von chinesischen und US-amerikanischen Lehrkräften.

Szenario
„Imagine that one of your students comes to class very excited. She tells you that she has figured out a theory that you never told the class. She explains that she has discovered that as the perimeter of a closed figure [par example a rectangle] increased, the area also increases. She shows you this picture to prove what she is doing."

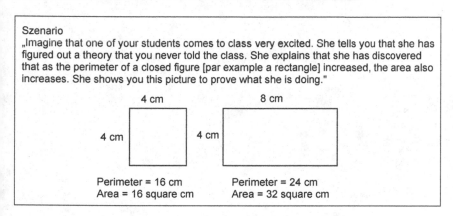

Abbildung 16: Szenario zum Zusammenhang der Begriffe „Umfang" und „Flächeninhalt" aus einer Untersuchung von Ma (Ma 1999, 84)

Es werden verschiedene Strategien beschrieben, auf die geäußerte Idee der Schülerin zu reagieren. Das Ergebnis zeigt, dass die untersuchten chinesischen Lehrkräfte über ein umfangreicheres Hintergrundwissen und insgesamt über ein tieferes Verständnis der Mathematik verfügten, ihre Antworten klarer strukturierten und eher zu Vernetzungen fähig waren als die US-amerikanischen, bei denen prozedurales Wissen gegenüber dem Erkennen innerer Zusammenhänge im Vordergrund steht. Die Untersuchungen von Blanco und Ma zeigen, dass Schwierigkeiten bei der Vermittlung geometrischer Begriffe auch unter der Perspektive des fachlichen Hintergrundes von Lehrerinnen und Lehrern zu betrachten sind. Dieser Aspekt wird auch in der PISA-Zusatzuntersuchung Coactiv umgesetzt, die im letzten Kapitel erwähnt wird (Abschnitt 9.2). Außerdem wird eine Variante dieser Aufgabe in der qualitativen Untersuchung dieser Arbeit verwendet.

4 Das Modell der Didaktischen Rekonstruktion als Orientierungsrahmen

Einen Orientierungsrahmen für die vorliegende Studie liefert das Modell der Didaktischen Rekonstruktion, das an der Carl von Ossietzky Universität in Oldenburg von Ulrich Kattmann und Harald Gropengießer in Zusammenarbeit mit Reinders Duit und Michael Komorek vom IPN (Kiel) entwickelt wurde. Dieses Modell wurde dem Promotionsstudiengang „Fachdidaktische Lehr- und Lernforschung – Didaktische Rekonstruktion" der Carl von Ossietzky Universität Oldenburg konzeptionell zugrunde gelegt. In dem Programm arbeiteten 8 Fachdidaktiken (Biologie, Chemie, Deutsch, Englisch, Geschichte, Mathematik, Physik, Sachunterricht) und drei pädagogische Arbeitsgruppen (Bildungsforschung, Empirische Lehr-Lernforschung, Schulpädagogik) zusammen.[5] Die Vorgehensweisen beim Modell der Didaktischen Rekonstruktion beschreiben Kattmann und Gropengießer (1996) sowie Kattmann, Duit, Gropengießer und Komorek (1997). Eine Umsetzung in der Mathematikdidaktik zeigt Prediger (2005).

„Didaktische Rekonstruktion" bezeichnet einen theoretischen Rahmen zur Planung, Durchführung und Auswertung fachdidaktischer Lehr- und Lernforschung. Die drei zentralen Untersuchungsaufgaben des Modells sind Fachliche Klärung, Erfassen von Lernerperspektiven und Didaktische Strukturierung (Kattmann u.a. 1997, 4). Diese drei Untersuchungsaufgaben werden wechselseitig aufeinander bezogen, so dass die jeweils vorläufigen Ergebnisse für weitere Forschungsschritte genutzt werden können. Es geht im Wesentlichen also darum, die Vorstellungen von Schülerinnen und Schülern mit den Analysen fachlicher und auch fachdidaktischer Quellen zu vergleichen und zu verknüpfen und dabei systematisch und strukturiert Beziehungen herzustellen. Dabei werden die Charakteristika beider Perspektiven, die lernförderlichen Korrespondenzen und die voraussehbaren Lernschwierigkeiten herausgearbeitet (Kattmann u.a. 1997, 12). Auf dieser Grundlage werden im Sinne einer Didaktischen Strukturierung Entscheidungen für die unterrichtliche Vermittlung des Themas getroffen. Das entstehende Beziehungsgefüge wird als fachdidaktisches Triplett dargestellt (Abbildung 17).

---

[5] Im Jahr 2010 startete eine Fortsetzung des Programms unter dem Namen ProfaS „Prozesse fachdidaktischer Strukturierung in Schulpraxis und Lehrerbildung". Informationen unter http://www.diz.uni-oldenburg.de

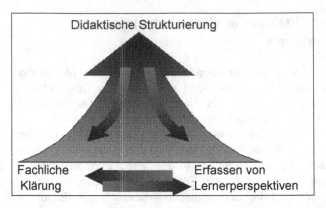

Abbildung 17: Das fachdidaktische Triplett des Modells der Didaktischen Rekonstruktion (Kattmann und Gropengießer 1996)

Das Herstellen von Bezügen zwischen der fachlichen Perspektive einerseits und der Perspektive der Lernenden andererseits ist sinnvoll, da Methoden und Aussagen der Fachwissenschaften nicht unverändert in den Unterricht übernommen werden können (Kattmann u.a. 1997, 3). Beispielsweise existieren häufig theoretische Vorannahmen oder begriffliche Vorstellungen, die von fachlicher Seite nicht mitgeteilt, sondern stillschweigend vorausgesetzt werden. Dies kann im Unterricht zu Missverständnissen führen. Die fachlich beschriebenen Sachverhalte sind im Unterricht außerdem stärker in umweltliche, gesellschaftliche und individuelle Zusammenhänge einzubetten, um den Schülerinnen und Schülern die Orientierung an der Welt und die Bedeutung für das Leben zu verdeutlichen (Kattmann u.a. 1997, 3).

Zunächst wurden mit dem Modell der Didaktischen Rekonstruktion naturwissenschaftliche Themen für den Unterricht strukturiert. Inzwischen wird das Modell, insbesondere von den Teilnehmerinnen und Teilnehmern des Oldenburger Promotionsprogramms ProDid sowie des Nachfolgeprogramms ProfaS, für andere Fachbereiche übernommen und erfolgreich angewendet[6]. Zugrunde gelegt ist die Frage, wie bestimmte Inhaltsbereiche sinnvoll und lernförderlich unterrichtet werden können. Dazu werden wesentliche und interessante

---

[6] Forschungsarbeiten zur Didaktischen Rekonstruktion sind unter anderem in der Schriftenreihe zur fachdidaktischen Lehr- und Lernforschung veröffentlicht (bis 2005 herausgegeben von U. Kattmann, von 2006 bis 2009 herausgegeben von U. Kattmann, B. Moschner und I. Parchmann und seit 2010 herausgegeben von B. Moschner und M. Komorek.

Beziehungen und Verknüpfungen zwischen dem Fachlichen Wissen und den individuellen Lernbedingungen der Schülerinnen und Schüler analysiert. Es ergeben sich je nach Ausrichtung der Forschungsfragen unterschiedliche Schwerpunktsetzungen hinsichtlich der drei Untersuchungsaufgaben. Zunehmend werden nicht mehr nur rein fachliche Inhalte im Rahmen der fachlichen Klärung analysiert, sondern es werden didaktische und methodische Aspekte aufgenommen, wie auch in der vorliegenden Arbeit.

Abbildung 18 zeigt die Positionierung der vorliegenden Studie im fachdidaktischen Triplett des Modells der Didaktischen Rekonstruktion. Für die fachliche Klärung werden kognitionspsychologische und mathematikdidaktische Sichtweisen zum geometrischen Denken und zur geometrischen Begriffsbildung berücksichtigt. Die Begriffe „Umfang" und „Flächeninhalt" haben dabei eine exemplarische Funktion. Einen weiteren Bezugspunkt stellt das Grundbildungskonzept von PISA dar, weil es den theoretischen Hintergrund der Geometrieaufgaben darstellt, die als Untersuchungsaufgaben ausgewählt wurden.

Das Erfassen von Lernerperspektiven erfolgt im empirischen Teil der Studie, in dem, wie im folgenden Kapitel erläutert, quantitative und qualitative Ansätze verbunden werden. Hier werden neben den Ergebnissen Untersuchungsaufgaben vor allem die Lösungsprozesse in den Blick genommen. Dabei geht es im Sinne der Forschungsfragen vor allem darum zu erfassen, welche geometrischen Denkweisen bei den Schülerinnen und Schülern zu Schwierigkeiten beim Bearbeiten von PISA-Aufgaben zur Geometrie führen und wie diese vor dem Hintergrund des Grundbildungskonzepts von PISA und den beschriebenen theoretischen Sichtweisen einzuordnen sind.

Nach dem Modell der Didaktischen Rekonstruktion erwächst aus dem wechselseitigen Vergleich der theoretischen Sichtweisen mit den Lernerperspektiven die Didaktische Strukturierung, deren Ziel es ist, Lerngegenstände für den Unterricht zu strukturieren. In einigen Arbeiten, die dem Modell der Didaktischen Rekonstruktion folgen, handelt es sich dabei um eine differenziert ausgearbeitete Anleitung zur didaktischen und methodischen Umsetzung eines konkreten Lerngegenstands. In der vorliegenden Studie zu geometrischen Denkweisen tritt die Didaktische Strukturierung gegenüber dem Prozess des wechselseitigen Vergleichs und der abschließenden Beschreibung und Strukturierung geometrischer Denkweisen als Ziel dieser Arbeit in den Hintergrund.

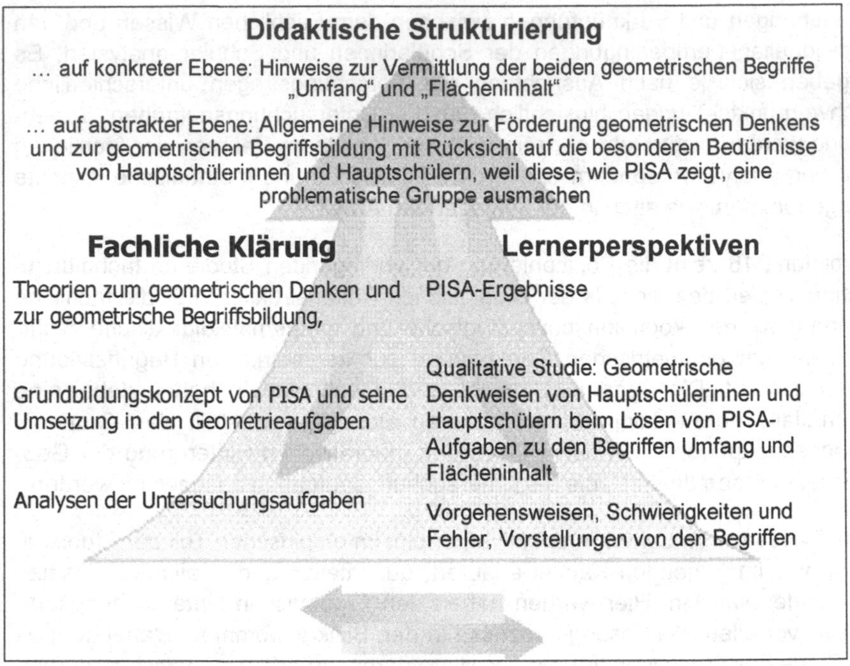

Didaktische Strukturierung

... auf konkreter Ebene: Hinweise zur Vermittlung der beiden geometrischen Begriffe „Umfang" und „Flächeninhalt"

... auf abstrakter Ebene: Allgemeine Hinweise zur Förderung geometrischen Denkens und zur geometrischen Begriffsbildung mit Rücksicht auf die besonderen Bedürfnisse von Hauptschülerinnen und Hauptschülern, weil diese, wie PISA zeigt, eine problematische Gruppe ausmachen

Fachliche Klärung   Lernerperspektiven

Theorien zum geometrischen Denken und   PISA-Ergebnisse
zur geometrische Begriffsbildung,

                                        Qualitative Studie: Geometrische
Grundbildungskonzept von PISA und seine Denkweisen von Hauptschülerinnen und
Umsetzung in den Geometrieaufgaben   Hauptschülern beim Lösen von PISA-
                                        Aufgaben zu den Begriffen Umfang und
                                        Flächeninhalt
Analysen der Untersuchungsaufgaben
                                        Vorgehensweisen, Schwierigkeiten und
                                        Fehler, Vorstellungen von den Begriffen

Abbildung 18: Positionierung des Forschungsvorhabens im fachdidaktischen Triplett des Modells der Didaktischen Rekonstruktion

Die Ergebnisse der Analysen der PISA-Aufgaben und der ergänzenden, qualitativen Studie werden zunächst wechselseitig mit den theoretischen Positionen verglichen. Dabei ist zu erwarten, dass jede Seite zur Bereicherung der jeweils anderen beiträgt. Der wechselseitige Vergleich führt zu einer differenzierten und umfassenden Beschreibung und Strukturierung der tatsächlich bei den Schülerinnen und Schülern vorkommenden geometrischen Denkweisen. Aus den Ergebnissen dieses wechselseitigen Vergleichs werden schließlich Konsequenzen für den Geometrieunterricht abgeleitet. Diese beinhalten allgemeine Hinweise zur Förderung geometrischen Denkens und zur geometrischen Begriffsbildung und insbesondere konkrete Hinweise zur Vermittlung der beiden geometrischen Begriffe „Flächeninhalt" und „Umfang".

5 Methodologie und methodisches Vorgehen

„Wir sind der Meinung, dass nur ein prozessuales Verständnis von Theorie der Wirklichkeit sozialen Handelns und dessen strukturellen Bedingungen einigermaßen gerecht wird. Eine Theorie diskursiv zu präsentieren, heißt, ihre Offenheit, ihren Reichtum, ihre Komplexität und Dichte zu unterscheiden sowie ihre Angemessenheit und Relevanz zu verdeutlichen." *(Glaser und Strauss 1998, 41)*

In diesem Kapitel werden die Methodologie und das methodische Vorgehen der vorliegenden Arbeit zu geometrischen Denkweisen von Hauptschülerinnen und Hauptschülern beim Lösen von PISA-Aufgaben dargelegt. Im ersten Teil des Kapitels wird auf methodologische und methodische Grundlagen eingegangen (Abschnitt 5.1). Im zweiten Teil werden die Entscheidungen zum Design und zur Datenerhebung der qualitativen Untersuchung beschrieben und begründet (Abschnitt 5.2). Im dritten Teil dieses Kapitels werden Auswertung und Auswertungsmethoden thematisiert (Abschnitt 5.3).

5.1 Methodologische Grundlagen

Zunächst erfolgt in diesem Abschnitt eine Darstellung der Verbindung quantitativer und qualitativer Ansätze. Anschließend wird auf die methodologischen und methodischen Grundlagen hinsichtlich der Analysen von PISA-Daten sowie der Analysen der ergänzenden, qualitativen Studie eingegangen. Zum Abschluss dieses ersten Teils werden Fragen zum Geltungsanspruch und zur Gültigkeit der vorliegenden Studie behandelt.

5.1.1 Zur Verbindung quantitativer und qualitativer Ansätze

Die Mitarbeit an der Durchführung und Auswertung der PISA-Studie und die Teilnahme am Promotionsprogramm Didaktische Rekonstruktion der Universität Oldenburg haben die Intention, in meiner Arbeit quantitative und qualitative Ansätze zu verbinden, wesentlich beeinflusst. Bei der quantitativen Analyse der PISA-Ergebnisse entstand schon früh die Idee, durch eine ergänzende, qualitative Untersuchung mehr über die geometrischen Denkweisen von Schülerinnen und Schülern beim Bearbeiten der Aufgaben zu erfahren, um Erklärungsansätze für besondere Schwierigkeiten beim Lösen von PISA-Aufgaben zu finden. Die Teilnahme am Promotionsprogramm „Didaktische Rekonstruktion", die einen Einblick in die Vorgehensweisen qualitativer Sozialforschung lieferte, motivierte dazu, diese Idee umzusetzen. Deshalb werden in meiner Arbeit die quantitativen Analysen der PISA-Daten mit den Analysen einer ergänzenden, qualitativen Studie in Beziehung gesetzt. Damit folge ich der sich in der methodologischen Diskussion durchsetzenden Erkenntnis, „dass qualitative und quantitative Forschung eher komplementär denn als rivalisierende Lager gesehen werden sollten" (Jick 1983, 135). Zunehmend wird der Nutzen und Beitrag des einen Ansatzes für den anderen gesehen. Dieser wechselseitige Nutzen in meiner Arbeit ist darin zu sehen, dass einerseits die PISA-Ergebnisse In Verbindung mit den Ergebnissen der qualitativen Untersuchung veranschaulicht und erklärt werden und andererseits die Ergebnisse der qualitativen Untersuchung an Aussagekraft gewinnen, indem sie sich in den PISA-Daten widerspiegeln.

In der Literatur werden vielfältige Varianten der Verbindung quantitativer und qualitativer Ansätze beschrieben. Verwendete Begrifflichkeiten sind dabei die Verknüpfung qualitativer und quantitativer Forschung (Hammersley 1996), die Integration quantitativer und qualitativer Forschung (Bryman 1988), die Integration qualitativer und quantitativer Verfahren (Kelle 2007), die Mixed Methods (Tashakkori und Teddlie 2003) und die Triangulation qualitativer und quantitativer Forschung (Flick 2008). Diese unterschiedlichen Begrifflichkeiten sind jeweils verbunden mit verschiedenen Ebenen auf denen die Verbindung beider Ansätze stattfindet und in denen unterschiedliche Schwerpunktsetzungen und Ansprüche zum Ausdruck kommen. So können qualitative und quantitative Daten, Methoden oder auch die Analysen und deren Ergebnisse verbunden werden. Um die Art und den Nutzen der Verbindung beider Ansätze in meiner Arbeit in diesem weiten Feld zu verorten, beziehe ich mich in wesentlichen Teilen auf den Abschnitt „Triangulation qualitativer und quantitativer Forschung" des Buches „Triangulation" (Flick 2008). Weil der Begriff „Triangulation" eine Vielzahl unterschiedlicher Konzepte umfasst und seine Bedeutung in der empirischen Sozialforschung teilweise problematisch gesehen wird (Kelle 2007), verwende ich die offenere Bezeichnung „Verbindung quantitativer und qualitativer Ansätze" und nehme in diesem Abschnitt eine Verortung hinsichtlich der unterschiedlichen Begrifflichkeiten vor.

Die Verbindung quantitativer und qualitativer Methoden wird in der sozialwissenschaftlichen Forschung auch mit dem Begriff der Mixed Methods in Zusammenhang gebracht. Bei diesem Ansatz, der neben der quantitativen Forschung und der qualitativen Forschung zu einem „third methodological movement" (Tashakkori und Teddlie 2003) erklärt wird, geht es vor allem darum, eine pragmatische Verknüpfung qualitativer und quantitativer Forschung zu ermöglichen. Hierbei wird von zwei geschlossenen Ansätzen ausgegangen, die wiederum differenziert, kombiniert oder jeweils abgelehnt werden können. Die Herangehensweise ist ausschließlich methodenbezogen und weniger theoretisch begründet und entspricht nicht dem Vorgehen in meiner Studie, bei der es darum geht, die Art und den Nutzen der Verbindung quantitativer und qualitativer Analysen vor allem inhaltlich zu begründen und im Forschungsdesign zu berücksichtigen. Dieses Vorgehen entspricht vielmehr dem Ansatz der Integration qualitativer und quantitativer Verfahren nach Kelle (2007), der an der Entwicklung integrativer Forschungsdesigns ansetzt. Dabei wird die unterschiedliche Reichweite der Methoden in den Vordergrund gestellt.

In meiner Arbeit geht es vor allem um die Verbindung quantitativer und qualitativer Analysen und deren Ergebnisse. Die verwendeten Methoden bleiben dabei nebeneinander stehen. Flick (2005, 385) unterscheidet in diesem Zusammenhang, je nachdem auf welcher Ebene die Verbindung ansetzt, zwei Möglichkeiten. Entweder werden dieselben Personen für den quantitativen und den qualitativen Teil einer Untersuchung ausgewählt oder die Verbindung quantitativer und qualitativer Analysen wird auf der Ebene der Datensätze hergestellt. Da in meiner Studie nicht die gleichen Schülerinnen und Schüler, die an der PISA-Studie 2003 teilnahmen, auch für die qualitative Erhebung ausgewählt wurden, entspricht mein Vorgehen bei der Verbindung der Analysen der zweiten Möglichkeit. Hierbei gehe ich von vorliegenden Ergebnissen der PISA-Studie aus, führe hierzu ergänzende Analysen, vor allem zu besonderen Fehlern, durch und verbinde diese mit den Analysen der ergänzenden, qualitativen Studie.

Als bereits vorliegende Ergebnisse der Analyse von PISA-Daten sind Lösungshäufigkeiten richtiger und falscher Antworten bekannt. Die ergänzende Analyse der PISA-Daten zeigt, dass bestimmte falsche Ergebnisse besonders oft vorkommen. Es ist anzunehmen, dass hinter diesen häufig gewählten, falschen Antworten spezifische Vorgehensweisen stehen, in denen bestimmte geometrische Denkweisen zum Ausdruck kommen. Die Teilnehmerinnen und Teilnehmer der qualitativen Untersuchung kommen zu den gleichen, bei den PISA-Schülerinnen und PISA-Schülern häufig gewählten, falschen Antworten. Indem in einem mehrphasigen Design vor allem die Lösungswege, die Schwierigkeiten und Fehler sowie die Vorstellungen von den Begriffen in den Blick genommen werden, können dahinter stehende geometrische Denkweisen näher beschrieben und strukturiert werden.

Die Idee, quantitative Analysen einer Schulleistungsstudie mit den Analysen einer ergänzenden, qualitativen Studie zu verbinden, um tiefer gehende Erkenntnisse zu erhalten, ist nicht neu und wurde schon bei TIMSS umgesetzt: „Die TIMSS-Studie war durch ihre Modellierung darauf angelegt, nicht nur ein „Ranking" der teilnehmenden Länder zu liefern, sondern auch Erklärungsansätze für unterschiedliche Schulleistungen innerhalb und zwischen verschiedenen Kulturen." (Klieme, Bos 2000, 359). Um eine hohe analytische Aussagekraft der Ergebnisse zu erreichen, beteiligte Deutschland sich an einer ergänzenden TIMSS-Video-Studie, bei der Mathematikstunden im achten Jahrgang auf Video aufgezeichnet wurden. Für Kausalanalysen wurden die hier gewonnenen Daten mit Daten aus standardisierten Tests und Fragebögen verknüpft und gemeinsam ausgewertet. Mit der vorgenommenen Methodenkombination verfolgte man verschiedene Arten der Verbindung quantitativer und qualitativer Ansätze: „Neben den additiven Komponenten der Triangulation – die Untersuchung eines beziehungsweise verschiedener Merkmale aus unterschiedlicher Perspektive unter Verwendung qualitativer und quantitativer Methoden – wird hier besonders die Prüfung von Erklärungsansätzen durch die Kombination unterschiedlicher qualitativer und quantitativer Analysen dargestellt." (Klieme, Bos 2000, 360). Bei dieser Art der Verbindung steht demnach nicht die Bestätigung der Ergebnisse des einen Verfahrens durch die Analysen des anderen Verfahrens im Vordergrund, sondern es geht, wie im Fall der vorliegenden Arbeit, um eine wechselseitige Absicherung durch den Einsatz verschiedener Forschungsdesigns.

Die in meiner Arbeit, wie auch in den Analysen am Beispiel der TIMSS-Studie dargestellte, unterstützende Funktion qualitativer und quantitativer Analysen beschreibt Hammersley (1996, 167-168) als Facilitation. Hierbei liefert der eine Ansatz Hypothesen und Denkansätze für die Weiterentwicklung der Analysen mit einem anderen Ansatz. So bestimmen in meiner Arbeit interessante Aspekte und Auffälligkeiten bei den Analysen der PISA-Ergebnisse auch die Auswahl der Untersuchungsaufgaben und das Design der qualitativen Erhebung, insbesondere die Entwicklung des Interviewleitfadens.

Bryman (1992, 59-61), der insgesamt elf Varianten der Integration quantitativer und qualitativer Forschung identifiziert, beschreibt neben der Unterstützung beider Ansätze außerdem die Logik der Triangulation als Überprüfung qualitativer durch quantitativer Ergebnisse. In meiner Arbeit wird dieser Aspekt umgesetzt, durch das oben beschriebene Wiederfinden der anhand der qualitativen Daten beschriebenen und strukturierten geometrischen Denkweisen in den Ergebnissen der PISA-Schülerinnen und -Schüler. Diesbezüglich nennt Bryman eine weitere Variante, nämlich die Generalisierbarkeit durch Hinzuziehung von quantitativen Erkenntnissen. Durch die Einbeziehung der PISA-Ergebnisse lässt sich zeigen, dass es sich bei den anhand der qualitativen Daten analysierten Vorgehensweisen nicht um einzelne Fälle handelt, sondern dass ein großer Anteil der PISA-Schülerinnen und -Schüler genauso vorging. Bryman betont außerdem, dass strukturelle Zugänge durch quantitative und

Prozessaspekte durch qualitative Zugänge erfasst werden. Auch diese Variante der Integration quantitativer und qualitativer Forschung spiegelt sich in meiner Arbeit wider. Denn bei PISA wird die Struktur der mathematischen Leistung von Populationen untersucht und in meiner ergänzenden, qualitativen Studie individuelle Lösungsprozesse einzelner Schülerinnen und Schüler. Die Integration quantitativer und qualitativer Forschung kann nach Bryman auch der Interpretation von Zusammenhängen zwischen Variablen quantitativer Datensätze dienen, dies wird in meiner Arbeit, wie oben beschrieben, dadurch umgesetzt, dass die Analysen der qualitativen Erhebung zur Einschätzung und Interpretation der PISA-Ergebnisse genutzt werden.

Flick (2008) fasst in seiner „Einführung in die Triangulation" unterschiedliche Sichtweisen von Verbindungen der qualitativen mit der quantitativen Forschung, aber auch Verbindungen innerhalb der qualitativen Forschung zusammen und kommt zu folgender Definition: „Triangulation beinhaltet die Einnahme unterschiedlicher Perspektiven auf einen untersuchten Gegenstand oder allgemeiner: bei der Beantwortung der Forschungsfragen [...]" (Flick 2008, 12). Die Einnahme unterschiedlicher Perspektiven kommt in meiner Arbeit vor allem in den Methoden, die angewandt werden, zum Ausdruck und wird im Sinne von Flick nicht nur in der Verbindung quantitativer und qualitativer Ansätze konkretisiert, sondern zudem in der Anlage der qualitativen Erhebung. Wie im nächsten Abschnitt dargestellt, werden auch durch die Kombination verschiedener Erhebungsmethoden im vierphasigen Design der qualitativen Untersuchung unterschiedliche Perspektiven verdeutlicht. Flick verwendet in diesem Zusammenhang den Begriff der „Methoden-Triangulation in der qualitativen Forschung" (Flick 2008, 27).

Sowohl die Verbindung quantitativer und qualitativer Ansätze in meiner Arbeit als auch die Kombination verschiedener Erhebungsmethoden in der ergänzenden, qualitativen Studie machen vor dem Hintergrund der theoretischen Perspektiven Erkenntnisse auf unterschiedlichen Ebenen möglich, die weiter reichen, als es mit einem Zugang möglich wäre.

5.1.2 Analysen von PISA-Daten

Wichtig für das Verständnis der PISA-Ergebnisse und deren Analysen sind Kenntnisse über die verwendeten Antwortmodelle der probalistischen Testtheorie, auch Item-Response-Theory (IRT) genannt, die beschreibt, wie man aus Ergebnissen standardisierter, psychometrischer Tests auf Persönlichkeitseigenschaften schließen kann (Carstensen u.a. 2004, 378). Dies sind für PISA das sogenannte zweikategorielle Raschmodell für Aufgaben, bei denen nur richtige und falsche Lösungen unterschieden werden und seine Verallgemeinerung für Aufgaben, in denen mehr als ein Punkt vergeben wird, zum Beispiel für Teillösungen oder eine vollständige Lösung (Carstensen u.a. 2004, 379). Diese Modelle, mit denen Lösungswahrscheinlichkeiten, Aufgabenschwierigkeiten und Personenfähigkeiten bestimmt werden, sind sehr komplex und sollen in dieser Arbeit nicht im Einzelnen näher dargestellt werden. Deshalb wird auf die Darstellung der technischen Grundlagen In den nationalen Ergebnisbänden verwiesen (Carstensen u.a. 2004, 371-387 und 2005, 385-402).

Die quantitativen Analysen von PISA-Daten für diese Arbeit sind im Bereich der deskriptiven Statistik anzusiedeln. Es werden Ergebnisse der deutschen Schülerinnen und Schüler zu drei ausgewählten Geometrieaufgaben der PISA-Studie 2003 analysiert, die für die ergänzende, qualitative Untersuchung ausgewählt wurden. Außerdem wird das Ergebnis einer Geometrieaufgabe aus der PISA-Studie 2000 berichtet, die einer der ausgewählten Untersuchungsaufgaben ähnlich ist. Verwendete, vorliegende Ergebnisse zu diesen Aufgaben sind die Lösungshäufigkeiten der richtigen Antworten sowie bei Multiple-Choice-Aufgaben die Lösungshäufigkeiten aller Auswahlantworten. Für die Auswertungen wurden ungewichtete Daten verwendet. Die Frage, ob die Schularten repräsentativ verteilt sind, ist für die Analysen der vorliegenden Arbeit nicht relevant, da keine allgemeinen Aussagen über das Bildungssystem abgeleitet werden, sondern nur hinsichtlich der Schwierigkeiten einzelner Aufgaben. Es werden keine Mittelwertaussagen gemacht.

Für den internationalen Vergleich wurden für PISA 2003 insgesamt 220 Schulen ausgewählt, von denen schließlich 216 Schulen teilnahmen, für den Ländervergleich wurde diese Schulstichprobe ergänzt, so dass Daten aus 1487 Schulen in die Analysen eingingen. Insgesamt nahmen 4660 deutsche Schülerinnen und Schüler am internationalen Vergleich teil und je nach Stichprobe bis zu 45000 Schülerinnen und Schüler an der nationalen Erweiterung (Prenzel u.a. 2004, 24-28).

Die Schülerinnen und Schüler, die am internationalen Vergleich teilnahmen, bearbeiteten an einem Testtag 120 Minuten lang Aufgaben aus den vier Inhaltsbereichen Mathematik, Lesen, Naturwissenschaften und Problemlösen, wobei im Jahr 2003 mehr als die Hälfte der zu bearbeitenden Aufgaben aus dem Inhaltsbereich der Mathematik kam (Prenzel u.a. 2004, 29). Je Testaufgabe stand den Schülerinnen und Schülern hiernach eine Bearbeitungszeit von durchschnittlich knapp 3 Minuten zur Verfügung.

Um die Testzeit und die Testbelastung gering zu halten, trotzdem aber breite Bereiche untersuchen zu können, wurde ein Design mit systematisch variierenden Aufgabenblöcken und verschiedenen Testheften gewählt, die jeweils nur eine Auswahl der Aufgaben enthielten (Prenzel u.a. 2004, 28-30). Aufgrund dieses Rotationsdesigns variiert die Anzahl der berücksichtigten Bearbeitungen (N) hinsichtlich der einzelnen Aufgaben. Zudem wurden unterschiedliche Stichproben aus der Grundgesamtheit berücksichtigt.

Bei der Darstellung der Lösungshäufigkeiten wurde dieselbe Stichprobe verwendet, wie für den internationalen Bericht. Während in den Berichtsbänden der PISA-Studie die Lösungshäufigkeiten verteilt auf alle Schularten berichtet werden, werden in dieser Arbeit neben dem Ergebnis der Schülerinnen und Schüler aller Schularten nur die Ergebnisse der Hauptschülerinnen und Hauptschüler sowie Gymnasiastinnen und Gymnasiasten ausgewählt. Die Wahl der Schülerinnen und Schüler des Gymnasiums als Vergleichsgruppe ist darin begründet, dass sich hier der stärkste Kontrast zeigt und sich Besonderheiten bei den Hauptschülerinnen und Hauptschülern am deutlichsten abzeichnen.

Für weitere ergänzende Analysen zu zwei der Untersuchungsaufgaben aus dem nationalen Test von PISA 2003 wurden erweiterte Stichproben zugrundegelegt[7], die einen überproportional hohen Anteil von Schülerinnen und Schülern aus Familien mit Migrationshintergrund einbeziehen. So konnte eine größere Anzahl von Bearbeitungen in die Auswertung eingehen. Zudem erhöhte sich der Anteil von Bearbeitungen schwacher Schülerinnen und Schüler, zu denen ein großer Anteil der Schülerinnen und Schüler mit Migrationshintergrund gehört. Das hat zur Folge, dass die Lösungshäufigkeiten dieser erweiterten Stichprobe geringer sind, als bei der Stichprobe für den internationalen Vergleich. Die ergänzenden Analysen umfassen Analysen auftretender Ergebniszahlen sowie Analysen anhand der eingescannten Bearbeitungen.

Die Ergebniszahlen, die die Schülerinnen und Schüler einer PISA-Aufgaben mit offenem Format angaben, wurden für ergänzende Analysen hinsichtlich der Vorgehensweisen betrachtet. Tritt nämlich dieselbe Ergebniszahl in unterschiedlichen Bearbeitungen mehrmals auf, kann davon ausgegangen

---

[7] Die Daten für die ergänzenden Auswertungen dieser Arbeit wurden vom IEA Data Processing and Research Center zur Verfügung gestellt. Dabei handelte es sich um die eingescannten Originalbearbeitungen.

werden, dass dahinter bestimmte Vorgehensweisen der Schülerinnen und
Schüler stehen, hinter denen möglicherweise die gleichen Vorstellungen und
Denkweisen stehen.

Außerdem war es im Rahmen dieser Arbeit technisch möglich, einzelne Bearbeitungen der zwei Untersuchungsaufgaben aus dem nationalen Test von
PISA 2003 einzusehen, denn alle Bearbeitungen der Schülerinnen und
Schüler, die an PISA teilnahmen, sind in eingescannter Form archiviert. Neben
den Lösungshäufigkeiten und Ergebniszahlen konnten so Notizen, Skizzen
und Rechnungen der PISA-Schülerinnen und -Schüler einbezogen werden.

Im Rahmen dieser ergänzenden Fehleranalysen entstanden zwei Masterarbeiten (Jansing 2008 und Jürgens 2008). Diese werden im Zusammenhang
mit den PISA-Ergebnissen im nächsten Kapitel „Analysen der Untersuchungsaufgaben" berichtet.

5.1.3 Analysen der ergänzenden, qualitativen Studie

Wie bereits dargestellt, ist es Ziel der ergänzenden, qualitativen Studie, geometrische Denkweisen von Hauptschülerinnen und Hauptschülern beim Lösen
von PISA-Aufgaben zu beschreiben und zu strukturieren. Hieraus sollen
Ansätze zur Erklärung und Veranschaulichung der PISA-Ergebnisse und
schließlich Konsequenzen zur Förderung geometrischen Denkens und zur
geometrischen Begriffsbildung im Mathematikunterricht abgeleitet werden.

Dies gelingt nur durch den Fokus auf das Individuum. Deshalb stehen in der
qualitativen Untersuchung die Bearbeitungen einzelner Schülerinnen und
Schüler, die dabei auftretenden individuellen Vorgehensweisen, Schwierigkeiten und Fehler sowie die Vorstellungen von den Begriffen im Vordergrund
und nicht, wie bei PISA, die Ergebnisse großer Gruppen. Die Forderung nach
einer Vielzahl von Fällen und die Erhebung von Verteilungen liegt nicht im
Erkenntnisanspruch der ergänzenden, qualitativen Studie. Dies entspricht dem
Ansatz der qualitativen Forschung, in dem es darum geht, Gegenstands-
bereiche nicht in ihrer Breite, sondern anhand einzelner Beispiele in ihrer
tieferen Struktur zu erfassen und durch die Analyse und Interpretation der
erhobenen Daten eine Theorie zu entwickeln (Strauss und Corbin 1996, 7).

Bei der Begründung meiner Entscheidung für die verwendeten Methoden zur
Auswertung der qualitativen Untersuchung beziehe ich mich auf Flick (2005),
der neben Ansatzpunkten zur Methodenwahl (Flick 2005, 308) weitere
Leitfragen zur Auswahl angemessener Methoden darstellt (Flick 2005, 397).

Hiernach ist zunächst die Analyse der Literatur zum Untersuchungsgegenstand wichtig. Über geometrisches Denken und geometrische Begriffsbildung
gibt es bereits zahlreiche Erkenntnisse. Darüber, welche geometrische
Denkweisen tatsächlich bei Schülerinnen und Schülern, insbesondere bei
Hauptschülerinnen und Hauptschülern vorkommen und inwiefern diese mit
den Sichtweisen aus der Theorie übereinstimmen oder sich unterscheiden, ist
bisher wenig bekannt. Damit Unterschiede zu fachlichen Theorien bei der
Analyse der Daten besonders zum Ausdruck kommen, wurden für die
qualitative Untersuchung Methoden ausgewählt, die sich dem Gegenstand,
nämlich den geometrischen Denkweisen der Schülerinnen und Schüler auf
sehr offene Weise annähern (Flick 2005, 396) und zwar offen in Bezug auf die
Erhebungstechniken und die zu interpretierenden Daten. In diesem Sinne
ermöglicht eine Kombination verschiedener Erhebungstechniken, dass der
Untersuchungsgegenstand aus unterschiedlichen Perpektiven betrachtet
werden kann und eine hohe Datendichte erreicht wird. Auch das Herangehen
an die Daten ist offen, denn die Strukturierung geometrischer Denkweisen auf
theoretischer Ebene ist nicht Grundlage für die Auswertung. Die Theorie soll
aus den Daten heraus entwickelt (Flick 2005, 309) und im Zuge der Analyse
und Interpretation mit den theoretischen Sichtweisen in Beziehung gesetzt
werden. Dies entspricht dem Vorgehen des wechselseitigen Vergleichs beim
Modell der Didaktischen Rekonstruktion (Kapitel 4).

Die Auswertung der Daten läuft nicht auf eine Reduktion des Datenmaterials
im Sinne einer Zusammenfassung hinaus, wie es bei Verfahren zur
Inhaltsanalyse üblich ist (Flick 2005, 310). Bei einer Zusammenfassung gehen
möglicherweise Informationen verloren, die sich erst im nachhinein als interes-
sant herausstellen. Vielmehr sollten die Methoden es erlauben, unwichtig
erscheinende Passagen auszulassen und sich auf die Stellen zu beschränken,
die im Hinblick auf den Untersuchungsgegenstand relevant erscheinen. Dies
setzt eine Forschungsmethode voraus, die flexibel mit dem Datenmaterial
umgeht, Textstellen, die sich als besonders bedeutsam für die forschungsleitende Fragestellung erweisen, herausstellt, konkret auf die verwendeten
Begriffe eingeht und gezielt nach Beziehungen zu anderen Textstellen und
fachlichen Theorien sucht, also fachliche Tiefe bewusst herstellt, die es aber
auch erlaubt, weniger relevante Textstellen auszulassen.

Es wurde für die qualitative Untersuchung ein Auswertungsverfahren ausgewählt, das den Untersuchungsgegenstand strukturiert, indem die Daten kodiert
werden. Das Kodieren erzeugt aus den Daten Theorie, indem verschiedene
Kodes systematisiert, miteinander in Beziehung gesetzt und auf die theoretischen Sichtweisen bezogen werden. Auf einen Vorteil kodifizierter Analyse-

verfahren weist Steinke bei der Darstellung von Gütekriterien qualitativer
Forschung hin: „Wenn kodifizierte Verfahren verwendet werden, verfügt der
Leser einer Publikation über Informationen, die eine Kontrolle bzw. den Nach-
vollzug der Untersuchung erleichtern" (Steinke 2009, 326). Indem die
methodische Vorgehensweise des Kodierens anhand ausgewählter Beispiele
transparent gemacht wird. Neben einer Beschreibung geometrischer
Denkweisen, wird auch eine Kategorisierung geometrischer Denkweisen
angestrebt. Diese soll Ergebnis des Vergleichens und Systematisierens von
Kodes sein.

Ein weiterer Anhaltspunkt für die Auswahl angemessener Methoden ist nach
Flick (2005, 399) die Frage nach der Einordnung des Fallverständnisses. Je
nach Interpretationsverfahren lässt sich dieses im Spektrum zwischen
„konsequenter Idiographik" und „Quasi-Nomothetik" verorten (Flick 2005, 309).
Bei der ersten Variante wird der Fall als Fall betrachtet. Vom Einzelfall schließt
man dabei auf sich darin ausdrückende allgemeine Strukturen und
Gesetzmäßigkeiten. Die zweite Möglichkeit ist dadurch gekennzeichnet, dass
verschiedene Aussagen zusammengestellt und aus dem Kontext und der
Struktur des Falls zumindest teilweise herausgelöst werden. Das Datenmaterial wird somit zugunsten der darin enthaltenen allgemeinen Struktur
zergliedert und neu strukturiert (Flick 2005, 309). Da es in der vorliegenden
Forschungsarbeit nicht in erster Linie um eine Fallanalyse geht, halte ich ein
kategorienbezogenes Arbeiten mit einer vergleichenden, fallübergreifenden
Betrachtung für sinnvoll. Erwartungsgemäß kommen verschiedene
geometrische Denkweisen bei einzelnen Schülerinnen und Schülern parallel
vor und sind abhängig vom zu bearbeitenden Inhalt. Es können sogar in ein
und derselben Aufgabe unterschiedliche geometrische Denkweisen auftreten.
Deshalb erscheint eine Herauslösung aus dem jeweiligen Fall sinnvoll, unter
der Voraussetzung, dass die Erhebungsmethode es zulässt, die Kodes jeder-
zeit zurückzuverfolgen und den Personen während des gesamten Auswer-
tungsprozesses eindeutig zuzuordnen.

Aus den dargestellten Anhaltspunkten zur Begründung der Entscheidung für
die Auswahl angemessener Methoden ergeben sich Eigenschaften, die die
auszuwählenden Methoden charakterisieren. In Anlehnung an die in der
Darstellung von Flick (2005) verwendeten Begrifflichkeiten sollten die
Methoden:

- offen und flexibel sein in Bezug auf Daten, Datenerhebung und
  Auswertung,
- Theorie aus den Daten entwickeln,

- im Sinne des Modells der Didaktischen Rekonstruktion und der Verbindung quantitativer und qualitativer Ansätze verzahnt und nicht linear vorgehen,
- kodierend sein,
- Kategorien bilden,
- fallübergreifendes Arbeiten zulassen.

Auf der Grundlage der dargestellten Anhaltspunkte fiel die Entscheidung für ein methodisches Vorgehen, das Vorgehensweisen nahe kommt, die im Zusammenhang mit der Grounded Theory Methodologie beschrieben werden (Strauss und Corbin 1996), in einigen Teilen aber auch davon abzugrenzen ist. Bei den nachfolgenden Ausführungen zur Grounded Theory Methodologie beziehe ich mich auf die Weiterentwicklung nach Strauss und Corbin (Strauss und Corbin 1996 sowie Strübing 2008) sowie in allen wesentlichen Teilen auf Darstellungen zur Methodologie und Methodik der Grounded Theory Methodologie von Mey und Mruck (Mey und Mruck 2009), die einen Überblick über die Methodologie und Methodik der Grounded Theory in ihrer aktuellen Sichtweise geben.

Strauss und Corbin (1996) definieren eine Grounded Theory wie folgt: „Eine „Grounded Theory" ist eine gegenstandsverankerte Theorie, die induktiv aus der Untersuchung des Phänomens abgeleitet wird, welches sie abbildet." (Strauss und Corbin 1996, 7). Am Anfang steht nicht eine Theorie, die bewiesen werden soll, sondern der Untersuchungsbereich, im Fall meiner Arbeit ist das der Untersuchungsbereich der „geometrischen Denkweisen von Hauptschülerinnen und Hauptschülern beim Lösen von PISA-Aufgaben". Die Entdeckung, Ausarbeitung und vorläufige Bestätigung erfolgt durch systematisches Erheben und Analysieren von Daten, die sich auf das untersuchte Phänomen beziehen. Dabei stehen Datensammlung, Analyse und Theorie in einer wechselseitigen Beziehung zueinander. Dies kommt dem bereits beschriebenen iterativen Vorgehen nach dem Modell der Didaktischen Rekonstruktion nahe, denn hier erwächst die Didaktische Strukturierung aus dem wechselseitigen Vergleich von Schülervorstellungen und fachlichen Vorstellungen. Wie bei der Grounded Theory Methodologie wird keine vorher festgelegte Theorie herangezogen, sondern relevante Theorien ergeben sich vor allem während der Analyse aus dem Datenmaterial.

Folgendes Beispiel veranschaulicht das Vorgehen in meiner Arbeit: Die Analysen der PISA-Bearbeitungen und auch die Analysen der Bearbeitungen der ergänzenden, qualitativen Studie zeigen, dass häufig Verwechslungen von Umfang und Flächeninhalt zu Schwierigkeiten beim Lösen der Aufgaben führen. Aus diesem Grund wurde dieser Aspekt für den theoretischen Teil der Arbeit aufgegriffen und in diesem Zusammenhang die unterschiedliche Handhabung bei der Einführung der Begriffe Umfang und Flächeninhalt im Unterricht, nämlich ob die Begriffe gleichzeitig oder nacheinander eingeführt werden, problematisiert.

Während in Bezug auf die Grounded Theory Methodologie anfangs verstärkt die Ansicht vertreten wurde, möglichst unvoreingenommen und ohne eigene Vorstrukturierungen an das Material heranzutreten und die Grounded Theory deshalb in den Ruf eines rein induktiven Vorgehens kam, wird es heute als angemessen gesehen, davon zu sprechen, dass sich Induktion und Deduktion in der Forschungstätigkeit abwechseln (Mey und Mruck 2009, 105). Dazu heißt es bei Strauss und Corbin (1996, 89): „Wie sie wahrscheinlich bemerkt haben, pendeln wir während des Kodierens ständig zwischen induktivem und deduktivem Denken hin und her. Das heißt, wir stellen beim Arbeiten mit den Daten deduktiv Aussagen über Beziehungen auf oder vermuten mögliche Eigenschaften und ihre Dimensionen, um dann zu versuchen, das, was wir abgeleitet haben, an den Daten zu verifizieren, indem wir Ereignis mit Ereignis vergleichen. Es ist ein konstantes Wechselspiel zwischen Aufstellen und Überprüfen. Diese Rückwärts- und Vorwärtsbewegung ist es, die unsere Theorie gegenstandsverankert macht!".

Vor allem immer dann, wenn Konzepte an empirisches Material herangetragen werden, um dessen Bedeutung im Kontext der Forschungsfrage zu rekonstruieren, erfordern qualitative Studien deduktive Schritte. Solches Vorwissen, das in die Analyse eingeht, ist im Vorwege offen zulegen, um es deutlich von der neuen aus den Daten generierten Theorie abzugrenzen. Nach Strauss und Corbin geht der Forscher mit einer theoretischen Sensibilität ins Feld, die die Qualität einer zu entwickelnden Grounded Theory beeinflusst. Theoretische Sensibilität bezieht sich hiernach auf heuristische Konzepte, die es überhaupt erst ermöglichen, die theoretische Relevanz von Aussagen, den möglichen theoretischen Gehalt von Empirie zu erkennen (Mey und Mruck 2009, 107). In Bezug auf meine Arbeit weise ich der Bedeutung und Hinzuziehung theoretischer Sichtweisen vor allem im Hinblick auf den Vergleich von Theorie und empirisch gewonnener Erkenntnisse eine hohe Bedeutung zu, auf die ich weiter unten im Zusammenhang mit der Konzeptbildung näher eingehe. Es wird beispielsweise empfohlen, in einer laufenden Studie immer dann auf bereits vorhandene Literatur zurückzugreifen, wenn sich aus den empirischen Daten erste theoretische Aussagen ableiten lassen, um so zu einem besseren Gegenstandsverständnis zu gelangen. Außerdem kann die generierte Theorie zum Ende einer Forschungsarbeit in den Kontext anderer Theorien gestellt und diskutiert werden (Mey und Mruck 2009, 108).

„Konzeptbildung statt Beschreibung", „Theoretical Sampling und Theoretical Saturation" und das „Schreiben von Memos" sind wesentliche Aspekte der Grounded Theory Methodologie, die Mey und Mruck (2009, 108) als „die drei Essentials der Grounded Theory Methodologie" beschreiben. Im Folgenden wird das methodische Vorgehen bei der Auswertung der qualitativen Untersuchung in Bezug auf diese drei Aspekte verortet, um Gemeinsamkeiten und Unterschiede zur Grounded Theory Methodologie herauszuarbeiten.

Im Sinne einer „Konzeptbildung statt Beschreibung" steht am Ende einer Studie, die mit der Methodologie der Grounded Theory durchgeführt wird, eine in den Daten gegründete Theorie (Mey und Mruck 2009, 108). Im Fall meiner Arbeit ist das eine in den Daten gegründete Theorie zu geometrischen Denkweisen von Hauptschülerinnen und Hauptschülern beim Lösen von PISA-Aufgaben. Die Auseinandersetzung mit den Daten soll dabei als Basis für die „Grounded Theory" von Beginn an nicht auf eine beschreibende Ebene beschränkt bleiben. Dieser Aspekt zeigt sich in meinem methodischen Vorgehen dadurch, dass es nicht nur um eine Beschreibung der Vorgehensweisen, Schwierigkeiten und Fehler sowie der Vorstellungen der Begriffe geht, sondern um die Beschreibung und Strukturierung der dahinter stehenden geometrischen Denkweisen.

Die Grundoperation bei der Beantwortung der Frage, auf welchen konzeptuellen Gehalt die Daten verweisen, ist das Vergleichen. Zunächst werden auf der Grundlage von wenig Material offen und detailliert Ideen entworfen. Wird das Vorgehen zielgerichteter, werden die Analyseeinheiten größer, von der einzelnen Textpassage über den Vergleich der Passagen auf den unterschiedlichen Erhebungsphasen bis hin zum Vergleich unterschiedlicher Fälle. Danach werden die zu ihrem Verständnis generierenden Konzepte verglichen und systematisiert.

Besonders in der Grounded Theory Methodologie sind dabei Subjektivität und Selbstreflexivität wesentliche Zugänge, da Entscheidungen beim Vergleichen vor dem Hintergrund des eigenen Wissens, Meinens, Mögens und Verstehens zu treffen sind. Das Vergleichen, von Glaser als „constant comparison method" bezeichnet, ist nicht nur auf die Datenanalyse beschränkt, sondern bezieht sich auf den gesamten Forschungsprozess.

Anders als bei der Grounded Theory, bei der sich die Konzepte vor allem aus den Daten ergeben und die Theorie unterstützend hinzugezogen wird, verwende ich zum Vergleich schon früh vorhandene theoretische Konzepte. Das Verwechseln von Umfang und Flächeninhalt beispielsweise ist in der Theorie beschrieben und auch vor der Analyse der Daten berücksichtigt. Das tatsächliche Vorkommen in den Daten wurde in diesem Fall als Anlass genommen, diese Problematik ausführlicher zu beschreiben. Weitere Ansätze als Hinweise auf theoretische Konzepte ergeben sich aus den vorab durchgeführten Analysen der Untersuchungsaufgaben. Damit steht meine Vorgehensweise im Gegensatz zur Position Glasers, der sich scharf gegen das Hinzuziehen externer Theorie wendet, insbesondere in frühen Phasen des Arbeitens (Mey, Mruck 2009, 107).

Im Fall meiner Arbeit ergeben sich vorläufige Kategorien geometrischer Denkweisen von Anfang an recht klar aus den Daten. Die Tatsache, dass zur Auswertung Daten aus unterschiedlichen Erhebungsphasen ausgewertet werden und nicht nur Text, sondern auch Rechnungen und Skizzen hinzugezogen wurden und die Hinweise aus den Voruntersuchungen begünstigten dies. Im weiteren Analyseprozess wurden diese vorläufigen Kategorien systematisch verfeinert und entfaltet und in Beziehung mit den theoretischen Sichtweisen gesetzt. Weil schon in einer frühen Phase mit wenigen, ausreichend charakterisierten vorläufigen Kategorien gearbeitet werden konnte, wurde auf ein zunächst angedachtes, ergänzendes typenbildendes Verfahren verzichtet, das zudem aufgrund der geringen Zahl der Fälle als problematisch angesehen wird.

Bei der Theoriebildung kommt der Frage, welche Daten für die Theoriebildung berücksichtigt und einbezogen werden müssen, eine zentrale Bedeutung zu. Die Auswahl von Material wird dabei durch das „Theoretical Sampling" (Mey und Mruck 2009, 110) gesteuert. Das bedeutet, nicht alle Daten werden in einer einzigen Projektphase erhoben und dann ausgewertet, sondern auf eine erste Erhebung folgt eine erste Analyse, dann folgen die nächste Erhebung und die nächste Analyse. Dieser Prozess setzt sich so lange fort, bis kein weiterer Erkenntniszugewinn für die Theorie mehr erbracht wird. Im Sprachgebrauch der Grounded Theory Methodologie spricht man dann von „Theoretical Saturation" oder übersetzt „theoretischer Sättigung". Die Ziehung einer Quotenstichprobe nach bestimmten Merkmalen, wie zum Beispiel Alter, Geschlecht und Schulbildung mit dem Ziel ein bestimmtes Spektrum eines Phänomenbereichs abzudecken, entspricht nicht der Grounded Theory Methodologie. Es geht nicht um eine Verteilung von Merkmalen für einen untersuchten Gegenstandsbereich. Stattdessen steht die Suche nach inhaltlichen Merkmalen im Vordergrund, die das Phänomen am besten verstehen und erklären helfen. Das „Theoretical Sampling" ist dabei die Strategie, Fälle und Material sukzessive nach theoretischen Gesichtspunkten auszuwählen und in die Analyse einzubeziehen. Da am Anfang einer Untersuchung noch wenig Wissen vorliegt, kann noch keine vollständige Auswahl der Probanden zusammengestellt werden. Relevante Vergleichsdimensionen und Merkmale ergeben sich erst im Zuge der Annäherung an das Feld und im Prozess des Auswertens. Sie werden dann relevant, wenn sie zur Klärung der Forschungsfragen und zum weiteren Verstehen des interessierenden Phänomenbereichs beitragen. Es wird empfohlen, im Laufe der Ausarbeitung mit maximalen als auch minimalen Kontrasten zu arbeiten (Mey und Mruck 2009, 112). Dabei machen maximale Kontraste den Blick auf Differenzen und die Breite des untersuchten Gegenstandsbereichs verständlicher und minimale Kontraste dienen der Verfeinerung von Gemeinsamkeiten sowie der Prüfung und Sättigung. Zunehmend werden im Verlauf der Auswertung auch deduktiv gewonnene Aussagen am Datenmaterial geprüft.

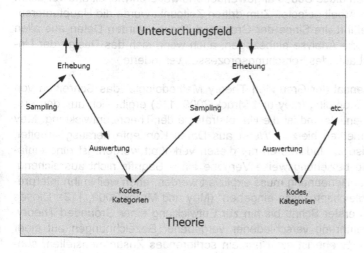

Abbildung 19: Der „rollende" Forschungsprozess der Grounded Theory Methodologie (Mey und Mruck 2009, 111)

Es ist nicht nur zu entscheiden, welcher Fall für die weitere theoretische Arbeit relevant ist, sondern auch welche der Daten aus den vier Phasen einbezogen werden. Mey und Mruck heben in diesem Zusammenhang die „Variation der Fälle und des Materials" hervor. Je nach Fragestellung kann es sinnvoll sein, unterschiedliche methodische Zugänge zu wählen. In der Grounded Theory Methodologie beruft man sich diesbezüglich auf den Grundsatz: „all is data" (Mey und Mruck 2009, 112). Auch, wenn in meiner Arbeit, wie in der Grounded

Theory Methodologie vorgeschlagen, unterschiedliche methodische Zugänge gewählt wurden, folge ich bei der Auswahl der Daten nicht der Grounded Theory Methodologie. Dies wäre organisatorisch nur schwer möglich gewesen, denn für die erforderlichen Genehmigungen zur Durchführung der Untersuchung war es notwendig, die Schulen, Schülerinnen und Schüler und auch die Eltern rechtzeitig zu informieren. Auch Entscheidungen hinsichtlich der Zusammensetzung der Gruppe der unteruchten Schülerinnen und Schüler entsprechen nicht der Grounded Theory Methodologie (Abschnitt 4.2.2).

Der „rollende" Forschungsprozess der Grounded Theory (Abbildung 19) findet sich in meiner Arbeit nur in vereinfachter Version wieder. Es wurden zu drei verschiedenen Zeitpunkten Daten erhoben. Zum ersten Zeitpunkt, in einer sehr frühen Phase, wurden verschiedene Untersuchungsaufgaben und Erhebungsmethoden ausprobiert und erste Codes generiert. Zu einem zweiten Zeitpunkt wurden diese Codes angewendet und weiterentwickelt und vor allem das Design der Arbeit getestet. Zum dritten Zeitpunkt wurde die Hauptuntersuchung durchgeführt. Im Sinne der Grounded Theory wurden Daten aus allen drei Phasen in die Analyse einbezogen, auch wenn sich das Design der Untersuchung im Laufe des Forschungsprozesses veränderte.

Das dritte Essential der Grounded Theory Methodologie „das Schreiben von Memos", auch Memoing (Mey und Mruck 2009, 113) ergibt sich aus den ersten beiden Essentials und ist die Hauptstrategie der Theorieentwicklung. Mey und Mruck bemerken hierzu: „Wenn aus Daten Konzepte herausgearbeitet, beziehungsweise als Indikatoren mit diesen verknüpft werden, ist eine einfache Benennung beziehungsweise Vergabe eines Begriffs nicht ausreichend. Der Prozess der Benennung muss expliziert werden, eben weil in ihn interpretative und Vergleichsprozesse eingehen" (Mey und Mruck 2009, 113). Dieses Erklären ist ein erster Schritt bis hin zur Entwicklung einer Grounded Theory. Die Zusammenführung verschiedener vergebener Bezeichnungen auf einer nächst höheren Ebene ist nicht nur ein sortierendes Zusammenstellen, sondern als theoretischer Akt zu sehen. Auch die Auswahl der Fälle im Zuge der Forschungsarbeit erfordert Erklärungen. Die Niederschrift von Erklärungen erfolgt bei der Grounded Theory Methodologie in Form von so genannten Memos. Das Schreiben von Memos zieht sich als kontinuierlicher Prozess vom Start bis zum Abschluss der Untersuchung. Gerade, weil nach der Grounded Theory Methodologie Erhebung und Auswertung ineinander verschränkt sind und nicht linear verlaufen, ist es notwendig, den Bericht mit Beginn der Forschungsarbeit zu eröffnen und laufend fortzuschreiben und zu aktualisieren. Hierzu dienen verschiedene Formen von Memos, zum Beispiel Auswertungsmemos, Theoriememos, Planungsmemos und Methodenmemos. Memos wurden zu allen Zeitpunkten der vorliegenden Arbeit geschrieben und in die endgültige Fassung der Arbeit eingearbeitet.

Bezüglich der Form, die die entwickelte Theorie annehmen soll, folge ich Glaser und Strauss und sehe sie nicht als fertiges Produkt, sondern lasse Raum für Weiterentwicklungen: „Wir sind der Meinung, dass nur ein prozessurales Verständnis von Theorie der Wirklichkeit sozialen Handelns und dessen strukturellen Bedingungen einigermaßen gerecht wird. Eine Theorie diskursiv zu präsentieren, heißt, ihre Offenheit, ihren Reichtum, ihre Komplexität und Dichte zu unterstreichen sowie ihre Angemessenheit und Relevanz zu verdeutlichen." (Glaser und Strauss 1998, 41).

Wie bereits zu Beginn dieses Kapitels erwähnt, kommt mein methodisches Vorgehen bei der Auswertung den Vorgehensweisen nahe, die im Zusammenhang mit der Grounded Theory Methodologie beschrieben werden (Strauss und Corbin 1996). Ich erhebe allerdings nicht den Anspruch, nach dieser Methodologie vorgegangen zu sein. Vor allem das frühe Einbeziehen umfangreichen Vorwissens und nicht zuletzt der Mangel an Zeit für das Durchhalten der strengen Vorgaben für die Kodierung der Daten stehen dagegen.

5.1.4 Geltungsanspruch und Gültigkeit

Sowohl quantitative Forschung als auch qualitative Forschung müssen sich Fragen der Gültigkeit stellen. Die Überprüfung der Gültigkeit quantitativer Forschung erfolgt vor allem durch die Begründung der Repräsentativität der gewonnen Ergebnisse. Diese wird, wie bei PISA, durch die Zufallsauswahl breit angelegter Stichproben, gewährleistet. Um Ansprüchen der Gültigkeit gerecht zu werden, werden standardisierte Verfahren zur Analyse der Ergebnisse verwendet und so angelegt, dass die gewünschte Messgenauigkeit eingehalten wird.

Während es für die Überprüfung der Gültigkeit von Ergebnissen quantitativer Forschung allgemeingültige Verfahren gibt, wie die Bestimmung der Reliabilität und Validität, werden für die Gültigkeit der Ergebnisse qualitativer Forschung verschiedene Varianten diskutiert. Hinsichtlich der Kriterien zur Beurteilung von Vorgehen und Resultaten qualitativer Forschung unterscheidet Flick zwei verschiedene Wege: Entweder wendet man klassische Kriterien der quantitativen Forschung wie Validität und Reliabilität auf qualitative Forschung an, oder man entwickelt neue „methodenangemessene Gütekriterien", die der Besonderheit qualitativer Forschung gerecht werden (Flick 2005, 318-319). Eine weitere Möglichkeit ist es, Antworten jenseits der Formulierung von Kriterien zu suchen. Einige dieser verschiedenen Ansätze zur Begründung der Gültigkeit qualitativer Forschung werden im Folgenden aufgegriffen.

Bereits aus der Methodologie der Grounded Theory selbst lassen sich Ansätze zur Begründung der Gültigkeit benennen. Die Dokumentation der Forschungsergebnisse erfordert nach Strauss und Corbin (1996, 197):

- „eine klare, analytische Geschichte,
- Schreiben auf einer konzeptuellen Ebene, bei dem das Beschreiben sekundär bleibt,
- eine klare Darstellung der Beziehungen zwischen Kategorien, wobei jeweils die der Konzeptualisierungsebenen ebenfalls deutlich gemacht werden müssen,
- das Darstellen der Variationen und ihrer relevanten Bedingungen, Konsequenzen usw. einschließlich des breiteren Kontexts."

Strauss und Corbin sprechen im Hinblick auf die Gültigkeit qualitativer Forschung von „representativeness of concepts" und grenzen diese vom Anspruch auf Repräsentativität einer Stichprobe in quantitativen Arbeiten ab. Nach ihrer Sichtweise, repräsentieren die im Forschungsprozess entwickelten theoretischen Begriffe die Ergebnisse der Analysen. Damit wird Repräsentanz nicht in einem statistischen, sondern in einem inhaltlichen Sinn verstanden. Die theoretischen Begriffe stellen die sinnhaften Strukturen der untersuchten Daten dar. Steinke bemerkt hierzu: „Das Ziel in der Grounded Theory besteht nicht im Produzieren von Ergebnissen, die für eine breite Population repräsentativ sind, sondern darin, eine Theorie aufzubauen, die ein Phänomen spezifiziert, indem sie es in Begriffen der Bedingungen (unter denen ein Phänomen auftaucht), der Aktionen und Interaktionen (durch welche das Phänomen ausgedrückt wird) in Konsequenzen (die aus dem Phänomen resultieren) erfasst ..." (Steinke 1999, 75).

Das Erreichen dieses Ziels strebe ich in meiner Arbeit an, indem ich zunächst einen allgemeinen Entwurf einer Beschreibung und Strukturierung geometrischer Denkweisen auf der Grundlage der in den Voruntersuchungen gewonnenen Daten skizziere und diesen im Zuge der Analysen der Daten der Hauptuntersuchung verändere und ausdifferenziere. Dieser erste Entwurf bestimmt die Entwicklung von Kodes aus den Daten und die anschließende Bildung von Typen, die im Abschnitt 8.2 „von den Daten zur Theorie" nachvollziehbar gemacht wird. So lässt sich, den Begrifflichkeiten von Strauss und Corbin folgend, der Ausgangspunkt meiner „analytischen Geschichte" nachvollziehen. Wie von Strauss und Corbin (1996) empfohlen, nutze ich dabei auch „visuelle Verdeutlichungen", beispielsweise das Modell das „paradigmatische Modell der Grounded Theory" zur Theoriekonstruktion.

Flick fasst in diesem Zusammenhang Aspekte zum Geltungsanspruch und zu Gütekriterien unter dem Begriff Geltungsbegründung zusammen und nennt darüber hinaus weitere Kennzeichen zur Qualität in der qualitativen Forschung, die er vor allem aus der Auswahl angemessener Methoden heraus begründet. Diese wurden bereits in den voran gegangenen Abschnitten zu den methodologischen und methodischen Grundlagen berücksichtigt.

Neben dem Kriterium der Repräsentativität soll an dieser Stelle auch in Bezug auf die beiden klassischen Gütekriterien Reliabilität und Validität Stellung genommen werden. Als eine Form der Reliabilität greift Flick die „synchrone Reliabilität" auf, die die Konstanz von Ergebnissen zum selben Zeitpunkt, aber bei Verwendung verschiedener Erhebungsinstrumente bezeichnet. Diese Berücksichtigung unterschiedlicher Perspektiven wurde durch die Anwendung verschiedener Erhebungstechniken im Design meiner Untersuchung umgesetzt und erzeugt eine höhere Datendichte. Erkenntnisse aus der Bearbeitung einer Untersuchungsaufgabe können beispielsweise durch eine anschließende Befragung bestätigt, vertieft und weiterentwickelt werden. So wird eine höhere Verlässlichkeit der Daten erhalten. Der Anspruch auf andere Verständnisweisen von Reliabilität, wie die beliebig häufige Wiederholbarkeit von Erhebungen mit denselben Daten und Resultaten ist nicht Ziel der Untersuchung und kann aufgrund der geringen Anzahl der untersuchten Schülerinnen und Schüler nicht erhoben werden.

Eine breitere Aufmerksamkeit in der Diskussion um qualitative Methoden als der Reliabilität gilt nach Flick der Validität (Flick 2005, 322). Für ihn hängt das Problem der Validität qualitativer Forschung davon ab, „ob die Konstruktionen des Forschers in den Konstruktionen derjenigen, die er untersucht hat, begründet sind und inwieweit für andere diese Begründetheit nachvollziehbar wird" (Flick 2005, 323-324). Nach Kirk und Miller (1986, 21) lässt sich die Frage der Validität darin zusammenfassen, ob der Forscher sieht, was er (...) zu sehen meint". Es können hierbei drei Fehler auftreten, nämlich einen Zusammenhang, ein Prinzip dort zu sehen, wo es nicht zutrifft, es dort zurückzuweisen, wo es tatsächlich zutrifft oder schließlich die falschen Fragen zu stellen. Ein wichtiger Aspekt zur Begründung der Validität ist diesbezüglich die Nachvollziehbarkeit. Es ist nicht hinreichend, qualitative Forschung dadurch transparent und nachvollziehbar zu machen, dass „illustrative" Zitate aus den Daten in den Analyseteil eingeflochten werden. Dieses Vorgehen, von Flick als „selektive Plausibilisierung" bezeichnet (Flick 2005, 318), löst nicht das Problem

der Nachvollziehbarkeit, denn vor allem die Umgangsweise mit Fällen und
Passagen, von denen der Forscher meint, sie seien nicht so anschaulich, ab-
weichend oder im Widerspruch stehend, ist nicht geklärt. Flick nennt diesbezüglich drei Themenkomplexe zur Geltungsbegründung bei qualitativer Forschung.

- „Anhand welcher Kriterien lassen sich das Vorgehen und die Resultate bei qualitativer Forschung angemessen beurteilen?
- Welcher Grad an Verallgemeinerung der Ergebnisse lässt sich jeweils erreichen, und wie kann Verallgemeinerung gewährleistet werden?
- Insbesondere in den aktuelleren Diskussionen zu diesen Themen
  spielt die Frage der Darstellung von Vorgehen und Resultaten bei
  qualitativer Forschung eine immer größere Rolle." (Flick 2005, 318)

Wie bereits im Zusammenhang mit der Auswahl angemessener Methoden beschrieben, gewährleisten auch die zur Auswertung verwendeten Verfahren
zum Kodieren des Datenmaterials und zur empirisch begründeten Typenbildung ein gewisses Maß an Nachvollziehbarkeit.

Einen entscheidenden Beitrag zur Begründung der Gültigkeit der qualitativen
Untersuchung leistet die Verbindung mit den quantitativen Analysen. Wie bereits in diesem Zusammenhang dargestellt, gewinnen die Ergebnisse der qualitativen Untersuchung an Aussagekraft, indem sie sich in den PISA-Daten widerspiegeln.

5.2 Design und Datenerhebung

In diesem Abschnitt erfolgt eine Begründung für die Auswahl sowie eine Darstellung der Untersuchungsaufgaben. Anschließend werden Entscheidungen
hinsichtlich der Auswahl der untersuchten Schülerinnen und Schüler begründet. Darauf folgt eine Darstellung des vierphasigen Designs, das als Hinter-
grundmodell für die qualitativen Analysen verwendet wurde. Abschließend
wird auf die Entwicklung des Interviewleitfadens eingegangen.

5.2.1 Kriterien zur Auswahl der Untersuchungsaufgaben

Die Untersuchungsaufgaben wurden so ausgewählt, dass sie auf verschiedene Facetten eines bestimmten Themenbereichs abzielen. So wird die im Hinblick auf die Beschreibung und Strukturierung geometrischer Denkweisen
notwendige inhaltliche Tiefe erreicht und die Theorien zum geometrischen
Denken und zur geometrischen Begriffbildung können unmittelbar auf diesen

Themenbereich bezogen werden. Für die Teilnehmerinnen und Teilnehmer der Untersuchung ist die Bezugnahme auf einen bestimmten Themenbereich überschaubar und sie setzen sich intensiver mit den Inhalten auseinander.

Der für die Geometrie zentrale Themenbereich „Umfang und Flächeninhalt" schien für die Untersuchung besonders geeignet, weil es sich hierbei um einen zentralen und übersichtlichen Themenbereich im Geometrieunterricht aller Schulstufen handelt, der insbesondere im Geometrieunterricht der Hauptschule ausführlich behandelt wird. Zudem ist dieser Themenbereich im kognitiven Niveau sehr unterschiedlich angehbar und außerdem facettenreich, weil er verschiedene Aspekte, Sichtweisen, Zugänge und Tätigkeiten in der Geometrie umfasst, was aus den Analysen der Untersuchungsaufgaben deutlich wird.

Einen weiteren Bezugspunkt für die Auswahl der Aufgaben stellen die Ergebnisse der PISA-Studie dar. Alle ausgewählten Aufgaben des Themenbereichs „Flächeninhalt und Umfang" liefern interessante Ergebnisse hinsichtlich besonderer Schwierigkeiten von Hauptschülerinnen und Hauptschülern und lassen Fragen für eine ergänzende, qualitative Untersuchung offen.

Aus den 21 internationalen und 44 nationalen Geometrieaufgaben der PISA-Studie 2003, wovon sich insgesamt 21 im weitesten Sinne mit dem ausgewählten Themenbereich „Flächeninhalt und Umfang" befassen, wurden zunächst sechs Aufgaben, die für eine Bearbeitung im Rahmen einer qualitativen Untersuchung geeignet erschienen, für die Pilotstudie ausgewählt. Der Aufgabenpool der Pilotstudie wurde um eine weitere Aufgabe aus der PISA-Zusatzuntersuchung Coactiv auf sieben Aufgaben ergänzt. Zum Einstieg in die Bearbeitung der Untersuchungsaufgaben wurde eine weitere Aufgabe entwickelt, die der Aufgabe „Rechteck" aus dem nationalen Ergänzungstest zu PISA 2000 in Deutschland ähnlich ist. Damit wurden acht Aufgaben von Hauptschülerinnen und Hauptschülern in einem Pretest bearbeitet. Drei Aufgaben, die Aufgaben „L-Fläche", „Wandfläche" und „Zimmermann" erwiesen sich dabei als besonders geeignet, zumal die Ergebnisse der Bearbeitungen die besonderen Schwierigkeiten der Hauptschülerinnen und Hauptschüler, die an der PISA-Studie teilnahmen, am deutlichsten widerspiegelten. Mit diesen drei Aufgaben und mit der Aufgabe „Rechteck" wurden insgesamt vier Aufgaben für die Hauptuntersuchung ausgewählt. Alle vier Untersuchungsaufgaben sind zur Veröffentlichung freigegeben. Aspekte der übrigen Aufgaben werden teilweise in den Fragen des Interviews berücksichtigt.

Die Aufgabe „Rechteck" (Abbildung 20) dient als Einstieg. Sie soll die Schülerinnen und Schüler für das Thema sensibilisieren und aufgrund ihres geringen Schwierigkeitsgrads ein erstes Erfolgserlebnis ermöglichen. In der Aufgabe sind die Seitenlängen eines Rechtecks mit 3 cm und 4 cm angegeben. Die Schülerinnen und Schüler sollen dieses Rechteck zeichnen und den Flächeninhalt und den Umfang berechnen.

> **Rechteck**
>
> Zeichne ein Rechteck mit den Seitenlängen 3 cm und 4 cm und berechne den Flächeninhalt und den Umfang.

Abbildung 20: Untersuchungsaufgabe „Rechteck", ähnlich der Aufgabe „Rechteck" aus dem nationalen Test der PISA-Studie 2000 (vgl. Klieme u.a. 2001, 152)

Weil nur ein Ergebnis, in diesem Fall die Zeichnung des Rechtecks und die Ergebnisse der Berechnungen von Flächeninhalt und Umfang, angegeben werden muss, zählt die Aufgabe hinsichtlich ihres Präsentationsformates zu den Aufgaben mit freien geschlossenen Antworten.

In der zweiten Untersuchungsaufgabe „L-Fläche" (Abbildung 21) sollen die Schülerinnen und Schüler den Flächeninhalt und den Umfang einer vorgegebenen L-förmigen Figur berechnen. Die vorgegebene Zeichnung, die mit einigen Längenangaben versehen ist, ist nicht maßgenau.

> **L-Fläche**
>
> Berechne den Flächeninhalt und den Umfang dieser Figur:

> *(Zeichnung nicht maßgenau)*
>
> Flächeninhalt: A = ________________
>
> Umfang: U = ________________

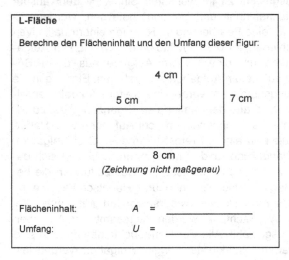

Abbildung 21: Untersuchungsaufgabe „L-Fläche" aus dem nationalen Test der PISA-Studie 2003 (vgl. Blum u.a. 2004, 47-92)

Diese Aufgabe kommt in der nationalen Erweiterung der PISA-Studie 2003 vor und gehört, wie auch die erste Aufgabe „Rechteck", zu den Aufgaben mit

freien geschlossenen Antworten, denn es muss jeweils nur das Ergebnis angegeben werden.

Wandfläche

Peter will die Wände und die Decke seines Zimmers mit weißer Wandfarbe streichen. Sein
Zimmer, mit rechteckiger Grundfläche, ist 4 m breit, 5 m lang und 2,50 m hoch. Das Zimmer hat
eine Tür und ein Fenster, die natürlich nicht gestrichen werden müssen. Die Fläche von Tür und
Fenster zusammen ist 6 m².

Wie groß ist die Fläche, die Peter streichen muss?

Bitte kreuze die richtige Lösung an.

☐   22,5 m²

☐   36,5 m²

☐   39 m²

☐   44 m²

☐   50 m²

☐   59 m²

Abbildung 22: Untersuchungsaufgabe „Wandfläche" aus dem nationalen Test der
PISA-Studie 2003 (vgl. Blum u.a. 2004, 47-92)

Auch in der dritten Untersuchungsaufgabe „Wandfläche" (Abbildung 22) ist ein
Flächeninhalt zu berechnen. Im Aufgabentext wird ein Zimmer beschrieben,
für das man den Flächeninhalt einer zu streichenden Fläche berechnen soll.
Dazu sind die Maße der Grundfläche und die Deckenhöhe angegeben, zudem
ein Flächeninhalt von Tür und Fenster, der nicht gestrichen werden muss.

Wie die Aufgabe „L-Fläche" stammt diese Aufgabe aus der nationalen Erweiterung der PISA-Studie 2003. Es handelt sich um eine Multiple-Choice-Aufgabe,
bei der die Schülerinnen und Schüler unter sechs vorgegebenen Möglichkeiten die richtige Lösung ankreuzen sollen.

Die vierte Untersuchungsaufgabe „Zimmermann" (Abbildung 23) zielt auf den
Begriff Umfang. Ein Zimmermann hat 32 laufende Meter Holz und will damit
ein Gartenbeet umranden. Er überlegt sich verschiedene Entwürfe für das
Gartenbeet. Die Entwürfe sind unter dem Aufgabentext als geometrische Figuren dargestellt: Ein Rechteck, ein Parallelogramm und zwei Figuren bei denen
die Seitenlinien wie Treppenstufen verlaufen. Die Schülerinnen und Schüler
sollen für jeden Entwurf ankreuzen, ob die 32 Meter Holz reichen. Diese Aufgabe kommt im internationalen Teil von PISA-2003 vor. Es handelt sich um ei-

ne besondere Form der Mutiple-Choice-Aufgaben, bei der die Schülerinnen und Schüler eine Folge von Ja-Nein-Entscheidungen treffen müssen

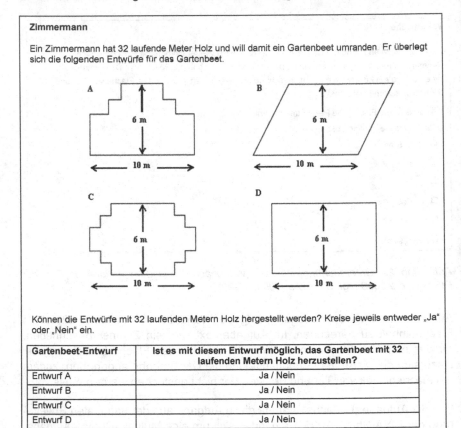

Zimmermann

Ein Zimmermann hat 32 laufende Meter Holz und will damit ein Gartenbeet umranden. Er überlegt sich die folgenden Entwürfe für das Gartenbeet.

Können die Entwürfe mit 32 laufenden Metern Holz hergestellt werden? Kreise jeweils entweder „Ja" oder „Nein" ein.

Gartenbeet-Entwurf	Ist es mit diesem Entwurf möglich, das Gartenbeet mit 32 laufenden Metern Holz herzustellen?
Entwurf A	Ja / Nein
Entwurf B	Ja / Nein
Entwurf C	Ja / Nein
Entwurf D	Ja / Nein

Abbildung 23: Untersuchungsaufgabe „Zimmermann" aus dem internationalen Test der PISA-Studie 2003 (OECD 2004, 52)

5.2.2 Auswahl der Probanden

Erste Entscheidungen hinsichtlich der auswahl der untersuchten Schülerinnen und Schüler sind bereits durch die forschungsleitende Fragestellung begründet. Die auszuwählenden Schülerinnen und Schüler sollten wie die PISA-Schülerinnen und -Schüler 15 Jahre alt sein und eine Hauptschule besuchen. Für die Hauptuntersuchung der qualitativen Erhebung wurden insgesamt 12 Schülerinnen und Schüler ausgewählt. Im Sinne der zugrunde liegenden Methodologie blieb zunächst offen, ob weitere Schülerinnen und Schüler interviewt werden sollten.

Weil davon auszugehen ist, dass geometrische Denkweisen von Schülerinnen und Schülern vor allem durch den erteilten Mathematikunterricht geprägt werden, wurden Schülerinnen und Schüler von drei unterschiedlichen Schulen für die Untersuchung ausgewählt, um eine größere Datenvielfalt zu erhalten. Alle ausgewählten Schülerinnen und Schüler besuchten zur Zeit der Erhebung die achte Jahrgangsstufe. Es wurden Schülerinnen und Schüler mit mittlerem bis hohem Leistungsvermögen ausgewählt, da hier eine höhere Motivation vorausgesetzt wurde, sich mit geometrischen Problemen zu befassen. Außerdem sollte sicher gestellt werden, dass wenigstens elementare geometrische Vorstellungen zu den Begriffen vorhanden sind und keine grundlegenden Verständnisprobleme beim Bearbeiten der Aufgaben auftreten. Ein weiteres Kriterium für die Auswahl waren ein angemessenes sprachliches Ausdrucksvermögen und Bereitschaft zur Kommunikation mit der Versuchsleitung. Die Auswahl hinsichtlich dieser Kriterien erfolgte durch die jeweiligen Mathematiklehrkräfte.

Da die Untersuchungsaufgaben in Paaren gelöst werden sollten, fiel die Wahl auf jeweils zwei Paare einer Klasse. Es wurde als vorteilhaft angesehen, dass die Schülerinnen und Schüler sich bereits kennen und gut miteinander kommunizieren können und die paarweise Bearbeitung keine zusätzliche Herausforderung darstellt. Auf geschlechtsspezifische Unterschiede sollte in der Untersuchung nicht eingegangen werden, dennoch sollte das Verhältnis ausgewogen sein. Deshalb erschien die Auswahl je sechs gleichgeschlechtlicher Paare am sinnvollsten. Je Schule nahmen zwei Mädchen und zwei Jungen an der Untersuchung teil. Alle Jugendlichen erklärten sich mit Zustimmung eines Erziehungsberechtigten bereit, an der Untersuchung teilzunehmen.

Bei den Namen der Probanden, die in Kapitel 7 und 8 genannt werden, handelt es sich nicht um die echten Namen.

5.2.3 Ein vierphasiges Design als Hintergrundmodell für die qualitativen Analysen

Wie bereits dargestellt, werden in meiner Arbeit Lösungswege beim Bearbeiten von Aufgaben, dabei auftretende Schwierigkeiten und Fehler und die Vorstellungen von den Begriffen „Flächeninhalt" und „Umfang" untersucht. Daraus sollen Erkenntnisse hinsichtlich der Beschreibung und Strukturierung geometrischer Denkweisen abgeleitet werden. Vor allem die internen

Vorstellungen von Begriffen lassen sich nur schwer erfassen, weil sie sich einem direkten Zugriff entziehen. Die Beobachtung beim Bearbeiten geometrischer Aufgaben liefert noch keinen Zugang zu den Denkprozessen, die hinter den Vorgehensweisen stehen. Das Bearbeiten geometrischer Aufgaben ist dennoch ein wichtiger Bestandteil der Untersuchung, weil damit eine besondere Nähe zum Unterricht hergestellt wird. Ein Interview hingegen ist stark abhängig von der subjektiven Wahrnehmung und vor allem von dem Vermögen der Schülerinnen und Schüler, interne Vorstellungen zu verbalisieren. Im Gegensatz zu einem passiven Beobachten, ist es im Interview hingegen möglich, konkret nach Vorstellungen zu bestimmten Begriffen zu fragen. Aufgrund der leitfadengestützten Lenkung äußern die Schülerinnen und Schüler ihre Vorstellungen gezielter und strukturierter. Eine Erhebungsmethode, die es ermöglicht, Denkprozesse zu erfassen, ist das Laute Denken, bei dem die Schülerinnen und Schüler aufgefordert werden, ihre Denkprozesse zu verbalisieren. Dies ist mit einigen Schwierigkeiten verbunden, vor allem, weil es sich störend auf den Bearbeitungsprozess auswirkt. Die Weiterentwicklung zum Nachträglichen Lauten Denken stellt eine Möglichkeit dar und wird weiter unten dargestellt. Eine Kombination, die die Vorteile verschiedener Erhebungsmethoden verbindet, schien geeignet, eine möglichst hohe Datendichte zu erreichen und dabei den Untersuchungsgegenstand aus unterschiedlichen Perspektiven zu betrachten. Aus der Literatur bekannt und in der mathematikdidaktischen Forschung bereits mehrfach erprobt, ist ein Dreistufendesign, welches „unterschiedliche Sichtweisen und Reflexionsebenen über mathematische Problemlöseprozesse verdeutlicht" (Busse, Borromeo Ferri 2003). Auf eine Aufgabenbearbeitung folgt ein Nachträgliches Lautes Denken. Abschließend wird ein Interview durchgeführt.

Das Dreistufendesign wurde für diese Erhebung modifiziert und um eine Phase der Nachbearbeitung ergänzt. Die Nachbearbeitung der Aufgaben gehörte anfangs zum Interview und erwies sich erst im Nachhinein als so wichtig, dass sie im Hinblick auf die Analyse der Ergebnisse als separater Teil der Untersuchung angesehen werden soll.

Da die Teile der Erhebung nicht unmittelbar aufeinander aufbauen, wird der Begriff Phasen statt Stufen verwendet. Es ergibt sich ein vierphasiges Design für die qualitative Untersuchung (Abbildung 24).

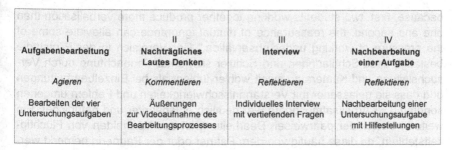

I Aufgabenbearbeitung	II Nachträgliches Lautes Denken	III Interview	IV Nachbearbeitung einer Aufgabe
Agieren	*Kommentieren*	*Reflektieren*	*Reflektieren*
Bearbeiten der vier Untersuchungsaufgaben	Äußerungen zur Videoaufnahme des Bearbeitungsprozesses	Individuelles Interview mit vertiefenden Fragen	Nachbearbeitung einer Untersuchungsaufgabe mit Hilfestellungen

Abbildung 24: Vierphasiges Design der ergänzenden, qualitativen Studie als Erweiterung des Dreistufendesigns (vgl. Busse, Borromeo Ferri, 2003)

Die Schülerinnen und Schüler nahmen an zwei aufeinander folgenden Tagen an zwei Sitzungen teil. Am ersten Tag lösten sie paarweise vier Untersuchungsaufgaben. Am nächsten Tag folgte, ebenfalls paarweise, ein Nachträgliches Lautes Denken. Mit einer ausgewählten Schülerin, beziehungsweise einem ausgewählten Schüler, wurden anschließend ein Interview sowie eine Nachbearbeitung einer Untersuchungsaufgabe durchgeführt. Alle Phasen der Erhebung wurden videografiert und anschließend transkribiert.

Obwohl individuelle geometrische Denkweisen erfasst werden sollen, habe ich mich in Bezug auf die Aufgabenbearbeitung und das Nachträgliche Laute Denken gegen Einzelbearbeitungen entschieden. Das paarweise Bearbeiten bietet den entscheidenden Vorteil, dass während der Bearbeitung gesprochen wird. Ein Vergleich in der Pilotstudie, bei der Einzelbearbeitungen erfolgten, zeigte, dass die Bearbeitungszeit bei Paarbearbeitungen durchschnittlich doppelt so lang war. Die Kommunikation untereinander trug dazu bei, dass die Schülerinnen und Schüler sich nicht nur länger, sondern auch intensiver und reflektierter mit den Inhalten auseinandersetzten. Ein weiterer Vorteil der paarweisen Bearbeitung ist, dass Äußerungen während des Bearbeitens Anknüpfungspunkte für das anschließende Nachträgliche Laute Denken liefern. Diese Erkenntnis deckt sich mit Erfahrungen, die in der Literatur geschildert werden. Schoenfeld weist darauf hin, dass beim paarweisen Lösen von Problemen der Problemlöseprozess stärker verbalisiert wird, leichter rekonstruierbar ist und dass man außerdem eine größere Datendichte erreicht. „For a variety of reasons, two-person protocols provide the richest data for the purpose described. Oddly enough single person protocols can generate very consistent but thoroughly unnatural behaviour." (Schoenfeld 1986, 177). Goos (1994, 145) weist auf einen weiteren Aspekt hin, indem sie auf die besondere Situation des Arbeitens unter Beobachtung hinweist: „Pair protocols are more likely to capture a complete record of students´ typical thinking than single protocols because, first, two students working together produce more verbalisation than one and second, the reassurance of mutual ignorance can alleviate some of the pressure of working under observation." Der Vergleich in der Pilotstudie bestätigt, dass Schülerinnen und Schüler sich unter Beobachtung durch Versuchsleitung und Kamera zu zweit wohler fühlen, als bei Einzelbearbeitungen und dass sie gelassener mit Verständnisschwierigkeiten und Fehlern umgehen konnten. Die Arbeitsatmosphäre war deutlich entspannter und natürlicher. Ein weiterer Vorteil der paarweisen Bearbeitung ist das Vermeiden von Flüchtigkeitsfehlern, da diese häufig von dem Partner oder der Partnerin bemerkt werden.

Für die letzten beiden Phasen Interview und Nachbearbeitung wurde entschieden, das Paar zu trennen. Das Interview und die Nachbearbeitung fanden also nur mit einer Person statt. Diese Entscheidung ist darin begründet, dass das Forschungsinteresse in den letzten beiden Phasen stärker auf die individuellen Vorstellungen zu den Begriffen ausgelegt ist, während in der Bearbeitung und im Nachträglichen Lauten Denken die Lösungswege und die dabei auftretenden Schwierigkeiten gegenüber den Vorstellungen zu den Begriffen im Vordergrund stehen. Es wurden jeweils die Schülerinnen und Schüler für Interview und Nachbearbeitung ausgewählt, die sich während der Bearbeitung und der Phase des Nachträglichen Lauten Denkens aktiver verhielten.

Beim Nachträglichen Lauten Denken handelt es sich, wie bereits erwähnt, um eine Weiterentwicklung des Lauten Denkens. Die Methode des Lauten Denkens stammt ursprünglich aus der Problemlöseforschung und ist bei Wagner und Weidle dargestellt (Weidle und Wagner 1977, 248). Während die Versuchspersonen beim Lauten Denken instruiert werden, die Denkvorgänge unmittelbar laut auszusprechen, findet das Nachträgliche Laute Denken zeitlich versetzt statt. Das Nachträgliche Laute Denken stellt somit eine Möglichkeit dar, auf interne Prozesse beim Bearbeiten von Mathematikaufgaben methodisch zuzugreifen, ohne den Bearbeitungsprozess selbst zu stören. Beim Nachträglichen Lauten Denken werden der Versuchsperson Videoaufnahmen des Bearbeitungsprozesses gezeigt. Die Aufzeichnung wird an bestimmten Stellen gestoppt, um den Versuchspersonen die Gelegenheit zu bieten, sich zum Gesehenen zu äußern. Das Ansehen der Aufnahme trägt dazu bei, dass der Versuchsperson die Situation vor Augen geführt wird und sie sich besser erinnern kann, was ihr zu diesem Zeitpunkt durch den Kopf gegangen ist. Diese Methode wurde unter anderem entwickelt von Weidle und Wagner: „Unsere Erfahrungen zeigen, dass mit dieser Methode sehr viele Gedanken und Überlegungen reproduziert werden können, wenn auch keineswegs vollständig o-der unverfälscht" (Weidle und Wagner 1977, 248).

Problematisch bei Schülerinnen und Schülern ist, dass sie häufig nicht unterscheiden können, ob sie sich aufgrund der Videoaufzeichnung wirklich wieder erinnern oder ob sie die Erinnerung mit dem vermischen, was sie denken, in dem Moment, wenn sie die Videoaufzeichnung sehen. Es kommen also neben den Gedanken in der Situation noch nachträgliche Überlegungen und Interpretationen hinzu, die nur schwer von den unmittelbaren Gedanken zu unterscheiden sind. Dieser Aspekt muss während der Auswertung im Auge behalten werden.

Um möglichst viele Informationen hinsichtlich interner Denkprozesse zu bekommen, wurde beiden Schülerinnen beziehungsweise beiden Schülern eines Paares das Videoband vorgespielt. Die Frage, wer das Videoband stoppt und auch die Art der Instruktion zum Stoppen des Videobandes hängen von der Forschungsfrage ab. Um nicht zu viel Einfluss auszuüben, wurden die Schülerinnen und Schüler gebeten, das Band zu stoppen, wenn sie etwas sagen können, zu dem, was ihnen in der Situation durch den Kopf gegangen ist. Primär sollte das Videoband also von den Lernenden gestoppt werden. Wenn dies nicht aus eigenem Antrieb geschah, die Situation aber hinsichtlich der geometrischen Denkweisen relevant erschien, wurde die Aufzeichnung von der Versuchsleitung gestoppt. Das Nachträgliche Laute Denken wurde auch genutzt, um Entscheidungen für bestimmte Lösungswege nachzuvollziehen und Erklärungen für bestimmte Schwierigkeiten und Fehler zu finden. Die Stellen, an denen die Aufzeichnung unbedingt gestoppt werden sollte, wurden vorher festgelegt. Dies waren vor allem Stellen, an denen etwas unklar erschien. Die Schülerinnen und Schüler wurden dann aufgefordert, ihre Pläne, Ziele oder Entscheidungsprozesse zu erklären.

5.2.4 Entwicklung des Interviewleitfadens

In der Literatur wird vorgeschlagen, an das Nachträgliche Laute Denken ein Interview anzuschließen (Weidle und Wagner 1994). Das fokussierte Interview bietet sich für weiterführende Untersuchungen zu einem Gegenstandsbereich an, der bereits auf seine bedeutsamen Elemente hin analysiert wurde. Diese Form des leitfadengestützten Interviews wurde für die Untersuchung genutzt, um ein möglichst umfassendes Bild von den Vorstellungen zu den Begriffen zu erhalten und Zusammenhänge zu den Vorgehensweisen bei den Untersuchungsaufgaben herzustellen.

Im fokussierten Interview werden zunächst unstrukturierte Fragen gestellt, um zu gewährleisten, dass sich der Bezugsrahmen des Interviewers nicht gegenüber der Sichtweise des Befragten durchsetzt. Solche allgemein gehaltenen

Sondierungsfragen dienen zudem als Einstieg in die Thematik. Erst im Verlauf des Interviews wird auf der Grundlage der bereits vorhandener Erkenntnisse eine zunehmende Strukturierung eingeführt, die relevante Aspekte aufgreift und vertieft. Der Leitfaden wird dabei flexibel gehandhabt (vgl. Flick 2005, 118).

Einen offenen, unstrukturierten Einstieg bilden im Fall der vorliegenden Untersuchung Fragen zu den Aktivitäten im eigenen Mathematikunterricht, zum eigenen Interesse, zum Inhalt und zu den besonderen Schwierigkeiten der Untersuchungsaufgaben:

- Beschreibe mal, was ihr so im Mathematikunterricht macht und was dir
  davon gefällt oder nicht gefällt. Versuche das zu begründen.
- Wie findest du Geometrie?
- Was macht ihr in Geometrie?
- Erzähle mit eigenen Worten, worum es in den Untersuchungsaufgaben ging.
- Fandest du die Aufgaben leicht oder schwer?
- Was waren die besonderen Schwierigkeiten?

Anschließend wurden verschiedene Fragen gestellt, die auf den Kontrast der Untersuchungsaufgaben zu Aufgaben im eigenen Unterricht eingingen:

- Sind die Aufgaben, die ihr im Unterricht löst, gleich oder anders?
- Sortiere von „kommt häufig bei uns vor" bis „kommt nicht vor".

In diesem zweiten Teil wurden insbesondere Skizzen und Aufgaben mit Kontext thematisiert. Der dritte Teil des Interviews umfasst konkrete Fragen zu Vorstellungen zu den Begriffen „Umfang" und „Flächeninhalt". Die Schülerinnen und Schüler wurden zunächst aufgefordert die Begriffe mit eigenen Worten zu definieren. Daran anschließend wird auf verschiedene Aspekte zum geometrischen Denken und zur geometrischen Begriffsbildung eingegangen. Die Fragen ergeben sich einerseits aus den Theorien zum Bilden geometrischer Begriffe und aus dem Grundbildungskonzept von PISA und andererseits, im Sinne der Verbindung quantitativer und qualitativer Forschung, aus den Analysen der Untersuchungsaufgaben. Dazu gehören folgende drei Fragen:

- Der Flächeninhalt eines Rechtecks ist 36 cm² groß. Wie groß könnte der Umfang sein?

- Stimmt das? „Der Flächeninhalt einer Figur kann winzig klein sein und der Umfang riesengroß."
- Wie groß ist die Innenfläche deiner Hand?

Die erste Frage ist im Sinne der Klassifizierung von PISA eine einschrittige, rechnerische Modellierungsaufgabe. Zur Beantwortung der Frage genügt es nicht, zu wissen, wie man den Flächeninhalt eines Rechtecks aus den beiden Seitenlängen berechnet, sondern die Schülerinnen und Schüler müssen, rückwärts, aus dem Ergebnis auf die Länge der beiden Seiten schließen. Hierzu sind verschiedene Vorgehensweisen möglich. Bei der zweiten Frage handelt es sich um eine begriffliche Modellierungsaufgabe, die ähnlich wie die Untersuchungsaufgabe „Zimmermann" auf inhaltliches Wissen zu den Begriffen abzielt. Diese Aufgabe ähnelt der Aufgabe, auf die bereits im theoretischen Teil dieser Arbeit im Zusammenhang mit der Darstellung der Untersuchung von Ma (1999) eingegangen wurde.

In der dritten Frage, mit außermathematischem Kontext, geht es darum, ein flexibles Modell zum Bestimmen eines Flächeninhalts zu entwickeln, den man nur näherungsweise bestimmen kann. Diese Aufgabe wird hier vor allem zur Erfassung der Begriffsbildung eingesetzt[8].

Direkt an das Interview schließt sich die Nachbearbeitung einer der Untersuchungsaufgaben an. Ziel dabei ist es, Antworten zu erhalten, die sich unmittelbar auf bestimmte Aspekte der Untersuchungsaufgaben beziehen. Dies gelingt beispielsweise durch die Verwendung von Materialien. Es wurden jeweils Fragen zu einer ausgewählten Untersuchungsaufgabe gestellt, bei der sich bereits während der Bearbeitung und des Nachträglichen Lauten Denkens besondere Schwierigkeiten ergaben oder bei der interessante Sichtweisen zum Ausdruck kamen. Welche Fragen tatsächlich gestellt wurden, hing von den jeweiligen Bearbeitungen der Untersuchungsaufgaben ab und ist im Ergebnisteil dokumentiert und begründet. Es wurde darauf geachtet, dass jede Frage insgesamt mindestens zweimal gestellt wurde. Auf den Inhalt der Fragen im Rahmen der Nachbearbeitung wird in Kapitel 6 eingegangen, denn diese Fragen ergeben sich vor allem aus den Analysen der Untersuchungsaufgaben.

---

[8] Konstruiert und verwendet wurde diese Aufgabe ursprünglich von Lothar Flade (Halle), Mitglied der PISA-Expertengruppe Mathematik 2000 und 2003

5.3 Auswertung und Auswertungsmethoden

Im letzten Abschnitt werden die Schritte für die Analysen zu geometrischen Denkweisen dargestellt, nämlich die beschreibende Dokumentation vor dem Hintergrund der Aufgabenanalysen sowie Erläuterungen zur horizontalen Analyse der Daten und zum Kodieren des Datenmaterials.

5.3.1 Dokumentation der Ergebnisse und nachfolgende Beschreibung und Strukturierung geometrischer Denkweisen

Den Ausgangspunkt für die Beschreibung und Strukturierung geometrischer Denkweisen stellt die Dokumentation der Ergebnisse in Kapitel 7 dar. Diese wurde zugunsten einer besseren Übersicht separat an den Anfang des Ergebnisteils gestellt. Zudem sollte es möglich sein, die Ergebnisse einzelner Untersuchungsaufgaben schnell nachzuschlagen. Die Ergebnisse der qualitativen Untersuchung werden sortiert nach Aufgaben berichtet. Im Sinne der formulierten Forschungsfragen wird auf die gewählten Lösungswege und die Schwierigkeiten und Fehler der untersuchten Schülerinnen und Schüler eingegangen. Aufgrund der geringen Anzahl der untersuchten Schülerinnen und Schüler wird hierbei auf zahlenmäßige Vergleiche weitgehend verzichtet. Es soll vielmehr ein Überblick über die Variationen möglicher Lösungswege, Schwierigkeiten und Fehler gegeben werden, die bei den untersuchten Schülerinnen und Schülern vorkommen, um bei den nachfolgenden Analysen zu geometrischen Denkweisen darauf zurückgreifen zu können.

In Kapitel 8 erfolgt schließlich die Beschreibung und Strukturierung geometrischer Denkweisen. Zunächst wird im Sinne der dargestellten methodologischen Grundlagen eine Verbindung mit den PISA-Ergebnissen hergestellt. Diese beinhaltet eine Einordnung der Bearbeitungen hinsichtlich der Frage, ob sich die Lösungswege, Schwierigkeiten und Fehler der untersuchten Paare auch bei den PISA-Schülerinnen und –Schülern finden lassen. Außerdem wird aufgezeigt, inwiefern die Ergebnisse der qualitativen Untersuchung Erklärungen und Veranschaulichungen der PISA-Ergebnisse liefern. Anhand ausgewählter Beispiele wird dargestellt, wie sich aus dieser Verbindung Ansätze zur Beschreibung und Strukturierung geometrischer Denkweisen ableiten lassen. Diese werden in den nachfolgenden Analysen der ergänzenden, qualitativen Studie weiter verfolgt und vertieft.

5.3.2 Horizontale Analyse der Daten

Die Daten aus den vier Phasen der ergänzenden, qualitativen Studie lassen sich auf zwei unterschiedliche Weisen strukturieren, entweder horizontal oder vertikal. Das entsprechende Vorgehen hängt von den zugrunde liegenden Forschungsfragen und den darauf basierenden methodologischen Überlegungen ab (Busse und Borromeo Ferri 2003). Bei der horizontalen Analyse werden die in den vier Phasen erhobenen Daten parallel bearbeitet, bei der vertikalen Analyse nacheinander. Dabei ist die horizontale Strukturierung geprägt durch eine enge Bezugnahme aufeinander, während die Daten der vier Phasen bei der vertikalen Strukturierung je einen eigenen Zugriff auf die Realität bieten und für sich interpretiert werden. Die vertikale Strukturierung eignet sich aus diesem Grund für Sequenzanalysen, zum Beispiel in der interpretativen Unterrichtsforschung.

Folgt man, wie im Fall der vorliegenden Arbeit, in wesentlichen Teilen der Grounded Theory Methodologie, ist eine horizontale Strukturierung der Daten angemessen (Abbildung 25). Das Vergleichen ist nämlich die Grundoperation bei der Beantwortung der Frage, auf welchen konzeptuellen Gehalt die Daten verweisen. Dabei wird das Datenmaterial zugunsten der darin erhaltenen allgemeinen Struktur zergliedert und neu strukturiert wird und Aussagen werden aus der Struktur des Falles herausgelöst. Entsprechend dem Dreistufendesign lassen sich die Daten nach Borromeo Ferri so strukturieren, dass Aussagen zu gleichen Phänomenen horizontal vergleichend analysiert werden können (Borromeo Ferri 2004, 69).

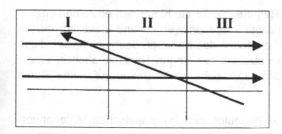

Abbildung 25: Schema der horizontalen Strukturierung der Daten (Busse und Borromeo Ferri 2003, 170)

Zunächst werden für einen ersten Abschnitt der Aufgabenbearbeitung (I) die entsprechende Stelle im Nachträglichen Lauten Denken (II) sowie der entsprechende Abschnitt des Interviews (III) analysiert. In dieser Weise setzt man die Analyse für folgende Abschnitte fort, falls erforderlich werden jeweils Rückbezüge hergestellt. Dabei findet vom Bearbeitungsprozess über das Nachträgliche Laute Denken bis zum Interview eine Art ergänzender Analyseprozess statt, bei dem jede Textsorte neue Informationen liefert und eine Gesamtanalyse aus unterschiedlichen Perspektiven ermöglicht (Borromeo

Ferri 2004, 73). Der besondere Vorteil der horizontalen Analyse liegt darin, dass äußere und innere Prozesse umfassend interpretiert und Zusammenhänge hergestellt werden.

Das methodische Vorgehen in der vorliegenden Arbeit folgt dem hier dargestellten, mit dem Unterschied, dass aufgrund des vierphasigen Designs Daten aus vier Erhebungsphasen horizontal analysiert werden. Um den Analyseprozess transparent zu machen, wird die horizontale Auswertung in Kapitel 8 an einem ausgewählten Beispiel dargestellt.

5.3.3 Kodieren des Datenmaterials

Einer der zentralen Auswertungsschritte der ergänzenden, qualitativen Studie ist das Kodieren des Datenmaterials. Wie bereits beschrieben, sind Konzeptbildung, permanente Vergleichsprozesse und Memoing die konkreten Vorgehensweisen im Rahmen der Grounded Theory Methodologie. Weitere Begriffe, die im Zusammenhang mit der Auswertung stehen, sind „Kodes" beziehungsweise „Konzepte", „In-vivo-Kodes", „geborgte Kodes" sowie „Kategorien" und „Subkategorien". Bei den nachfolgenden Definitionen folge ich Mey und Mruck (Mey, Mruck 2009), die diese Begriffe als zentrale Grundbegriffe für die Auswertung in der Grounded Theory Methodologie definieren.

Unter Kodes versteht man die Begriffe, die für die hinter den einzelnen empirischen Vorfällen liegenden Konzepte vergeben werden und diese am besten bezeichnen. Der Kode benennt demnach das Konzept, deshalb werden diese beiden Begriffe häufig gleichgesetzt. Da der Begriff Konzept auch in einem anderen Sinne gebraucht werden kann, ziehe ich im Bezug auf meine Studie den Begriff Kode vor.

Einen In-vivo-Kode zu vergeben bedeutet, eine im empirischen Material vorfindbare Wortwahl direkt für die Konzeptbildung zu nutzen und in die Formulierung der zu entwickelnden Theorie einzubeziehen. Beispiel für einen In-vivo-Kode in dieser Arbeit ist der Kode „Da fehlt ja was!", der vergeben wurde, wenn eine Figur als unvollständig angesehen wurde. Eine weitere Möglichkeit ist es, Kodes unter Rückgriff auf theoretisches Vorwissen zu vergeben. Im Rahmen der Grounded Theory Methodologie werden diese Kodes als „geborgte" Kodes bezeichnet. Beispiel für einen geborgten Kode in dieser Arbeit ist der Kode „Verwechselung von Umfang und Flächeninhalt". Auf diese häufige Problematik wird schon vorab bei der Analyse der Untersuchungsaufgaben eingegangen.

Nachdem mit der Vergabe von Kodes am Anfang der Auswertungsarbeit noch nahe am Datenmaterial gearbeitet wurde, ist es ein Abstraktionsschritt, die Kodes miteinander zu vergleichen und nach ihren inhaltlichen Gemeinsamkeiten zusammen zu fassen und zu benennen. Diese Zusammenfassungen, die auf Konzepte höherer Ordnung verweisen, bezeichnet man als Kategorien. Während die Kategorien Grundpfeiler der sich zu entwickelnden Theorie sind, werden unter Subkategorien (properties) die Merkmale und Eigenschaften verstanden, die die Kategorien aufweisen. Mey und Mruck sehen in den Kategorien das Gerüst der Grounded Theory und in den Subkategorien die Gerüste der einzelnen Kategorien.

Das Kodieren des Datenmaterials ist die Operation, in denen Kodes und Kategorien angewandt werden und somit die zentrale Auswertungsstrategie in der Grounded Theory Methodologie. Strauss und Corbin beschreiben das Kodieren als „die Vorgehensweisen (...) durch die die Daten aufgebrochen, konzeptualisiert und auf neue Art zusammengesetzt werden. Es ist der zentrale Prozess, durch den aus den Daten Theorien entwickelt werden" (Strauss und Corbin 1996, 39). Das Kodieren im Sinne der Grounded Theory Methodologie ist regelgeleitet und systematisch. Auf der Grundlage von wenig Material werden zunächst sehr offen und detailliert Ideen entworfen. Später wird zielgerichteter vorgegangen. Dabei werden die Analyseeinheiten umfangreicher. Da am Material gebildete Kodes und Kategorien und deren Zusammenhänge immer wieder am neuen Material geprüft werden, ist das Arbeiten ein zirkulärer Prozess, der dem wechselseitigem Vergleich bei der Didaktischen Rekonstruktion sehr nahe kommt (Kapitel 4).

Beim Kodieren sind drei Kodierformen zu unterscheiden, nämlich das offene Kodieren, das axiale Kodieren und das selektive Kodieren. Das offene Kodieren eröffnet die Auswertungsarbeit und dient der Entdeckung und vorläufigen Benennung von Kodes. Eine Unterstützung zum Aufbrechen des zu untersuchenden Phänomens sind theoriegenerierende W-Fragen (generative Fragen). In dieser Arbeit bilden die Analysen der Untersuchungsaufgaben im Hinblick auf Vorgehensweisen, Schwierigkeiten und Fehler erste Anhaltspunkte.

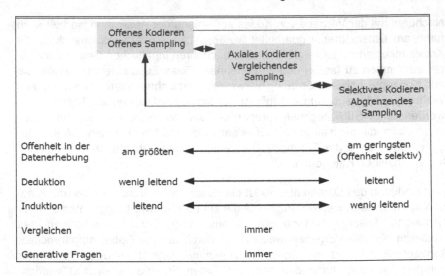

Abbildung 26: Kodieren als kontinuierlicher Prozess in der Darstellung von Mey und Mruck (2009, 118)

In der fortschreitenden Auswertung wird das Kodieren zielgerichteter. Axiales Kodieren und selektives Kodieren bezeichnen diese Formen, die auf das Entdecken von Beziehungen zwischen Kodes und die Beschreibung von Kategorien abzielen. Dabei geht es beim axialen Kodieren um Beziehungen zwischen den Kodes und um das systematische Durchmustern vorläufiger Kategorien, während beim selektiven Kodieren der Blick auf die für das interessierende Phänomen zentralen Aspekte gerichtet ist (Mey und Mruck 2009, 129-137).

Diese Kodierschritte sind nicht eindeutig voneinander abgrenzbar und liegen zeitlich nicht hintereinander, sondern greifen ineinander über. In der Abbildung 26 ist der Forschungsprozess der Grounded Theory Methodologie für die Prozeduren des offenen, axialen und selektiven Kodierens dargestellt.

Zur weiteren Strukturierung vorläufiger Kategorien dient das „paradigmatische Modell der Grounded Theory" als Rahmen für die Theoriekonstruktion, welches für diese Arbeit stark vereinfacht wurde. In diesem Modell wird nach dem zentralen Phänomen und dessen Bedingungen und den daraus folgenden Konsequenzen gefragt. Um dieses Phänomen sind die vorläufigen Kategorien zu gruppieren. Dies wird im Ergebnisteil anhand des Datenmaterials gezeigt.

Da die Kodes im Sinne der Grounded Theory Methodologie vor allem am Material gebildet werden und somit Ergebnisse der Analyse darstellen, wird das Kodieren ebenfalls erst im Ergebnisteil anhand von Beispielen transparent gemacht.

6 Analysen der Untersuchungsaufgaben

In diesem Kapitel wird jede der vier Untersuchungsaufgaben eingeordnet und analysiert. Vorab werden im folgenden Abschnitt die Vorgehensweisen bei den Analysen der Untersuchungsaufgaben dargestellt.

6.1 Vorgehensweisen bei den Analysen der Untersuchungsaufgaben

Zunächst erfolgt eine Einordnung hinsichtlich der vielfältigen Aspekte der Schulgeometrie. Hierzu wird anhand der Grundideen der Elementargeometrie Wittmanns und in Bezug auf die Dimensionen der Schulgeometrie in den NCTM Standards beschrieben, welche Aspekte der Schulgeometrie in den Aufgaben angesprochen werden. Im Sinne der beschriebenen Ansätze der Inhalte, Arbeitsweisen und Kompetenzen in der (Schul-) Geometrie wird zudem dargestellt, wie die Geometrie in den Untersuchungsaufgaben umgesetzt wurde und welchen der von der PISA-Arbeitsgruppe systematisierten Bereichen geometrischen Arbeitens die Aufgaben zuzuordnen sind.

Anschließend wird auf die vier zentral stehenden Eigenschaften im Modell mathematischer Aufgaben eingegangen, nämlich auf den Modellierungsprozesses, auf den Kontext, auf das vorrangig angesprochene Wissen und auf die zu bearbeitenden Schritte. Daraus ergibt sich die Zuordnung zu den nationalen und internationalen Kompetenzklassen.

Anschließend erfolgt die Einordnung in den Lehrplan des Landes Schleswig-Holstein und die nationalen Bildungsstandards. Der Lehrplan des Landes Schleswig-Holstein als ein Beispiel der nationalen Curricula wurde für diese Einordnung ausgewählt, weil die Untersuchung in Schleswig-Holstein stattfand und der Mathematikunterricht der untersuchten Schülerinnen und Schüler diesem Lehrplan folgte. Um auch die internationale Perspektive zu berücksichtigen, erfolgt außerdem eine Einordnung hinsichtlich der internationalen NCTM-Standards. Daran schließt die Darstellung möglicher Lösungswege, Schwierigkeiten und Fehler an.

Für alle vier Untersuchungsaufaben werden außerdem die entsprechenden PISA-Ergebnisse dargestellt. Für die beiden PISA-Aufgaben der nationalen Erweiterung „L-Fläche" und „Wandfläche" wurden ergänzende Analysen der PISA-Ergebnisse durchgeführt. Neben den richtigen Lösungen und deren Lösungshäufigkeiten werden für diese ergänzenden Analysen auch Häufigkeiten falscher Ergebnisse und ausgewählte Bearbeitungen der PISA-

Schülerinnen und –Schüler berücksichtigt, um mehr über bestimmte Vorgehensweisen zu erfahren.

Am Schluss jeder Aufgabenanalyse wird aufgezeigt, wie die Umsetzung in der
qualitativen Untersuchung erfolgte. Vor allem vor dem Hintergrund der beschriebenen möglichen Lösungswege, Schwierigkeiten und Fehler wurden
hierzu die Untersuchungsfragen in Bezug auf die einzelnen Untersuchungsaufgaben ausdifferenziert, um sie im Leitfaden des Interviews und der Nachbearbeitung zu berücksichtigen. Einige ausgewählte Fragen des Interviews
und der Nachbearbeitung sind jeweils am Ende abgedruckt.

6.2 Rechteck – die Einstiegsaufgabe zum geometrischen Grundwissen

6.2.1 Umsetzung von Geometrie in der Aufgabe

Rechteck

Zeichne ein Rechteck mit den Seitenlängen 3 cm und 4 cm und berechne
den Flächeninhalt und den Umfang.

---

*Abbildung 27: Untersuchungsaufgabe „Rechteck" ähnlich der Aufgabe „Rechteck"
aus dem nationalen Test der PISA-Studie 2000 (vgl. Klieme u.a. 2001, 152)*

Diese Aufgabe zum Einstieg in die Phase der Bearbeitung der Untersuchungsaufgaben zielt auf geometrisches Grundwissen. In diesem Bereich geometrischen Arbeitens stehen grundlegende Kenntnisse, Fähigkeiten und Fertigkeiten im Vordergrund, beispielsweise zu Eigenschaften von Figuren oder
Formelwissen, in diesem Fall zum Zeichnen eines Rechtecks mit vorgegebenen Seitenlängen und zur Berechnung von Flächeninhalt und Umfang eines
Rechtecks. Da die beiden benötigten Seitenlängen vorgegeben sind, spielt
das Messen in diesem Fall keine Rolle. Es geht lediglich um das Berechnen.
Werden zum Berechnen, wie im Fall dieser Aufgabe, bereits bekannte Formeln verwendet, tritt die Geometrie gegenüber algebraischem und arithmeti-
schem Wissen in den Hintergrund.

Der erste Teil der Aufgabe, „Zeichne!", entspricht Wittmanns erster Grundidee,
in der es um geometrische Formen und ihre Konstruktion geht (Wittmann
1999). Dieser Aspekt wird in der vierten Dimension „use visualization, spatial
reasoning, and geometric modeling to solve problems" der NCTM Standards
beschrieben (NCTM 2000).

Der zweite Teil der Aufgabe folgt Wittmanns vierter Grundidee „Maße", denn diese Grundidee umfasst neben dem Messen von Längen die Berechnung nach Formeln. Es liegt in der Tradition der US-amerikanischen Mathematikdidaktik, dass es im Curriculum ein eigenes Stoffgebiet „Measurement" gibt, welches nicht der Geometrie zugewiesen wird. Der Bereich „Messen" wird daher in den NCTM Standards separat und nicht innerhalb des Bereichs „Geometrie" ausgewiesen. Die Dimension, die dieser Berechnungsaufgabe entspricht, lautet „Apply appropriate techniques, tools, and formulas to determine measurements".

Im Sinne von Neubrand (2009) dominiert bei dieser Art von Aufgaben die Sichtweise der Geometrie als ein Vorrat an Formen, die es zu beobachten, zu interpretieren und zu erzeugen gilt. Dabei nähert man sich der Geometrie vom Material und von Messgeräten her. Das Zeichnen und Berechnen anhand vorgegebener Maße sind Tätigkeiten, die für die Geometrie spezifisch sind.

Diese für diese Untersuchung entwickelte Aufgabe kommt in ähnlicher Weise bei PISA 2000 vor (Abbildung 28), allerdings als Multiple-Choice-Aufgabe und mit schon vorhandener Zeichnung. Auf alle der verschiedenen Ergebnisvarianten kommt man durch eine, tielweise fehlerhafte, Verarbeitung der beiden angegebenen Seitenlängen. Neben dem richtigen Ergebnis für den Flächeninhalt 12 cm² sind vier weitere, falsche Ergebnisvarianten angegeben. Auf die Ergebniszahl 7 kommt man, wenn man die Zahlen 3 und 4 addiert. Zusätzlich zur richtigen Ergebnisvariante 12 cm² und auch zur falschen Ergebnisvariante 7 cm² sind die beiden Ergebniszahlen 12 und 7 auch mit der falschen Einheit cm angegeben. Außerdem kommt die Ergebnisvariante 14 cm vor, was der Berechnung des Umfangs des vorgegebenen Rechtecks entspricht.

| Rechteck | 4 cm |
| Ein Rechteck ist 4 cm lang und 3 cm breit. Wie groß ist sein Flächeninhalt? | |

☐ 12 cm²   ☐ 12 cm
☐ 7 cm   ☐ 14 cm
☐ 7 cm²

3 cm

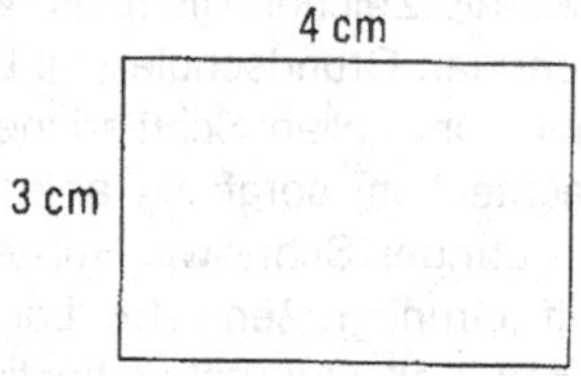

(Zeichnung nicht maßgenau)

Abbildung 28: Aufgabe „Rechteck" aus dem nationalen Test der PISA-Studie 2000 (Klieme u.a. 2001, 152)

6.2.2 Eigenschaften der Aufgabe im Modell mathematischer Aufgaben bei PISA

Beim ersten Teil dieser Aufgabe, „Zeichne!", ist kein Modellierungsprozess erforderlich, denn der Ansatz zur Lösung ist bereits vorgegeben. Die angegebenen Seitenlängen können direkt verarbeitet werden. Der Modellierungsprozess im zweiten Teil, „Berechne!", besteht aus dem Rückgriff auf geometrisches Grundwissen. Dieser wird jedoch als so elementar eingestuft, dass die ähnliche PISA-Aufgabe „Rechteck" von der PISA-Expertengruppe letztendlich dennoch der Gruppe der technischen Aufgaben zugeordnet wurde, bei denen kein mathematischer Kontext zu bearbeiten ist, wenngleich diese Zuordnung problematisch bleibt.

Weil zum Zeichnen des Rechtecks, Berechnen des Flächeninhalts und Berechnen des Umfangs neben Faktenwissen das Ausführen einer mathematischen Standard- Prozedur erforderlich ist, ist das vorrangig angesprochene Wissen im Sinne Hieberts (1986) als prozedural zu bezeichnen. Alle drei Teilaufgaben lassen sich in einem Schritt lösen. Es handelt sich demnach um drei technische Aufgaben der nationalen Kompetenzklasse 1A, die der internationalen Kompetenzklasse reproduction entspricht.

6.2.3 Einordnung in den Lehrplan, die Bildungsstandards und die NCTM-Standards

Das Erkennen geometrischer Figuren und das Entdecken von Eigenschaften geometrischer Grundformen sowie das Zeichnen mit Lineal und Bleistift werden bereits in der Grundschule geübt. Am Ende der Grundschule, mit Einführung der Begriffe „rechter Winkel", „senkrecht" und „parallel" und des Geodreiecks als Zeichenhilfsmittel, werden Grundlagen für die Sekundarstufe gelegt (Lehrplan Grundschule des Landes Schleswig-Holstein 1997, 87). In Klassenstufe fünf sollen Schülerinnen und Schüler laut Lehrplan „Zeichnungen [von Rechtecken] sorgfältig anfertigen können" (Lehrplan für die Sekundarstufe I des Landes Schleswig Holstein 1997, 24). Im Lehrplan heißt es unter dem Begriff „Grundgrößen": „Bei Längenmessungen soll auch der Umfang von Rechtecken und Quadraten bestimmt werden" (Lehrplan für die Sekundarstufe I 1997, 26). Die Flächeninhaltsberechnung findet man unter dem Begriff „Flächen- und Raummaße". Hier geht es zunächst darum, dass die Schülerinnen und Schüler „das Prinzip der Flächen- und Volumenmessung kennen lernen" und Flächeninhaltsmaße vergleichen (Lehrplan für die Sekundarstufe I 1997, 26). Das „Berechnen durch Formeln" wird laut Lehrplan in Klassenstufe 8 thematisiert (Lehrplan für die Sekundarstufe I 1997, 37).

In den Bildungsstandards der KMK lässt sich das Zeichnen eines Rechtecks der Leitidee „Raum und Form" zuordnen. Hier heißt es „die Schülerinnen und Schüler zeichnen und konstruieren geometrische Figuren unter Verwendung angemessener Hilfsmittel" (KMK 2004, 10). Berechnungsaufgaben zu Flächeninhalt und Umfang beinhaltet die Leitidee „Messen": „Die Schülerinnen und Schüler berechnen Flächeninhalt und Umfang von Rechteck, Dreieck und Kreis [...]" (KMK 2004, 10). Zusätzlich zu den inhaltsbezogenen mathematischen Kompetenzen, die nach Leitideen geordnet sind, werden in den Bildungsstandards auch allgemeine mathematische Kompetenzen genannt, über die die Schülerinnen und Schüler mit dem Erwerb des Hauptschulabschlusses nach Klasse 9 verfügen sollen. In Bezug auf die Aufgabe „Rechteck" sind das die Kompetenzen „mathematische Darstellungen verwenden" und „mit symbolischen, formalen und technischen Elementen der Mathematik umgehen". Die Zeichnung eines Rechtecks ist in dieser Hinsicht als Form der Darstellung eines mathematischen Objektes zu sehen und das Berechnen beinhaltet je nach Lösungsweg das Arbeiten mit Variablen und das Anwenden von Formeln sowie den Umgang mit den geometrischen Begriffen „Flächeninhalt" und „Umfang".

In Anlehnung an die internationalen Kompetenzklassen „reproduction", „connection" und „generalization" werden in den Bildungsstandards drei Anforderungsbereiche unterschieden. Das Konstruieren und das Berechnen von Umfang und Flächeninhalt eines Rechtecks mit vorgegebenen Seitenlängen ist hiernach, entsprechend der internationalen Kompetenzklasse „reproduction", dem Anforderungsbereich I „Reproduzieren" zuzuordnen, denn dieser „umfasst die Wiedergabe und direkte Anwendung von grundlegenden Begriffen, Sätzen und Verfahren in einem abgegrenzten Gebiet und einem wiederholenden Zusammenhang" (KMK 2004, 11). In den NCTM Standards ist der erste Teil der Aufgabe, „Zeichne!", dem Bereich „Geometry" und der zweite Teil der Aufgabe „berechne" dem Bereich „Measurement" zuzuordnen. In der Spezifikation der NCTM Standards, in der es um das Veranschaulichen geht, heißt es für „Grade 3-5" „build and draw geometric objects" Das Zeichnen geometrischer Objekte mit vorgegebenen Seitenlängen wird zeitlich etwas später, nämlich für „Grade 6-8" thematisiert: „Draw geometric objects with specified properties, such as side lengths" (NCTM 2000). Im Bereich „measurement" heißt es für "Grade 3-5": "understand such attributes as length, area, weight, volume, and size of angle and select the appropriate type of unit for measuring each attribute" und „develop, understand, and use formulas to find the area of rectangles and related triangles and parallelograms" (NCTM 2000).

6.2.4 Mögliche Lösungswege, Schwierigkeiten und Fehler

Obwohl so elementar, gibt es hinsichtlich der Zeichnung eines Rechtecks ein breites Spektrum an Möglichkeiten, die beispielsweise in der unterschiedlichen Handhabung des Geodreiecks bestehen oder darin, ob mit rechten Winkeln oder Parallelen gearbeitet wird. Auch hinsichtlich der Beschriftung der Zeichnung sind unterschiedliche Varianten denkbar. Es ist möglich, dass die Zeichnung gar nicht beschriftet wird, dass die zwei unterschiedlichen Seiten oder alle vier Seiten beschriftet werden. Die Beschriftung kann die Seitenlängen, Variablen oder beides enthalten. Es können alle vier oder nur zwei Seiten beschriftet werden.

Um den Flächeninhalt und den Umfang zu berechnen, können die Schülerinnen und Schüler sich an der zuvor angefertigten Zeichnung orientieren. Flächeninhalt und Umfang können aber auch direkt aus den vorgegebenen Größen im Aufgabentext ermittelt werden. Das Aufschreiben von Rechenwegen wird in der Aufgabenstellung nicht verlangt. Daher kann es möglich sein, dass die Schülerinnen und Schülern nur die Ergebnisse der Berechnungen von Flächeninhalt und Umfang notieren. Es ist aber auch denkbar, dass die Bearbeitungen neben der Zeichnung weitere Notizen enthalten. In diesen Notizen können Variablen und Formeln vorkommen. Werden Formeldarstellungen verwendet, sind Angaben wie $A = a \cdot b$ für den Flächeninhalt und $U = 2 \cdot (a + b)$ beziehungsweise $U = 2a + 2b$ oder auch $U = a + a + b + b$ für den Umfang zu erwarten, wobei a der einen und b der anderen Seitenlänge entspricht. Welche der beiden Seitenlängen mit „a" bezeichnet wird und welche mit „b", ist egal und kann bei den Schülerinnen und Schüler verschieden sein. Auch wenn es sich bei diesen Schreibweisen um die vielleicht häufigste Form der Darstellung handelt, können natürlich auch andere Abkürzungen für Umfang und Flächeninhalt und andere Variablen für die Seitenlängen verwendet werden.

Werden zunächst die entsprechenden Formeln notiert, müssen die Schülerinnen und Schüler die Seitenlängen entsprechend einsetzen. Werden die angegebenen Seitenlängen direkt verarbeitet, ohne Verwendung von Variablen, zeigen Sprechweisen wie „Seitenlänge mal Seitelänge gleich Flächeninhalt" oder „Umfang heißt, alle Seiten addieren" den Rückgriff auf Formelwissen an. Die Rechnungen können notiert oder im Kopf ausgeführt werden.

Da den Schülerinnen und Schülern für die Zeichnung nur weißes Papier zur Verfügung steht, erfordert die richtige Lösung das korrekte Verwenden des Geodreiecks zur Herstellung eines rechten Winkels oder von Parallelen. Wird das Geodreieck nicht richtig angesetzt, entsteht eine unsaubere Zeichnung, bei der die Winkel nicht 90° betragen und die gegenüberliegenden Seiten unterschiedlich lang sein können. Außerdem können beim Zeichnen Messfehler auftreten, so dass die Seitenlängen nicht den Vorgaben entsprechen. Schwierigkeiten bei der Berechnung des Flächeninhalts und des Umfangs können auftreten, wenn die Schülerinnen und Schüler die Begriffe verwechseln oder ihnen die Begriffe nicht bekannt sind. Außerdem können Rechenfehler auftreten oder Fehler durch das Verwenden von falschen oder unvollständigen Formeln, beispielsweise $U = a + b$ oder Formeln zur Berechnung von Umfang beziehungsweise Flächeninhalt anderer Figuren, zum Beispiel Quadrat oder Dreieck.

6.2.5 PISA-Ergebnisse einer ähnlichen Aufgabe aus PISA 2000

Es werden hier die Ergebnisse der Aufgabe „Rechteck" der PISA-Studie 2000 betrachtet, die der Untersuchungsaufgabe „Rechteck" ähnlich ist. Da es sich bei dieser Aufgabe zum geometrischen Grundwissen um eine Ankeraufgabe handelte, die in jedem Testheft enthalten war, liegen hierfür Ergebnisse einer sehr großen Stichprobe von 31288 Schülerinnen und Schülern vor, so dass auch kleinste Abweichungen der Prozentpunkte bei den Häufigkeiten der einzelnen Ergebnisvarianten berücksichtigt werden können. Die Abbildung berücksichtigt die Ergebnisse von 31462 Schülerinnen und Schülern aller Schularten, 4907 Hauptschülerinnen und Hauptschülern und 9384 Gymnasiastinnen und Gymnasiasten.

Es sind die Häufigkeiten der fünf vorgeschlagenen Ergebnisvarianten dargestellt. Das richtige Ergebnis 12 cm² wurde von 85,5 Prozent der deutschen Schülerinnen und Schüler aller Schularten angekreuzt. Betrachtet man die Ergebnisse der Hauptschülerinnen und Hauptschüler separat, waren es 71,6 Prozent, die sich für die richtige Ergebnisvariante entschieden. Bei den Gymnasiastinnen und Gymnasiasten waren es sogar 95,3 Prozent. Damit weist die Aufgabe bei allen Schülerinnen und Schülern eine hohe Lösungshäufigkeit auf.

Betrachtet man die Verteilung auf die übrigen, falschen Antwortmöglichkeiten ist es die Ergebnisvariante „12 cm", die mit 6,8 Prozent bei den Schülerinnen und Schülern aller Schularten, mit 12,2 Prozent bei den Hauptschülerinnen und Hauptschülern und 3,2 Prozent bei den Gymnasiastinnen und Gymnasiasten die zweitgrößte Häufigkeit aufweist.

Bei den Gymnasiastinnen und Gymnasiasten kommen die Ergebnisvarianten 7 cm, 7 cm² und 14 cm mit jeweils unter 1 Prozent sehr selten vor.

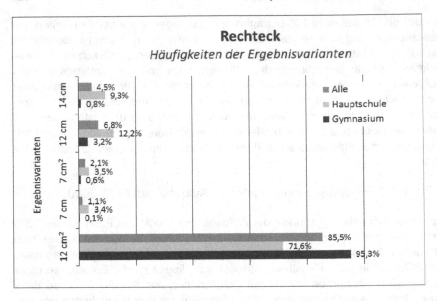

Abbildung 29: Häufigkeiten der Ergebnisvarianten bei der Aufgabe „Rechteck" aus PISA 2000

Die Ergebnisvarianten 7 cm und 7 cm² wurden bei den Hauptschülerinnen und Hauptschülern mit 3,4 und 3,5 Prozent etwa gleichhäufig gewählt. Während sich die Hauptschülerinnen und Hauptschüler etwa gleichhäufig für die Einheiten cm und cm² entscheiden, ist bei den Schülerinnen und Schülern aller Schularten eher die Tendenz zum Wählen der richtigen Einheit cm² sichtbar. Mit 2,1 Prozent gegenüber 1,1 Prozent wählen ungefähr doppelt so viele Schülerinnen und Schüler die zum Flächeninhalt passende Einheit cm².

Weitere 9,3 Prozent der Hauptschülerinnen und Hauptschüler, das sind bei dieser großen Stichprobe 455 von 4907 Schülerinnen und Schülern entschieden sich für die Ergebnisvariante 14 cm und gaben damit statt des Flächeninhalts den Umfang des vorgegebenen Rechtecks an. Betrachtet man die Schülerinnen und Schüler aller Schularten, verwechseln immerhin noch 4,5 Prozent bei dieser Aufgabe den Flächeninhalt mit dem Umfang.

6.2.6 Die Verwendung von Beschriftungen, Variablen und Formeln als Aspekt für die Auswertung und Analyse

Die verschiedenen Vorgehensweisen beim Zeichnen des Rechtecks sollen im Rahmen der vorliegenden Untersuchung nicht analysiert werden. Hierbei handelt es sich um ein weiteres Feld, das nicht im Rahmen der vorliegenden Arbeit liegt.

Die Ergebnisse der ersten Teilaufgabe, „Zeichne!", werden hinsichtlich der vorhandenen Beschriftungen betrachtet. Hierzu werden die Untersuchungsfragen wie folgt konkretisiert:

- Erfolgt eine Beschriftung der Zeichnung?
- Enthält die Beschriftung Längenangaben, Variablen oder beides?
- Werden nur die beiden unterschiedlichen oder alle vier Seiten beschriftet?
- Gibt es neben der Beschriftung der Seiten weitere Beschriftungen?

Für den zweiten Teil der Aufgabe wird unterschieden, ob Variablen und Formeln in den Berechnungen vorkommen, oder ob die Seitenlängen direkt verarbeitet werden:

- Enthalten die Bearbeitungen Notizen und Rechnungen?
- Werden dabei Variablen und Formeln verwendet?

Hinsichtlich der Schwierigkeiten und Fehler werden die Untersuchungsfragen wie folgt konkretisiert:

- Treten Schwierigkeiten bei der Handhabung des Geodreiecks auf? Welche?
- Kommt es zu einer Verwechslung der Begriffe?
- Werden falsche oder unvollständige Formeln verwendet?

Im Interview wird die Frage nach der Berechnung des Umfangs und Flächeninhalts aufgegriffen, indem die Schülerinnen und Schüler im Rahmen der Definition der Begriffe aufgefordert werden, zu beschreiben, wie man den „Flächeninhalt" und den „Umfang" eines Rechtecks berechnet.

- Wie berechnet man den Flächeninhalt eines Rechtecks?
- Wie berechnet man den Umfang eines Rechtecks?

So können die Aussagen aus den Interviews mit den Vorgehensweisen dieser Aufgabe in Beziehung gesetzt werden. Um außerdem einen Realitätsbezug herzustellen sollen die Schülerinnen und Schüler im Interview am Beispiel eines Bilderrahmens die Berechnungen des Umfangs und Flächeninhalts durchführen und erklären:

- Ich habe hier einen Bilderrahmen. Zeig mal den Umfang und den Flächeninhalt!
- Auf der Verpackung des Bilderrahmens steht 20 mal 30. Was bedeutet das?
- Berechne den Flächeninhalt des Bilderrahmens!
- Berechne den Umfang des Bilderrahmens!

Eine Nachbearbeitung dieser Aufgabe, die auf geometrisches Grundwissen abzielt und den Einstieg in die Bearbeitung der Untersuchungsaufgaben bietet, erfolgt nicht.

6.3 L-Fläche – Berechnung einer zusammengesetzten Figur

6.3.1 Umsetzung von Geometrie in der Aufgabe

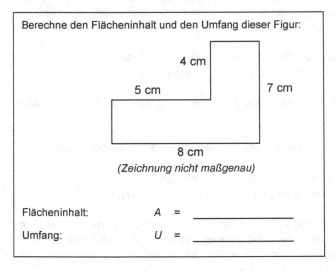

Abbildung 30: Untersuchungsaufgabe „L-Fläche" aus dem nationalen Test der PISA-Studie 2003 (vgl. Blum u.a. 2004, 47-92)

Wie in der ersten Untersuchungsaufgabe geht es bei der Aufgabe „L-Fläche" (Abbildung 30) um das Berechnen des Flächeninhalts und des Umfangs einer vorgegebenen Figur. Auch diese beiden Berechnungsaufgaben passen zu Wittmanns Grundidee „Maße", denn auch sie beinhalten die Berechnung nach Formeln. Vorher steht allerdings das Finden eines Ansatzes, denn zur richtigen Lösung für den Flächeninhalt gelangt man über Teilfiguren, also über „Operationen mit Formen" entsprechend der zweiten Grundidee Wittmanns

(Wittmann 1999). In Bezug auf diese Aufgabe sind das vor allem das Zerlegen in Teile und das Zusammensetzen von Figuren. Je nach Lösungsansatz ist weiteres geometrisches Wissen erforderlich, beispielsweise darüber, wie fehlende Längen aus dem Zusammenhang ermittelt werden oder wie man eine Figur bei gleich bleibendem Umfang verändern kann. Auch in dieser Aufgabe wird die Dimension „Apply appropriate techniques, tools, and formulas to determine measurements" aus dem Bereich "Messen" der NCTM Standards angesprochen. Darüber hinaus ist zum Finden des Ansatzes analytisches Denken erforderlich, denn es geht um Eigenschaften von und Beziehungen zwischen Figuren. Dies beinhaltet die erste Dimension des Bereichs "Geometry". Dort heißt es: „Analyze characteristics and properties of two- and three-dimensional geometric shapes and develop mathematical arguments about geometric relationships".

Auch in dieser Aufgabe kommt die Sichtweise der Geometrie als „Vorrat von Formen die es zu beobachten, zu interpretieren, zu erzeugen gilt, und die man außerhalb der Geometrie nutzen kann" zur Geltung (Neubrand 2010). Als Zugang kommt die „Neugierde nach Erforschen, Entdecken, Probleme lösen" in Betracht. Als geometriespezifische Tätigkeit, die eine vorrangige Rolle in dieser Aufgabe spielt, ist „das geometrische Sehen" zu nennen. Es geht darum, die Teilfiguren in der L-förmigen Figur zu sehen und mit diesen zu operieren. Weil diese Figur nicht zum Vorrat der Figuren gehört, die im Unterricht behandelt und benannt werden, kommt in dieser Aufgabe auch die allgemeine mathematische Tätigkeit „das Hinausgehen über Bekanntes" vor. Allerdings in geringer Ausprägung, denn auch, wenn genau diese Figur den Schülerinnen und Schülern nicht bekannt ist, ist davon auszugehen, dass ähnliche aus Rechtecken zusammengesetzte Figuren vielfach im Unterricht behandelt wurden.

Weil das Berechnen in dieser Aufgabe gegenüber dem Finden des Ansatzes und in diesem Zusammenhang dem visuellen Strukturieren und dem Konstruieren von Zusammenhängen in den Hintergrund tritt, ist diese Aufgabe im Sinne Neubrands (2010) dem Bereich „Sehen als Voraussetzung für geometrisches Arbeiten" zuzuordnen.

6.3.2 Eigenschaften der Aufgabe im Modell mathematischer Aufgaben bei PISA

Im Gegensatz zur ersten Untersuchungsaufgabe ist in beiden Teilaufgaben dieser Aufgabe ein Modellierungsprozess erforderlich, denn es muss zunächst ein bearbeitbarer Ansatz gefunden werden. Dieser besteht darin, ein mathematisches Modell zur Berechnung von Flächeninhalt und Umfang der Figur zu entwickeln. Die kognitive Aktivität des Übersetzens der Situation in einen bearbeitbaren Ansatz kommt, wie beschrieben, bei den „Operationen mit Formen" im Sinne von Wittmann zum Ausdruck. Im Sinne der idealisierten Schritte im Modell mathematischer Aufgaben bei PISA entspricht der Prozess des „Mathematisieren" der Erkenntnis, dass man die fehlenden Längen aus dem Zusammenhang ermitteln kann. Das „Verarbeiten" dieses Modells entspricht dem Ausrechnen mit den vorgegebenen oder je nach Lösungsweg mit den aus dem Zusammenhang ermittelten Längen. Im nächsten Schritt innerhalb des Modellierungsprozesses, dem „Interpretieren", werden die mathematischen Ergebnisse der Berechnungen als Flächeninhalt und Umfang der L-förmigen Figur gedeutet. Ob diese Ergebnisse stimmig sind, wird im abschließenden Schritt dem „Validieren" überprüft.

Für diese Aufgabe trifft die Erweiterung in der nationalen Konzeption von PISA zu, in der das Schema für den Modellierungsprozess auch für innermathematische Aufgaben verwendet wird, denn wie in der ersten Untersuchungsaufgabe wird auch in dieser Aufgabe keine reale Problemsituation beschrieben. Hier ist ein innermathematischer Kontext dargestellt, den es zu mathematisieren gilt.

Das Mathematisieren zieht eine prozedurale Bearbeitung nach sich, denn es geht um das Berechnen eines Flächeninhalts unter Verwendung prozeduralen Wissens. Weil mehrere Schritte bis zur Lösung der Aufgabe notwendig sind, ist der Modellierungsprozess in dieser Aufgabe aufwendiger und komplexer, als in Aufgaben, in denen ein Standardmodell verwendet werden kann. Deshalb wird diese Aufgabe in der nationalen Konzeption als mehrschrittige, rechnerische Modellierungs- und Problemlöseaufgabe mit Kompetenzklasse 2B klassifiziert. Das entspricht der internationalen Kompetenzklasse „connection".

6.3.3 Einordnung in den Lehrplan, die Bildungsstandards und die NCTM Standards

An welchen Stellen im Lehrplan des Landes Schleswig-Holstein das Berechnen von Flächeninhalt und Umfang thematisiert wird, wurde bereits für die Aufgabe „Rechteck" dargestellt. Für das Berechnen von Flächeninhalt und Umfang von Figuren, die aus Rechtecken zusammengesetzt sind, findet man im Lehrplan für die Hauptschule keine Hinweise. Erforderliche Kompetenzen sind aber in anderen Bereichen zu finden. Das Thema „Geometrische Figuren und Körper" beinhaltet für die Klassenstufe 5 beispielsweise die Vermittlung der Fähigkeit „Zusammenhänge und Unterschiede zwischen geometrischen Figuren [zu] finden" (Lehrplan für die Sekundarstufe I des Landes Schleswig-

Holstein 1997, 24). Für die Klassenstufe 9 heißt es zur Berechnung an Figuren und Körpern: „Es sollte vielerlei Gelegenheit gegeben werden, eigene Lernwege über Zerlegungen, Zusammensetzungen [...] zu verfolgen. Die anschauliche Durchdringung ist eine grundlegende Bedingung für die sinnvolle Nutzung von Formeln und Sätzen" (Lehrplan für die Sekundarstufe I des Landes Schleswig-Holstein 1997, 39). Dieser Hinweis bezieht sich allgemein auf die Entwicklung des Figurbegriffs und nicht explizit auf Rechteck oder daraus zusammengesetzte Figuren. Es werden in diesem Zusammenhang verschiedene geometrische Figuren und Körper genannt, wie zum Beispiel rechtwinklige Dreiecke, Pyramide und Kugel.

Auch die Aufgabe „L-Fläche" entspricht der Leitidee „Messen" der Bildungsstandards. Hier heißt es dazu: „Die Schülerinnen und Schüler ermitteln Flächeninhalt und Umfang von Rechteck, Dreieck, Kreis sowie daraus zusammengesetzten Figuren" (KMK, 2004, 13). Aber auch die Leitidee „Raum und Form" beinhaltet Kompetenzen, die für das Lösen dieser Aufgabe benötigt werden, nämlich das gedankliche Operieren mit Strecken und Flächen beim Finden des Ansatzes, den Flächeninhalt der L-Fläche über die Flächeninhalte von Teilfiguren zu ermitteln.

Zu den allgemeinen mathematischen Kompetenzen, die in dieser Aufgabe gefordert werden, gehören im Sinne der Bildungsstandards vor allem „Probleme mathematisch lösen" und „mathematisch Modellieren", denn ein vorgegebenes Problem muss unter Anwendung heuristischer Strategien bearbeitet werden und dazu ist ein Modellierungsprozess erforderlich. Außerdem müssen die Schülerinnen und Schüler „mit symbolischen, formalen und technischen Elementen der Mathematik umgehen", wenn sie zur Berechnung von Flächeninhalt und Umfang Variablen und Formeln verwenden.

Diese Aufgabe gehört in den Anforderungsbereich II der Bildungsstandards „Zusammenhänge herstellen", denn dieser Anforderungsbereich umfasst das Bearbeiten bekannter Sachverhalte, indem Kenntnisse, Fertigkeiten und Fähigkeiten verknüpft werden, die in der Auseinandersetzung mit Mathematik auf verschiedenen Gebieten erworben wurden.

In den NCTM Standads für Grade 6-8 (NCTM 2000) baut man im Bereich „measurement" auf der für Grade 3-5 beschriebenen Erwartung auf, dass die Schülerinnen und Schüler Formeln zur Berechnung des Flächeninhalts von Rechtecken entwickeln, verstehen und anwenden können. Hier heißt es für Grade 3-5: "Develop, understand, and use formulas to find the area of rectangles and related triangles and parallelograms" und für Grade 6-8: "Develop and use formulas to determine the circumference of circles and the area of tri-

angles, parallelograms, trapezoids, and circles and develop strategies to find
the area of more-complex shapes". Das Entdecken von Zusammenhängen,
wenn man eine Figur in einer bestimmten Art und Weise verändert, wird bereits für Grade 3-5 thematisiert und zwar explizit in Bezug auf die Begriff „Umfang" und Flächeninhalt": "explore what happens to measurements of a two-
dimensional shape such as its perimeter and area when the shape is changed
in some way".

6.3.4 Mögliche Lösungswege, Schwierigkeiten und Fehler

Je nach Lösungsweg sind für das Berechnen des Flächeninhalts und des Umfangs der L-Fläche zunächst fehlende Seitenlängen zu bestimmen. Da es sich
nicht um eine maßgenaue Zeichnung handelt, können die fehlenden Seitenlängen nicht durch Messen ermittelt werden, sondern sie sind durch die vorgegebenen Seitenlängen festgelegt und ergeben sich aus dem Zusammenhang (Abbildung 32 und Abbildung 32) durch Abziehen der kürzeren vorgegebenen Seite von der längeren Seite (7 cm – 4 cm = 3 cm, beziehungsweise
8 cm – 5 cm = 3 cm) oder durch Ergänzen der kürzeren vorgegebenen Seite
zur längeren Seite (4 cm+ ___ = 7 cm, beziehungsweise 5 cm + ___ = 8 cm).

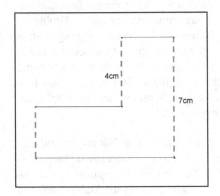

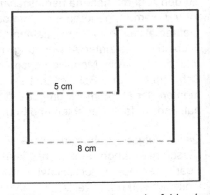

*Abbildung 32: Berechnen der fehlenden
Seitenlänge bei der Aufgabe L-Fläche
(senkrechte Strecke: 3 cm)*

*Abbildung 31: Berechnen der fehlenden
Seitenlänge bei der Aufgabe L-Fläche
(waagerechte Strecke: 3 cm)*

Es gibt mehrere Lösungswege, den Flächeninhalt der L-Fläche über Teilfigu-
ren zu berechnen. Die Figur lässt sich auf unterschiedliche Weise in bekannte
Teilfiguren zerlegen oder zu einer bekannten Figur ergänzen (Abbildung 33 bis
Abbildung 39). Hilfreich dabei kann das (auch rein gedankliche) Einzeichnen

von Hilfslinien sein. Die Seitenlängen können direkt verarbeitet oder in die entsprechenden Formeln eingesetzt werden. Benötigt werden je nach Lösungsweg die Formeln zu Flächeninhaltsberechnung für ein Rechteck $A_{Rechteck}$ = a·b oder Trapez A_{Trapez} = $\dfrac{(a+c)\cdot h}{2}$.

Nachfolgend werden sieben verschiedene Lösungswege zur Berechnung des Flächeninhalts der L-Fläche über Teilflächen dargestellt. Zerlegen lässt sich die L-Fläche beispielsweise in zwei Rechtecke (Abbildung 33 und Abbildung 34) oder auch in zwei Rechtecke und ein Quadrat (Abbildung 35).

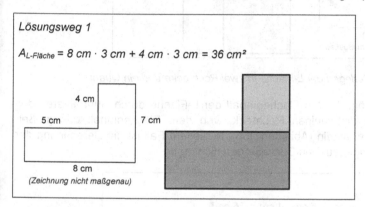

Lösungsweg 1

$A_{L\text{-}Fläche}$ = 8 cm · 3 cm + 4 cm · 3 cm = 36 cm²

4 cm

5 cm   7 cm

8 cm
(Zeichnung nicht maßgenau)

Abbildung 33: Zerlegen der L-Fläche in zwei Rechtecke – größeres Rechteck liegend

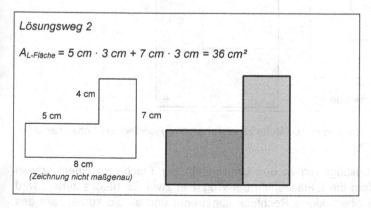

Lösungsweg 2

$A_{L\text{-}Fläche}$ = 5 cm · 3 cm + 7 cm · 3 cm = 36 cm²

4 cm

5 cm   7 cm

8 cm
(Zeichnung nicht maßgenau)

Abbildung 34: Zerlegen der L-Fläche in zwei Rechtecke – größeres Rechteck stehend

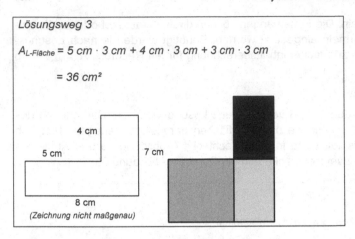

Abbildung 35: Zerlegen der L-Fläche in zwei Rechtecke und ein Quadrat

Es ist auch möglich, den Flächeninhalt der L-Fläche durch Subtrahieren des Flächeninhalts des kleinen Rechtecks von dem Flächeninhalt des großen Rechtecks zu ermitteln (Abbildung 36). In diesem Fall ist die Berechnung der beiden nicht angegebenen Seitenlängen nicht nötig.

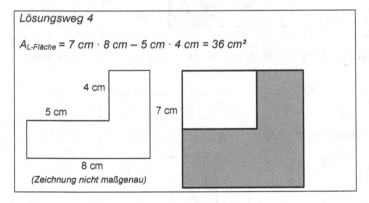

Abbildung 36: Ergänzen der L-Fläche zu einem großen Rechteck und Abziehen des kleinen Rechtecks

Ein weiterer Lösungsweg ist das Umwandeln der Fläche zu einem langen Rechteck, indem die L-Fläche wie bei Weg 1 in zwei Rechtecke zerlegt wird und dann das obere kleine Rechteck abgetrennt und an die kurze Seite des großen Rechtecks angefügt wird (Abbildung 37).

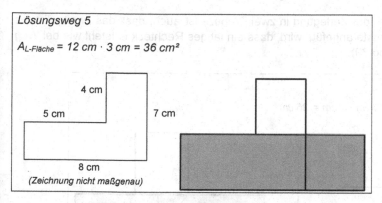

Lösungsweg 5

$A_{L\text{-}Fläche} = 12\,cm \cdot 3\,cm = 36\,cm^2$

Abbildung 37: Zerlegen der L-Fläche in zwei Rechtecke und Ergänzen zu einem langen Rechteck

Die L-Fläche lässt sich außerdem in zwei Trapeze zerlegen (Abbildung 38 und Abbildung 39). Diese können separat berechnet werden (Abbildung 38).

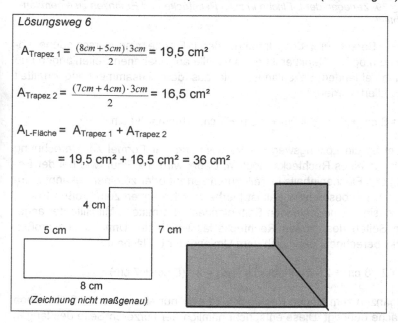

Lösungsweg 6

$A_{Trapez\,1} = \dfrac{(8cm + 5cm) \cdot 3cm}{2} = 19,5\ cm^2$

$A_{Trapez\,2} = \dfrac{(7cm + 4cm) \cdot 3cm}{2} = 16,5\ cm^2$

$A_{L\text{-}Fläche} = A_{Trapez\,1} + A_{Trapez\,2}$

$\qquad = 19,5\ cm^2 + 16,5\ cm^2 = 36\ cm^2$

Abbildung 38: Zerlegen der L-Fläche in zwei Trapeze

Denkbar bei der Zerlegung in zwei Trapeze ist auch, dass das zweite Trapez so an das erste angefügt wird, dass ein langes Rechteck entsteht wie bei Weg 5 (Abbildung 39).

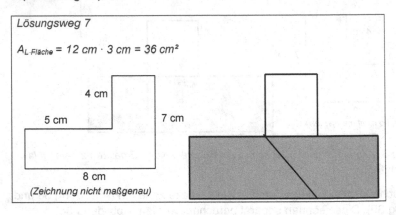

Lösungsweg 7

$A_{L\text{-Fläche}} = 12\ cm \cdot 3\ cm = 36\ cm^2$

4 cm

5 cm   7 cm

8 cm
(Zeichnung nicht maßgenau)

Abbildung 39: Zerlegen der L-Fläche in zwei Rechtecke und Ergänzen zu einem langen Rechteck

Auch zur Berechnung des Umfangs der L-Fläche sind verschiedene Lösungswege möglich. Denkbar ist es, dass alle angegebenen Seitenlängen und die beiden fehlenden Seitenlängen, die aus dem Zusammenhang ermittelt wurden addiert werden:

$U_{L\text{-Fläche}} = 3\ cm + 5\ cm + 4\ cm + 3\ cm + 7\ cm + 8\ cm = 30\ cm$

Außerdem ist ein Lösungsweg mit Verwendung der Formel zur Berechnung des Umfangs eines Rechtecks möglich. Dabei wird die Figur, wie bei der Berechnung des Flächeninhalts in Teilfiguren zerlegt oder zu einer bekannten Figur ergänzt. Ein besonderer Fall ist hierbei das Ergänzen zum großen Rechteck. Dabei sind keine fehlenden Seitenlängen zu ermitteln. Mit Hilfe der angegebenen Seiten des großen Rechtecks lässt sich der Umfang des großen Rechtecks berechnen, der gleich dem Umfang der L-Fläche ist:

$U_{L\text{-Fläche}} = 2 \cdot 8\ cm + 2 \cdot 7\ cm$ oder $U_{L\text{-Fläche}} = 2 \cdot (8\ cm + 7\ cm)$

Beim Ergänzen zum langen Rechteck wird eine nur eine fehlende Seitenlänge der L-Fläche benötigt. Diese entspricht nämlich der kürzeren Seite des langen Rechtecks. Der Umfang des langen Rechtecks entspricht dem Umfang der L-Fläche, deshalb lautet in diesem Fall die Rechnung:

$U_{L\text{-Fläche}} = 2 \cdot 3$ cm $+ 2 \cdot 12$ cm oder $U_{L\text{-Fläche}} = 2 \cdot (3$ cm $+ 12$ cm$)$

In den anderen Fällen von Zerlegungen in Teilrechtecke, muss berücksichtigt werden, dass hierbei die Länge der Trennungslinien mitberechnet wird, obwohl sie nicht zu den Begrenzungslinien der gegebenen „L-Fläche" gehören. Um zum richtigen Ergebnis zu kommen, muss im Anschluss an das Einsetzen in die Formeln eine Subtraktion der mehrfach mit einbezogenen Strecken erfolgen.

Sowohl in den Berechnungen zum Flächeninhalt als auch in den Berechnungen zum Umfang können Variablen und Formeln enthalten sein. Die Einheiten cm und cm² können durchgehend mitgeschrieben werden oder erst am Ende notiert werden. In den Analysen der PISA-Ergebnisse bleiben sie weitgehend unberücksichtigt.

Eine besondere Schwierigkeit bei dieser Aufgabe ist das Finden eines bearbeitbaren Ansatzes, ob mit oder ohne die Verwendung von Formeln. Dabei geht es darum, die Teilfiguren in der L-förmigen Figur zu sehen und mit diesen zu operieren. Je nach Lösungsweg kommt noch das Ermitteln der fehlenden Seitenlängen aus dem Zusammenhang hinzu.

Ein möglicher Fehler bei der Bearbeitung der Aufgabe ist das Messen der fehlenden Teilstrecken. Diese sind in der vorgegebenen Zeichnung, die die Anmerkung „Zeichnung nicht maßgenau" enthält, 1,5 cm und 1,6 cm lang. Das Rechnen mit den gemessen Strecken führt zu falschen Ergebnissen, die daran zu erkennen sein können, dass sie nicht ganzzahlig sind, sondern Kommastellen enthalten. Durch Runden, Versuche des maßstabsgerechten Umwandelns oder das wiederholtes Addieren können sich aber auch beim Rechnen mit gemessenen Seitenlängen ganzzahlige Lösungen ergeben.

Auch Verwechslungen der Begriffe „Flächeninhalt" und „Umfang" können zu Fehlern führen, zum Beispiel dazu, dass die Ergebnisse vertauscht sind oder dass eine Mischung der beiden Vorgehensweisen zur Berechnung von Flächeninhalt und Umfang auftritt.

Weitere mögliche Fehler lassen sich in Bezug auf die beiden Teilaufgaben darstellen. Eine fehlerhafte Lösung bei der Berechnung des Umfangs kann entstehen, wenn nur mit den vorgegebenen Längen gerechnet wird oder nur eine der beiden fehlenden Seiten berücksichtigt wird. Werden zur Berechnung des Umfangs nur die vorgegebenen Seitenlängen addiert kommt man auf das Ergebnis 24 cm, beziehungsweise auf das Ergebnis 27 cm, wenn nur eine der fehlenden Seitenlängen berücksichtigt wird. Auch die Berechnung des Umfang der L-Fläche über die Umfänge von Teilfiguren birgt mögliche Fehler, beispielsweise liegt das Ergebnis höher, wenn doppelt oder dreifach berechnete Strecken am Ende nicht subtrahiert werden. Hinsichtlich der Berechnung des Umfangs der L-Fläche sind verschiedene weitere Fehler denkbar, bei denen mehr oder weniger als die zur Berechnung des Umfangs der L-Fläche relevanten Seitenlängen verwendet werden.

Bei der Berechnung des Flächeninhalts ist eine weitere Fehlerquelle das Wählen einer falschen Rechenoperation. Grund hierfür kann nicht nur eine Verwechslung der Begriffe sein, sondern zum Beispiel auch die Vorstellung, dass man bei der Berechnung des Flächeninhalts alle vorgegebenen Seitenlängen malnehmen muss. Entweder wird darauf geschlossen, weil die gleiche Vorgehensweise bei der Berechnung des Umfangs von Figuren funktioniert oder weil die Berechnung des Flächeninhalts mit der Multiplikation und nicht mit der Addition verbunden wird. Werden alle vorgegebenen Seitenlängen multipliziert, erhält man das Ergebnis 1120 cm². Anzumerken ist, dass sich die dazugehörige Einheit cm² zur Angabe des Flächeninhalts eigentlich nur aus der Multiplikation zweier Seitenlängen ergibt. Bezieht man auch die beiden nicht vorgegebenen Seitenlängen ein, kommt man auf das Ergebnis 10080 cm². Weitere mögliche Fehler sind denkbar, zum Beispiel die Verwendung von nur einer der fehlenden Seitenlängen oder die Verwendung der gemessenen Seitenlänge statt der aus dem Zusammenhang ermittelten.

6.3.5 PISA-Ergebnisse der Aufgabe „L-Fläche"

Für die erste Teilaufgabe „Flächeninhalt" liegen 1030 und für die zweite Teilaufgabe „Umfang" 1078 Bearbeitungen vor, die in die Auswertung eingingen. Davon waren bei der Berechnung des Flächeninhalts 59,9 Prozent und bei der Berechnung des Umfangs 49,9 Prozent der Schülerinnen und Schüler erfolgreich.

Betrachtet man nur die Hauptschülerinnen und Hauptschüler sind es 254 vorliegende Bearbeitungen beim Flächeninhalt und 266 Bearbeitungen beim Umfang, die zur Auswertung kamen. Bei den Schülerinnen und Schülern des Gymnasiums sind es 826 für Flächeninhalt und 808 beim Umfang.

Aus der Darstellung geht hervor, dass die Lösungshäufigkeiten für beide Teilaufgaben bei den Hauptschülerinnen und Hauptschülern mit 39 und 39,5 Prozent annähernd gleich sind. Bei den Gymnasiastinnen und Gymnasiasten hingegen waren 72,6 Prozent der Schülerinnen und Schüler bei der Berechnung des Flächeninhalts erfolgreich und etwas weniger, nämlich 60,3 Prozent bei der Berechnung des Umfangs. Gründe hierfür können Lehrplaneffekte und damit verbundene unterrichtliche Schwerpunkte sein.

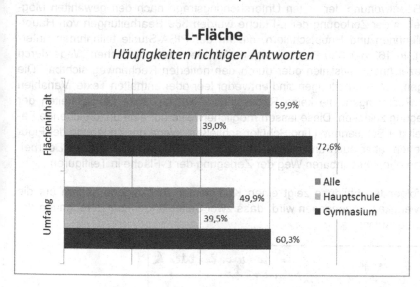

Abbildung 40: Lösungshäufigkeiten der Teilaufgaben bei der Aufgabe „L-Fläche" aus der PISA-Studie 2003

6.3.6 Ergänzende Analysen von PISA-Bearbeitungen zu individuellen Vorgehensweisen

Hinsichtlich dieser Aufgabe wurden weitere, ergänzende Analysen zu individuellen Vorgehensweisen der PISA-Schülerinnen und -Schüler durchgeführt, die in diesem Abschnitt dargestellt werden. Hierzu wurden zwei Untersuchungsfragen formuliert:

Welche Möglichkeiten der Zerlegung der L-Fläche in Teilfiguren wählen die PISA-Schülerinnen und –schüler?

Welche falschen Ergebniszahlen kommen in den Bearbeitungen der PISA-Schülerinnen und –Schüler vor und welche Schlussfolgerungen hinsichtlich individueller Vorgehensweisen sind möglich?

Möglichkeiten der Zerlegung der L-Fläche in Teilfiguren

Zur Beantwortung der ersten Untersuchungsfrage nach den gewählten Möglichkeiten der Zerlegung der L-Fläche wurden 389 Bearbeitungen von Hauptschülerinnen und Hauptschülern, die an der PISA-Studie teilnahmen untersucht. In 162 der 389 Bearbeitungen sind die unterschiedlichen Wege durch eingezeichnete Hilfslinien oder durch den notierten Rechenweg sichtbar. Die übrigen 227 Bearbeitungen sind entweder leer oder enthalten Texte, Variablen oder Rechnungen, die keine Rückschlüsse auf gewählte Möglichkeiten der Zerlegung zulassen. Diese lassen möglicherweise auf eine unzureichende Fähigkeit der Schülerinnen und Schüler schließen, Wege der Zerlegung der Figur zu sehen, aber auch unter den erfolgreichen Bearbeitungen gibt es Bearbeitungen ohne erkennbaren Weg der Zerlegung der L-Fläche in Teilfiguren.

Die folgende Abbildung zeigt einen Kommentar zur Aufgabe, indem auf die Schwierigkeit eingegangen wird, dass zwei Seitenlängen zur Berechnung der Aufgabe fehlen:

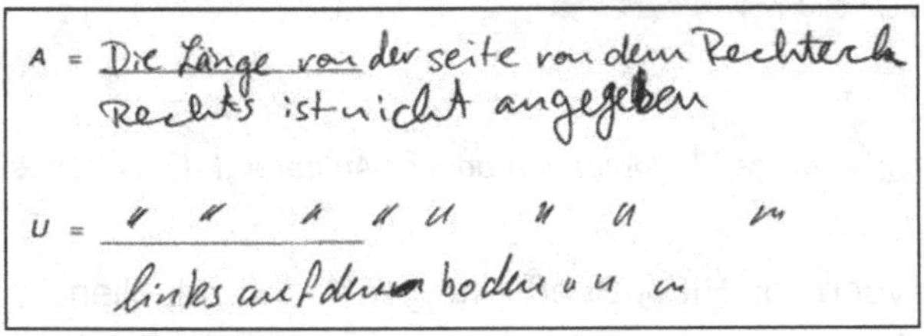

Abbildung 41: Schülerkommentar zur Aufgabe „L-Fläche" unter den Bearbeitungen der PISA-Hauptschülerinnen und -Hauptschüler

Auffällig ist auch, dass es viele Bearbeitungen gibt, die keine der angegebenen Seitenlängen, sondern nur Formeln enthalten. Abbildung 42 zeigt hierzu vier Beispiele, die ausschließlich teils unvollständige oder falsche Formeln enthalten und keine der vorgegebenen Seitenlängen. Es handelt sich bei diesen Bearbeitungen demnach um Versuche, auf vorhandenes Formelwissen zurückzugreifen. Zu den Formeln, auf die die PISA-Hauptschülerinnen und -Hauptschüler sich vor dem Hintergrund der Aufgabenstellung beziehen, gehören nicht nur die Formeln zur Berechnung des Flächeninhalts und Umfang eines Rechtecks. Auch Formeln für die Figuren Quadrat, Trapez aber auch Dreieck kommen vor. In zwei der Bearbeitungen findet sich auch die Zahl zur Berechnung von Kreisflächen.

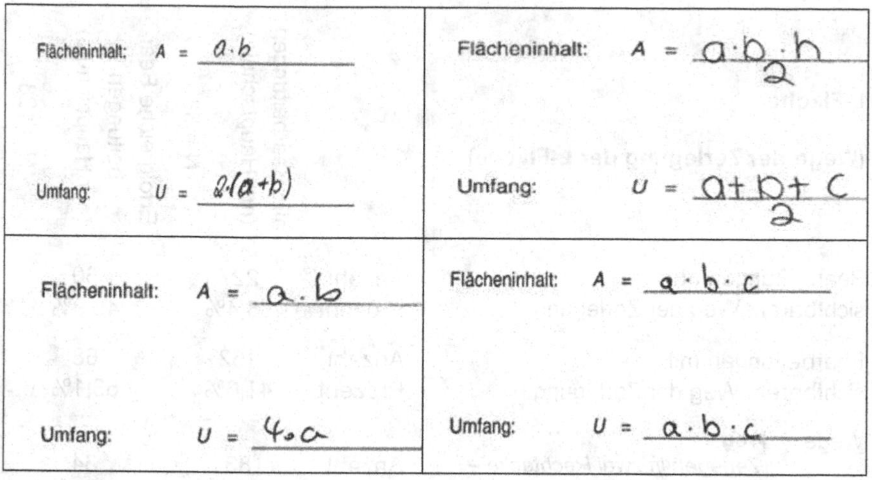

Flächeninhalt: $A = a \cdot b$	Flächeninhalt: $A = \dfrac{a \cdot b \cdot h}{2}$
Umfang: $U = 2(a+b)$	Umfang: $U = \dfrac{a+b+c}{2}$
Flächeninhalt: $A = a \cdot b$	Flächeninhalt: $A = a \cdot b \cdot c$
Umfang: $U = 4 \cdot a$	Umfang: $U = a \cdot b \cdot c$

Abbildung 42: Bearbeitungen der Aufgabe „L-Fläche", die ausschließlich Formeln enthalten

Die Tabelle 8 gibt einen Überblick über Wege der Zerlegung der L-Fläche und deren Vorkommen in den untersuchten Bearbeitungen der PISA-Hauptschülerinnen und Hauptschüler. Dabei wurden in der linken Spalte alle 389 Bearbeitungen und in der rechten Spalte nur die 128 erfolgreichen Bearbeitungen berücksichtigt.

Aus den ersten beiden Zeilen der Tabelle wird ersichtlich, dass es mit 53,1 Prozent gegenüber 41,6 Prozent einen etwas größeren Anteil an Bearbeitungen mit sichtbarem Weg der Zerlegung gibt, wenn nur die erfolgreichen Bearbeitungen betrachtet. Eine Erklärung dafür ist, dass Schülerinnen und Schüler, die Wege der Zerlegung notiert haben, sich möglicherweise intensiver mit dem Inhalt der Aufgabe auseinandergesetzt haben, aber auch unter den erfolgreichen Bearbeitungen gibt es mit 46,9 Prozent einen großen Anteil von Bearbeitungen ohne sichtbaren Lösungsweg. Das Einzeichnen von Hilfslinien und Notieren von Rechenwegen allein führt also nicht unbedingt und unmittelbar zum erfolgreichen Lösen der Aufgabe.

L-Fläche (Wege der Zerlegung der L-Fläche)		alle Bearbeitungen (nur Hauptschule) N = 389	Erfolgreiche Bear- beitungen (nur Hauptschule) N = 128
Bearbeitungen ohne sichtbarem Weg der Zerlegung	Anzahl Prozent	227 58,4%	60 46,9%
Bearbeitungen mit sichtbarem Weg der Zerlegung	Anzahl Prozent	162 41,6%	68 53,1%
Wege **Weg 1:** *„Zerlegen in zwei Rechtecke –* *größeres Rechteck liegend"*	Anzahl Prozent	83 21,3%	34 26,6%
Weg 2 *„Zerlegen in zwei Rechtecke –* *größeres Rechteck stehend"*	Anzahl Prozent	60 15,4%	29 22,7%
Weg 3 *„Zerlegen in zwei Rechtecke und* *ein Quadrat"*	Anzahl Prozent	8 2,1%	0 0%
Weg 4: *„Ergänzen zu einem großen* *Rechteck und Abziehen des klei-* *nen Rechtecks"*	Anzahl Prozent	9 2,3%	5 3,9%
Weg 5: *„Zerlegen in zwei Rechtecke und* *Ergänzen zu einem langen Recht-* *eck"*	Anzahl Prozent	0 0%	0 0%
Weg 6: *„Zerlegen in zwei Trapeze"*	Anzahl Prozent	2 <1%	0 0%
Weg 7: *„Zerlegen in zwei Trapeze und Er-* *gänzen zu einem langen Recht-* *eck"*	Anzahl Prozent	0 0%	0 0%

Tabelle 8: Verschiedene Wege der Zerlegung der PISA-Schülerinnen und Schüler bei der Aufgabe „L-Fläche"

Aus dem Vorkommen der gewählten Wege der Zerlegung der L-Fläche in den untersuchten Bearbeitungen mit sichtbarem Lösungsweg sind mit Vorsicht Tendenzen hinsichtlich ihres des tatsächlichen Vorkommens möglich. Dabei ist zu beachten, dass auch in den Bearbeitungen ohne erkennbarem Weg, eine Zerlegung stattgefunden haben kann. Vor allem bei Weg 4 „Ergänzen zu einem großen Rechteck und Abziehen des kleinen Rechtecks" ist davon auszugehen, das dieser häufig auch ohne zusätzliche Aufzeichnungen gewählt wurde, da hierbei nur die gegebenen Seitenlängen verarbeitet werden müssen.

Die Wege 1 (83 Schülerinnen und Schüler) und 2 (60 Schülerinnen und Schüler), also das Zerlegen der L-Fläche in zwei Rechtecke wurden mit großem Abstand von den meisten der PISA-Hauptschülerinnen und -Hauptschülern gewählt. Die übrigen Wege bilden Ausnahmen in den Bearbeitungen und kommen nur in wenigen der untersuchten Bearbeitungen vor. Der Weg 3 „Zerlegen der L-Fläche in zwei Rechtecke und ein Quadrat" wurde von 8, der Weg 4 „Ergänzen der L-Fläche zu einem großen Quadrat und Abziehen des kleinen Rechtecks" von 9 Schülerinnen und Schülern gewählt. Die Wege 5 und 7, die beide das Ergänzen der L-Fläche zu einem langen Rechteck beinhalten, kommen in den Bearbeitungen der Hauptschülerinnen und Hauptschüler gar nicht vor und Weg 6 „Zerlegen in zwei Trapeze" wurde zweimal gewählt.

Weil die Anzahlen der Hauptschülerinnen und Hauptschüler, in deren Bearbeitungen die Wege 3, 5 und 6 sichtbar sind, zu gering sind, sind keine statistischen Aussagen darüber möglich, welche Wege der Zerlegung erfolgreicher bearbeitet wurden als andere. Unter den 143 Bearbeitungen, bei denen die Wege 1 und 2 verfolgt wurden, finden sich insgesamt 63 richtige Bearbeitungen, 34 von 83 bei Weg 1 und 29 von 60 bei Weg 2. Der Weg 4 führte in 5 der 9 Bearbeitungen, in denen dieser Weg sichtbar ist, zum Ziel. Die Wege 3 und 6 sind zwar in einigen Bearbeitungen sichtbar, führten aber in keinem Fall zur richtigen Berechnung des Flächeninhalts der L-Fläche.

Betrachtung der unterschiedlichen Ergebniszahlen

Auch zur Beantwortung der zweiten Untersuchungsfrage nach der Häufigkeit des Auftretens bestimmter Ergebniszahlen und der daraus abzuleitenden Schlussfolgerungen hinsichtlich individueller Vorgehensweisen wurden Bearbeitungen von PISA-Schülerinnen und –Schülern untersucht. Für die erste Teilaufgabe „Berechnung des Flächeninhalts" wurden 1030 Bearbeitungen der Schülerinnen und Schüler aller Schularten sowie 389 Bearbeitungen von Hauptschülerinnen und Hauptschülern untersucht. Für die zweite Teilaufgabe „Berechnung des Umfangs" waren es 1078 Bearbeitungen von Schülerinnen und Schülern aller Schularten beziehungsweise 400 Bearbeitungen von Hauptschülerinnen und Hauptschülern, die untersucht wurden.

Einige falsche Ergebnisse dieser Aufgabe tauchen nur ein einziges Mal auf oder kommen in den Bearbeitungen bei nur sehr wenigen Schülerinnen und Schülern vor. Bestimmte falsche Ergebnisse aber, treten häufiger auf als andere. Dies lässt in den meisten Fällen auf bestimmte Vorgehensweisen der Schülerinnen und Schüler schließen.

Abbildung 43 zeigt hierzu das Beispiel einer PISA-Bearbeitung, welche die beiden häufigsten Fehler bei der Berechnung des Flächeninhalts und des Umfang der L-Fläche enthält. Hier wurden nur die vorgegebenen Seitenlängen verarbeitet. Zur Berechnung des Umfangs wurden alle vorgegebenen Seitenlängen der L-Fläche addiert und zur Berechnung des Umfangs multipliziert. In diesem Beispiel bestätigen die aus der Bearbeitung ersichtlichen Rechenwege die dahinter stehenden Vorgehensweisen, die weiter oben bereits als mögliche Fehler dargestellt wurden.

Für diese Untersuchung wird es als angemessen angesehen, bereits bei einer geringen Anzahl von mehr als 5 Bearbeitungen, in denen die gleiche Ergebniszahl vorkommt, von einem gehäuften Auftreten zu sprechen, auch wenn es sich, bezogen auf die Gesamtheit immer noch um eine seltene Ergebniszahl handelt. Sobald Ergebnisse mehrfach auftreten, sind hinter den Ergebnissen spezifische Vorgehensweisen zu vermuten. Wie bei PISA blieben die dazugehörigen Einheiten unberücksichtigt. In einzelnen Fällen werden sie später zur Einschätzung von Verwechslungen der Begriffe herangezogen. Um mögliche Vorgehensweisen nachzuvollziehen, werden außerdem eingezeichnete Hilfslinien und Rechnungen in ausgewählten Bearbeitungen in die ergänzenden Analysen einbezogen und im Zusammenhang mit häufig vorkommenden Ergebniszahlen dargestellt.

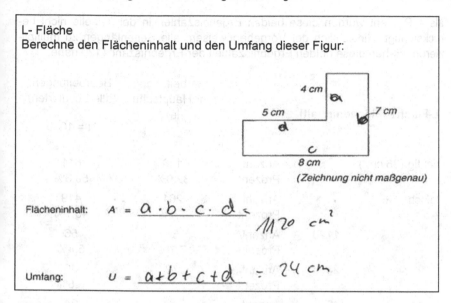

Abbildung 43: Bearbeitung der Aufgabe „L-Fläche" mit den beiden häufigsten Fehlern

Tabelle 9 zeigt, in wie vielen Bearbeitungen der PISA-Schülerinnen und Schüler bestimmte, falsche Ergebniszahlen bei der Berechnung des Flächeninhalts der „L-Fläche" auftreten. Unter sonstigen Bearbeitungen sind alle diejenigen Ergebniszahlen zusammengefasst, die in weniger als 5 Bearbeitungen auftreten. Die meisten dieser sonstigen Ergebniszahlen kommen nur ein einziges Mal in den Daten vor. Sortiert sind die Ergebniszahlen nach der Häufigkeit ihres Auftretens bei den Schülerinnen und Schülern aller Schularten (rechte Spalte der Tabelle).

Die häufigsten falschen Ergebniszahlen, die die Schülerinnen und Schüler bei der Berechnung des Flächeninhalts der „L-Fläche" nennen, sind die 1120 und die 24. Etwa 5,4 Prozent der Bearbeitungen der Schülerinnen und Schüler aller Schularten sowie knapp 8 Prozent der Bearbeitungen der Hauptschülerinnen und Hauptschüler enthalten die Ergebniszahl 1120. Offensichtlich wurden die vier angegebenen Seitenlängen miteinander multipliziert: 8 · 5 · 4 · 7 = 1120, wie bereits im Beispiel der Abbildung dargestellt. Die dieser Vorgehensweise nahe stehende Ergebniszahl 10008, also die Multiplikation aller Seitenlängen einschließlich der beiden nicht angegebenen 8 · 5 · 4 · 7 · 3 · 3 kommt hingegen selten vor, ebenfalls die Ergebniszahl 3360, also die Multiplikation aller Seitenlängen einschließlich einer der beiden nicht angegebenen Seitenlängen. Aufgrund der geringen Häufigkeit des Auftretens von weniger als 1 Prozent wurden diese beiden Ergebniszahlen in der Tabelle nicht berücksichtigt. Hinsichtlich der Vorgehensweisen, alle Seitenlängen zu multiplizieren, stehen diese beiden Ergebniszahlen der Ergebniszahl 1120 nahe.

L-Fläche (Flächeninhalt)			Bearbeitungen (nur Hauptschule) N = 389	Bearbeitungen (alle Schularten) N = 1030
richtig (36 cm²)		Anzahl	128	611
		Prozent	32,9%	59,3%
falsch		Anzahl	261	419
		Prozent	7,1%	40,7%
häufigere, falsche Ergebniszahlen	1120	Anzahl	30	56
		Prozent	7,7%	5,4%
	24	Anzahl	30	36
		Prozent	7,7%	3,5%
	45	Anzahl	8	24
		Prozent	2,1%	2,3%
	68	Anzahl	12	23
		Prozent	3,1%	2,2%
	56	Anzahl	9	21
		Prozent	2,3%	2,0%
	40	Anzahl	10	19
		Prozent	2,6%	1,8%
	27	Anzahl	6	13
		Prozent	1,5%	1,3%
	28	Anzahl	6	12
		Prozent	1,5%	1,2%
	sonstige	Anzahl	150	215
		Prozent	38,6%	20,9%

Tabelle 9: Häufige, falsche Ergebniszahlen in den Bearbeitungen der PISA-Schülerinnen und Schüler bei der Berechnung des Flächeninhalts der Aufgabe „L-Fläche"

Nicht so eindeutig lässt sich die Vorgehensweise für die zweithäufigste Ergebniszahl 24 bestimmen, da verschiedene Arten einer Verarbeitung der angegebenen Seitenlängen zu diesem Ergebnis führen können. Diese Ergebniszahl tritt wiederum in knapp 8 Prozent der Bearbeitungen der PISA-Hauptschülerinnen und Hauptschüler sowie in 3,5 Prozent der Bearbeitungen der Schülerinnen und Schüler aller Schularten auf. Damit ist sie bei den Hauptschülerinnen und Hauptschülern gleich häufig und bei den Schülerinnen und Schülern aller Schularten etwas weniger häufig als die Ergebniszahl 1120.

Drei verschiedene Vorgehensweisen sind in den Bearbeitungen der PISA-Schülerinnen und –Schüler zu finden. Für diese Vorgehensweisen stehen folgende Rechnungen: $2 \cdot (3 \cdot 4) = 24$ und außerdem noch $5 + 4 + 8 + 7 = 24$ und $3 \cdot 8 = 24$. Dabei steht die erste Rechnung möglicherweise für die zweifache Berechnung des oberen Rechtecks. Das Ergebnis 24 als Addition der vorgegebenen Seitenlängen lässt auf eine Verwechslung von Flächeninhalt und Umfang schließen, zumal einige Schülerinnen und Schüler, die sich für diese Vorgehensweise entschieden, bei der Berechnung des Umfangs eine Multiplikation durchführten. Dieses Ergebnis tritt, wie bereits angemerkt, als häufigster Fehler bei der Berechnung des Umfangs auf. Mit der dritten Lösung $3 \cdot 8 = 24$ wurde nur eine der Teilfiguren berechnet, in die sich die L-Fläche zerlegen lässt, nämlich eins der beiden Rechtecke. Die Lösung ist somit unvollständig.

Neben den beiden häufigen Ergebniszahlen 1120 und 24 treten in den Bearbeitungen weitere Ergebniszahlen auf, hinter denen bestimmte Vorgehensweisen zu vermuten und teilweise auch in den Bearbeitungen nachzuweisen sind. Die Häufigkeiten ihres Vorkommens sind der Tabelle 9 zu entnehmen. Die beiden Vorgehensweisen zu den Ergebniszahlen 27 und 45 ähneln sich. Beiden Rechenwegen gemeinsam ist, dass sie die L-Fläche in zwei Rechtecke zerteilen. Auf die Ergebniszahl 27 kommt man, wenn die L-Fläche wie im Weg 3 in zwei Rechtecke und ein Quadrat zerlegt wird, für die Berechnung des Flächeninhalts aber nur die beiden Rechtecke berücksichtigt werden, was der Rechnung $3 \cdot 5 + 4 \cdot 3 = 27$ entspricht. Da das Ergebnis 27 cm² in den Bearbeitungen der PISA-Hauptschülerinnen und Hauptschüler wie im Beispiel der Abbildung nur ohne weitere Aufzeichnungen auftaucht, lassen sich keine weiteren Erkenntnisse hinsichtlich der Vorgehensweisen ableiten. Aufgrund der meist angegebenen Einheit cm² liegt eine Multiplikation näher als eine Addition.

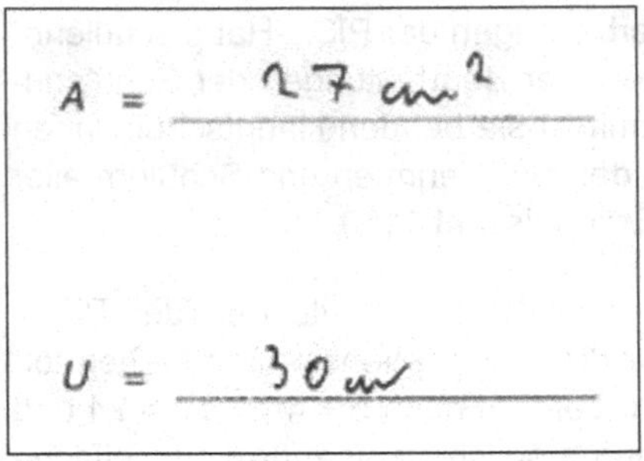

$$A = \underline{ 2\,7\ cm^2 }$$

$$U = \underline{ 3\,0\ cm }$$

Abbildung 44: Bearbeitung der Aufgabe „L-Fläche" mit dem Ergebnis 27 cm² für Flächeninhalt

Die Ergebniszahl 45 wird erreicht, wenn die Flächeninhalte der beiden großen Rechtecke, die sich in dem Quadrat überschneiden, zusammen gerechnet werden (Abbildung 45). Dabei wird der Flächeninhalt des Quadrats doppelt gerechnet.

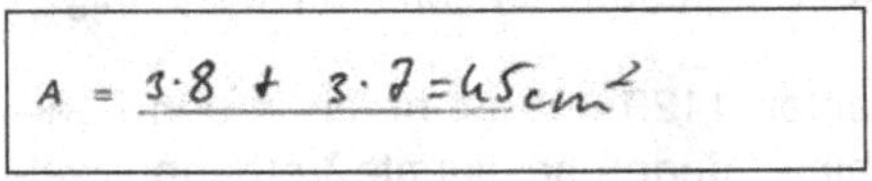

$$A = \underline{3 \cdot 8} + \underline{3 \cdot 7} = 45\,cm^2$$

Abbildung 45: Bearbeitung der Aufgabe „L-Fläche" mit dem Ergebnis 45 cm² für Flächeninhalt

Die Ergebniszahl 68 wird, wie im Beispiel der Abbildung 46, erreicht, durch eine rechnerische Verarbeitung der angegebenen Seitenlängen 5 · 8 + 4 · 7 = 68. Hierbei werden ebenso wie bei den beiden vorangegangenen Vorgehensweisen zwei der vorgegebenen Seitenlängen multipliziert und die Ergebnisse anschließend addiert. Der Unterschied liegt darin, dass bei dieser Vorgehensweise auf keine geeignete Zerlegung der Figur geschlossen werden kann.

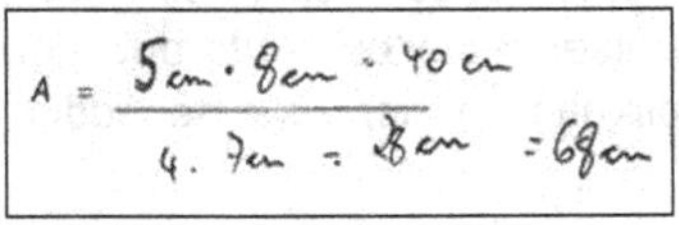

$$A = \frac{5\,cm \cdot 8\,cm = 40\,cm}{4 \cdot 7\,cm = 8\,cm} = 68\,cm$$

Abbildung 46: Bearbeitung der Aufgabe „L-Fläche" mit dem Ergebnis 68 cm² für Flächeninhalt

Zur Ergebniszahl 56 führt die Multiplikation der beiden Seitenlängen des großen Rechtecks, zu dem sich die L-Fläche ergänzen lässt: 8 · 7 = 56. Wie im Beispiel der Abbildung 47 wird der Flächeninhalt des entstandenen großen

Rechtecks berechnet, ohne das kleinere Rechteck abzuziehen, um das die Figur ergänzt wurde.

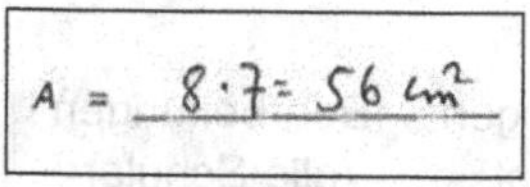

$$A = \underline{8 \cdot 7 = 56 \, cm^2}$$

Abbildung 47: Bearbeitung der Aufgabe „L-Fläche" mit dem Ergebnis 56 cm²

Dividiert man dieses Ergebnis durch zwei, kommt man auf 28, eine Lösung, die immerhin noch von 12 Schülerinnen und Schülern genannt wurde. Die Division durch 2, wie sie im Beispiel der Abbildung 48 erfolgt, resultiert möglicherweise aus dem Versuch das Ergebnis „kleiner zu machen" oder in Anlehnung an die bekannten Formeln zur Flächeninhaltsberechnung von rechtwinkligem Dreieck und Trapez, bei denen auch eine Division durch 2 erfolgt.

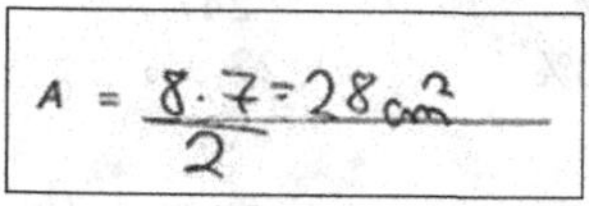

$$A = \frac{8 \cdot 7 = 28 \, cm^2}{2}$$

Abbildung 48: Bearbeitung der Aufgabe „L-Fläche" mit dem Ergebnis 28 cm² für Flächeninhalt

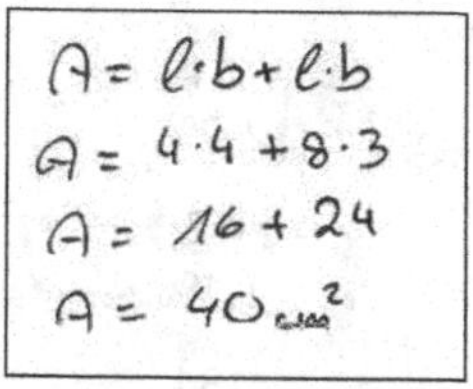

$$A = \ell \cdot b + \ell \cdot b$$
$$A = 4 \cdot 4 + 8 \cdot 3$$
$$A = 16 + 24$$
$$A = 40 \, cm^2$$

Abbildung 49: Bearbeitung der Aufgabe „L-Fläche" mit dem Ergebnis 40 cm² für Flächeninhalt

Auch die Ergebniszahl 40 lässt sich anhand der Bearbeitungen der Schülerinnen und Schüler genauer ergründen. Neben der Multiplikation der beiden Seitenlängen 5 cm und 8 cm kommt in einer der Bearbeitungen die Addition der Zwischenergebnisse 24 und 16 vor. Es scheint hier ein Fehler bei der Bestimmung einer der fehlenden Seitenlängen unterlaufen zu sein, entweder ein Rechenfehler oder ein Fehler durch den Versuch einer maßstabsgerechten Umwandlung.

Tabelle 10 zeigt, in wie vielen Bearbeitungen der PISA-Schülerinnen und Schüler bestimmte, falsche Ergebniszahlen bei der Berechnung des Umfangs der „L-Fläche" auftreten.

L-Fläche (Umfang)			Bearbeitungen (nur Haupt-schule) N = 400	Bearbeitungen (alle Schular-ten) N = 1078
richtig (30 cm)		Anzahl	143	541
		Prozent	35,8%	50,2%
falsch		Anzahl	257	537
		Prozent	64,3%	49,8%
häufige, falsche Ergebniszahlen	24	Anzahl	87	247
		Prozent	21,8%	22,9%
	27	Anzahl	12	35
		Prozent	3,0%	3,2%
	36	Anzahl	13	31
		Prozent	3,3%	2,9%
	1120	Anzahl	24	31
		Prozent	6,0%	2,9%
	28	Anzahl	7	12
		Prozent	1,8%	1,1%
	sonstige	Anzahl	7	181
		Prozent	1,8%	16,8%

Tabelle 10: Häufige, falsche Ergebniszahlen in den Bearbeitungen der PISA-Schülerinnen und Schüler bei der Berechnung des Umfangs der Aufgabe „L-Fläche"

Auch bei der Berechnung des Umfangs der L-Fläche treten einige falsche Ergebniszahlen treten häufiger auf. Die Vielfalt häufiger Ergebniszahlen ist dabei etwas geringer. Dafür weist die häufigste Ergebniszahl einen wensentlich höheren Anteil an Bearbeitungen auf, als die häufigste falsche Ergebniszahl bei der Berechnung des Flächeninhalts. Etwa 22,9 Prozent der Schülerinnen und Schüler aller Schularten, kamen bei der Berechnung des Umfangs auf die Ergebniszahl 24. Bei den Hauptschülerinnen und Hauptschülern sind es mit 21,8 Prozent etwas weniger. Dieses Ergebnis erhält man, indem die angegebenen

Seitenlängen addiert werden 5 + 4 + 8 + 7 = 24, wie anfangs im Beispiel. Die beiden nicht angegebenen Seitenlängen werden dabei vernachlässigt.

Wie bereits anhand der Bearbeitungen zur Berechnung des Flächeninhalts gezeigt, sind auch andere Vorgehensweisen möglich, die zur Ergebniszahl 24 führen. Diese würden dann Multiplikationen enthalten. Hinweise auf solche Vorgehensweisen finden sich in den Bearbeitungen der PISA-Schülerinnen und Schüler nicht.

Die zweithäufigste Ergebniszahl, für die sich die Hauptschülerinnen und Hauptschüler entschieden, ist die 1120, also, wie bereits bei der Berechnung des Flächeninhalts beschrieben, die Multiplikation aller vier vorgegebenen Seitenlängen. In den Bearbeitungen der Schülerinnen und Schülern aller Schularten tritt diese Ergebniszahl mit 2,9 Prozent nur knapp halb so oft auf. Die Ergebniszahl 1120 kommt, wie in der Abbildung, teilweise, aber nicht immer, innerhalb derselben Bearbeitung für den Flächeninhalt und für den Umfang vor und deutet auf Verwechslungen hin.

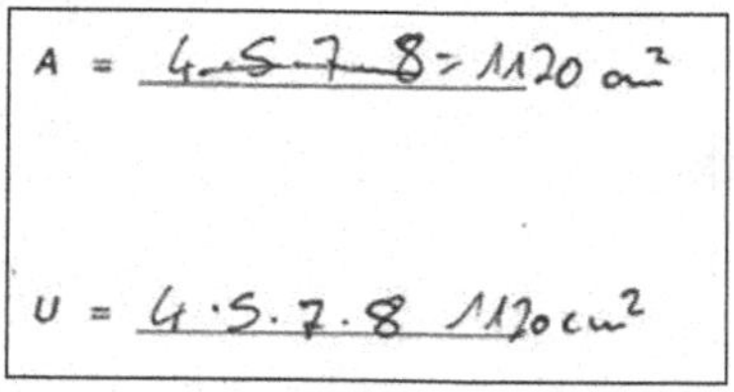

$$A = 4 \cdot 5 \cdot 7 \cdot 8 = 1120 \ cm^2$$

$$U = 4 \cdot 5 \cdot 7 \cdot 8 \ 1120 \, cm^2$$

Abbildung 50: Beispiel einer Bearbeitung der Aufgabe „L-Fläche" mit dem Ergebnis 1120 cm² für Umfang

Die Häufigkeiten für weitere Ergebniszahlen sind geringer (Tabelle 10). Die Ergebniszahl 27 lässt zwei Vorgehensweisen vermuten. Zum einen zeigte sich in den Aufzeichnungen der Bearbeitungen, dass nur eine der beiden fehlenden Seitenlängen addiert wurde: 5 + 4 + 8 + 7 + 3 = 27. Eine weitere Möglichkeit des Vorgehens ergibt sich aus dem Messen der beiden unbekannten Seitenlängen. In diesen Fällen wurden 1,5 cm für die beiden fehlenden Seitenlängen ermittelt, so dass sich folgende Rechnung ergibt: 4 + 5 + 1,5 + 8 + 7 + 1,5 = 27.

Das Entscheiden für die Ergebniszahl 36 zeigt wiederum Parallelen zu den Vorgehensweisen bei der Berechnung des Flächeninhalts. Da es sich bei 36 cm² um das richtige Ergebnis der Berechnung des Flächeninhalts der L-Fläche handelt, kann man auf eine Verwechslung von Flächeninhalt und Umfang schließen, vor allem dann, wenn in diesem Zusammenhang die Einheit cm² verwendet wurde.

Abbildung 51 zeigt zudem ein Beispiel, in dem das Ergebnis 36 cm für Umfang mit einer Vorgehensweise der Zerlegung in zwei Rechtecke und der Addition ihrer beiden Umfänge erreicht wird. Je nachdem, welcher Weg der Zerlegung in Teilfiguren beschritten wird, lassen sich mit dieser Vorgehensweise auch andere Ergebnisse, wie zum Beispiel 42 erreichen.

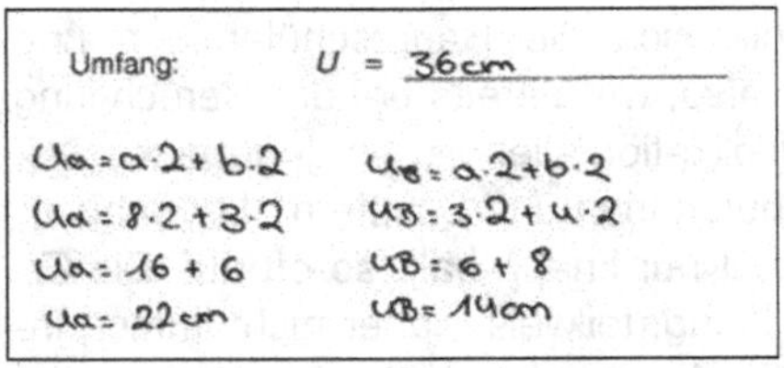

Abbildung 51: Beispiel einer Bearbeitung der Aufgabe „L-Fläche" mit dem Ergebnis 36 cm für Umfang

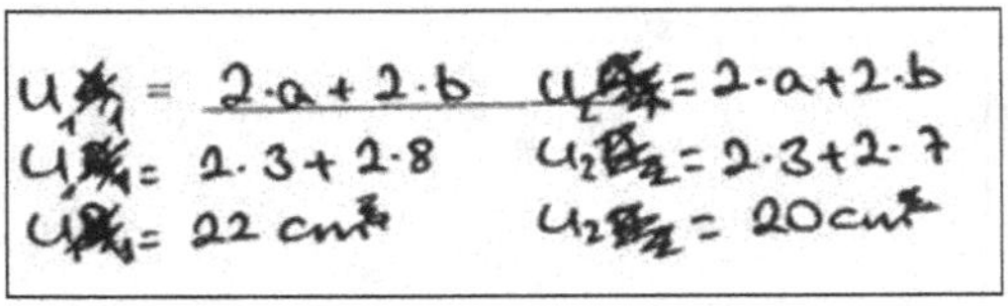

Abbildung 52: Beispiel einer Bearbeitung der Aufgabe „L-Fläche" mit dem Ergebnis 42 cm für Umfang

Einige Schülerinnen und Schüler sind mittels Addition zu einem Ergebnis von 28 cm gekommen.

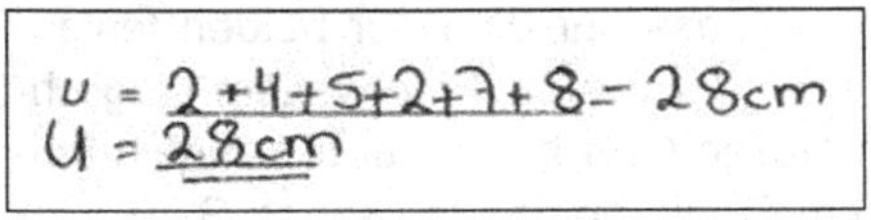

Abbildung 53: Bearbeitung der Aufgabe „L-Fläche" mit dem Ergebnis 28 cm für Umfang

Im Beispiel, das Abbildung 53 zeigt, erfolgte dies, indem 2 cm für die fehlenden Seitenlängen ermittelt wurden, offensichtlich durch Aufrunden der gemessenen Strecke.

Schwierig zu beurteilen sind Ergebniszahlen, die Dezimalstellen enthalten. Diese treten sowohl als Ergebnisse der Berechnung des Flächeninhalts als auch bei der Berechnung des Umfangs auf. Betrachtet man die Bearbeitungen, liegen die Messungen für beide fehlende Seitenlängen im Bereich von 1,4 cm bis 1,8 cm. Alle der aufgezeigten Lösungswege lassen sich auch mit gemessenen Seitenlängen verfolgen. Damit ergeben viele unterschiedliche Ergebnisse, deren errechnete Werte durch die verschiedenen Vorgehensweisen vor allem bei Durchführung von Multiplikationen teilweise weit auseinander liegen und nicht zusammengefasst werden können. Bereits bei der Darstellung der möglichen Fehler wurde darauf hingewiesen, dass sich in bestimmten Fällen auch bei gemessenen Seitenlängen ganzzahlige Lösungen ergeben können. Allein deshalb kann von der Häufigkeit des Auftretens von Ergebniszahlen mit Dezimalstellen nicht auf die Häufigkeit der Vorgehensweisen schließen, bei denen gemessen wurde. Die Aufzeichnungen in den Bearbeitungen enthalten außerdem Hinweise, dass es Schülerinnen und Schüler gab, die versuchten, maßstabsgerecht umzurechnen und das Doppelte der gemessenen Strecke weiter verarbeiteten. So lässt sich möglicherweise die ermittelte Seitenlänge von 4 cm, die nachweislich in einigen Rechnungen verwendet wurde erklären. Aber auch die richtige Seitenlänge von 3 cm lässt sich durch Verdoppelung der gemessenen Strecke von 1,5 cm erhalten.

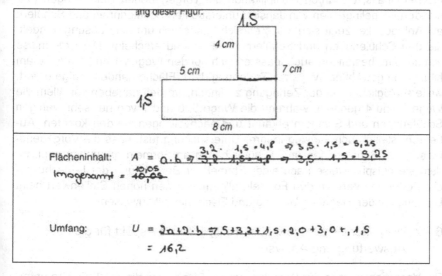

Abbildung 54: Beispiele zweier Bearbeitungen der Aufgabe „L-Fläche", bei denen gemessen wurde, ersichtlich in der Zeichnung, beziehungsweise in der Rechnung

In den Bearbeitungen der PISA-Hauptschülerinnen und –Hauptschüler finden sich nur wenige Hinweise auf das Messen der fehlenden Seitenlängen. Nur 21 der Bearbeitungen enthalten sichtbare Hinweise auf das Messen, entweder durch das Ergänzen der gemessenen Seitenlängen in der Zeichnung oder durch das Verwenden gemessener Seitenlängen in den Rechnungen. Zwei Beispiele, bei denen gemessen wurde zeigt die Abbildung 54.

Weitere Untersuchungen zu individuellen Vorgehensweisen von Jansing

Weitere Untersuchungen von „Vorgehensweisen von Schülerinnen und Schülern der Hauptschule beim Lösen der PISA-Aufgabe L-Fläche" wurden im Rahmen einer Masterarbeit von Jansing (2008) durchgeführt. Jansing führte insgesamt 10 qualitative Interviews zur Aufgabe „L-Fläche". Sie befragte 15-jährige Hauptschülerinnen und Hauptschüler einer achten Klasse zu ihrem Vorgehen bei der Aufgabe und schloss weitere vertiefende Fragen zu möglichen Lösungswegen, Schwierigkeiten und Fehlern an. Dabei nutzte sie Erkenntnisse aus der ergänzenden Analyse der PISA-Daten. Sie fragte die Schülerinnen und Schüler im Interview beispielsweise, ob sie bestimmte falsche, häufig vorkommende Lösungen nachvollziehen und erklären können. Das Nachvollziehen der falschen Ergebniszahl 1120 bei der Berechnung des Flächeninhalts, die durch Multiplikation der vorgegebenen Seitenlängen entstanden ist, gelingt allen von Jansing untersuchten Schülerinnen und Schülern auf Anhieb. Hier zeigt sich, dass es sich tatsächlich um eine Lösung handelt, die den Schülerinnen und Schülern nahe liegend erscheint. Die Ergebnisse von Jansing bestätigen auch, dass es sich bei den Wegen 1 und 2 um die am häufigsten gewählten Wege zur Zerlegung der L-Fläche handelt. Aufgefordert, weitere Möglichkeiten der Zerlegung zu finden, werden daneben vor allem die Wege 3 und 4 genannt, während die Wege 5, 6 und 7 von nur sehr wenigen Schülerinnen und Schülern erkannt und nachvollzogen werden konnten. Außerdem stellte auch Jansing in ihrer Untersuchung fest, dass die Vorgehensweisen der Schülerinnen und Schüler häufig an Formeln gebunden sind, indem sie beispielsweise nach einer Formel zur Berechnung der L-Fläche suchen oder im Interview den Formeln allgemein einen hohen Stellenwert beim Umgang mit den Begriffen Umfang und Flächeninhalt zuweisen.

6.3.7 Wege der Berechnung über Teilfiguren als Aspekt für die Auswertung und Analyse

Die Vorgehensweisen zur Berechnung des Flächeninhalts der L-Fläche unterscheiden vor allem darin, welcher Weg gewählt wird, die L-Fläche in Teilfiguren zu zerlegen oder zu einer bekannten Figur zu ergänzen. Auch bei dieser

Aufgabe sind Vorgehensweisen mit und ohne Verwendung von Variablen und Formeln denkbar. Diesbezüglich lässt sich die Untersuchungsfrage nach den Lösungswegen zur Berechnung des Flächeninhalts wie folgt konkretisieren:

- Welche Wege zur Berechnung des Umfangs der L-Fläche über Teilfiguren werden gewählt?
- Werden dabei Variablen und Formeln verwendet?

Auch die Lösungswege zur Berechnung des Umfangs der L-Fläche können über die Berechnung von Teilfiguren führen. Wiederum sind Vorgehensweisen mit und ohne Verwendung von Variablen denkbar.

- Wird der Umfang über Teilfiguren berechnet?
- Werden dabei Variablen und Formeln verwendet?

Hinsichtlich der Schwierigkeiten und Fehler werden die Untersuchungsfragen wie folgt konkretisiert:

- Wie wird mit den fehlenden Seitenlängen umgegangen?
- Wie äußern sich die Hauptschülerinnen und Hauptschüler zu der unbekannten Figur „L-Fläche"?

Für die Verbindung mit den PISA-Ergebnissen ergeben sich folgende Untersuchungsfragen, die sich auf die beiden häufigsten Fehler der PISA-Schülerinnen und -Schüler beziehen:

- Kommt es vor, dass für den Flächeninhalt alle vier angegebenen Seitenlängen malgenommen werden? Warum?
- Kommt es vor, dass zur Berechnung des Umfangs nur die angegebenen oder nur eine der beiden fehlenden Seitenlängen berücksichtigt werden? Warum?
- Gibt es Versuche die fehlenden Seitenlängen zu messen?
- Kommen in den Bearbeitungen weitere häufige Fehler der PISA-Schülerinnen und -Schüler vor?

Im Interview wird die Frage nach der Berechnung von Figuren aus Teilflächen aufgegriffen, indem die Schülerinnen und Schüler nach ihrem Vorgehen gefragt werden, wenn die Formel einer Figur nicht bekannt ist:

- Wenn du die Formel einer Figur nicht weißt, was machst du dann? Kannst du den Umfang (Flächeninhalt) trotzdem berechnen?

In der Nachbearbeitung werden zunächst die fehlenden Seitenlängen thematisiert und danach die verschiedenen Wege der Berechnung des Flächeninhalts über Teilflächen:

- Da waren ja nicht alle Längen angegeben. Zwei Seiten fehlten. Wie geht man da vor?
- Was habt ihr gemacht?
- Geht das auch noch anders?
- Kann man die Figur auch noch anders sehen?

Daran schließen sich weitere Fragen an, die sich auf die verschiedenen Schwierigkeiten und Fehler der Aufgabe beziehen.

6.4 Wandfläche – eine Aufgabe mit außermathematischem Kontext

6.4.1 Umsetzung von Geometrie in der Aufgabe

Peter will die Wände und die Decke seines Zimmers mit weißer Wandfarbe streichen. Sein Zimmer, mit rechteckiger Grundfläche, ist 4 m breit, 5 m lang und 2,50 m hoch. Das Zimmer hat eine Tür und ein Fenster, die natürlich nicht gestrichen werden müssen. Die Fläche von Tür und Fenster zusammen ist 6 m².

Wie groß ist die Fläche, die Peter streichen muss?

Bitte kreuze die richtige Lösung an.

☐   22,5 m²

☐   36,5 m²

☐   39 m²

☐   44 m²

☐   50 m²

☐   59 m²

Abbildung 55: Untersuchungsaufgabe „Wandfläche" aus dem nationalen Test der PISA-Studie 2003 (vgl. Blum u.a. 2004, 47-92)

In der Aufgabe „Wandfläche" (Abbildung 55) geht es wiederum um das Berechnen eines Flächeninhalts. Wie bei der Aufgabe L-Fläche ist hierzu das Finden eines bearbeitbaren Ansatzes erforderlich. Auch hier gelangt man über Teilfiguren zur richtigen Lösung, also über „Operationen mit Formen" entsprechend der zweiten Grundidee Wittmanns. Dementsprechend wird, wie in den beiden Aufgaben „Rechteck" und „L-Fläche", auch in dieser Aufgabe die Dimension „Apply appropriate techniques, tools, and formulas to determine measurements" aus dem Bereich "Messen" der NCTM Standards (NCTM 2000) angesprochen und, da zunächst ein Ansatz gefunden werden muss, darüber hinaus die erste Dimension des Bereichs Geometrie, die das analytische Denken beinhaltet.

Vorrangig ist in dieser Aufgabe der beschriebene außermathematische Kontext, den es zu mathematisieren gilt. Auf das allgemeine Lernziel „Mathematisieren" zielen Wittmanns Grundideen „Formen in der Umwelt" und „Geometrisierung". Laut Wittmann können Formen in der Umwelt und Operationen an und mit ihnen, sowie Beziehungen zwischen ihnen mit Hilfe geometrischer Begriffe beschrieben werden. Im Fall dieser Aufgabe ist eine raumgeometrische Problemstellung gegeben, die in die Sprache der Geometrie übersetzt und geometrisch bearbeitet werden soll. Dieser Prozess entspricht dem Vorstellen des Zimmers und dem Ansatz, das Zimmer als „Quader", beziehungsweise die zu streichenden Flächen als „Rechtecke" zu sehen. Ein Mittel zur Veranschaulichung der Situation dieser Aufgabe ist das Anfertigen einer Skizze. Auch, wenn es in der Aufgabe nicht gefordert wird, stellt die Skizze ein wesentliches heuristisches Mittel hinsichtlich der Entwicklung eines passenden Modells zur Lösung der Aufgabe dar.

In den NCTM Standards (NCTM 2000) wird das Mathematisieren außermathematischer Kontexte in der vierten Dimension, die das „Nutzen geometrischer Aussagen" beinhaltet, thematisiert: „Recognize geometric ideas and relationships and apply them to other disciplines and to problems that arise in the classroom or in everyday life."

In dieser Aufgabe kommt aufgrund des beschriebenen außermathematischen Kontexts die Sichtweise der Geometrie als „Vorrat von Formen, die man außerhalb der Geometrie nutzen kann" zum Ausdruck (Neubrand 2010). Der Realitätsbezug liefert in diesem Fall den Zugang zur Geometrie. Für die Geometrie spezifische Tätigkeiten, die in dieser Aufgabe zum Ausdruck kommen, sind wiederum das geometrische Sehen und das Operieren mit dem Gesehenen. Diese Aufgabe zählt bei PISA zu den üblichen Berechnungsaufgaben.

6.4.2 Eigenschaften der Aufgabe im Modell mathematischer Aufgaben bei PISA

Auch für diese Aufgabe ist ein Modellierungsprozess erforderlich. Die beschriebene Realsituation muss mathematisiert, also in ein mathematisches Modell übersetzt werden. Dazu ist es erforderlich, dass sich die Schülerinnen und Schüler das beschriebene Zimmer mit den zu streichenden Wänden vorstellen können. Der Prozess des „Mathematisierens" beinhaltet, zu erkennen, dass die Form des Zimmers einem geometrischen Körper, dem Quader, entspricht und dass sich die zu streichende Fläche aus Rechtecken, also Seiten des Quaders, zusammensetzt. Hieraus wird das Modell zur Berechnung entwickelt, im Fall dieser Aufgabe muss berücksichtigt werden, dass fünf Flächen, nämlich vier Seitenwände und die Decke gestrichen werden, abzüglich der Flächen von Tür und Fenster, die wiederum Rechtecken entsprechen. Das „Verarbeiten" entspricht dem eigentlichen Ausrechnen der zu streichenden Fläche. Es entsteht das mathematische Ergebnis einer Rechnung, das es in der Realität zu „interpretieren" gilt, als die insgesamt zu streichende Fläche. Das anschließende „Validieren" der Ergebnisse bedeutet, zu überprüfen, ob die gefundene Lösung der realen Problemsituation auch angemessen und vernünftig ist, zum Beispiel, ob das Ergebnis in der richtigen Größenordnung liegt und ob die angegebene Einheit hinkommen kann.

Es handelt sich im Gegensatz zu den ersten beiden Aufgaben um eine Aufgabe mit außermathematischem Kontext, denn im Aufgabentext wird, wie bereits erwähnt, eine Realsituation beschrieben. Diese ist zudem als authentisch und lebensweltnah einzustufen.

Wie in der Aufgabe „L-Fläche" folgt auch in dieser Aufgabe auf das „Mathematisieren" eine prozedurale Bearbeitung, denn prozedurales Verfahrenswissen zum Berechnen des Flächeninhalts bestimmt den Verarbeitungsprozess. Die Aufgabe lässt sich nicht in einem Schritt im Sinne einer mathematischen (Standard-) Prozedur lösen. Es sind zunächst mehrere Teilflächen zu berechnen, die in Beziehung zueinander gebracht werden müssen.

Deshalb handelt es sich auch bei dieser Aufgabe um eine mehrschrittige, rechnerische Modellierungs- und Problemlöseaufgabe, die in der nationalen Konzeption mit Kompetenzklasse 2B klassifiziert wird, was der internationalen Kompetenzklasse „Connection" entspricht.

6.4.3 Einordnung in die Bildungsstandards, den Lehrplan und die NCTM Standards

Die fachspezifischen Hinweise des Lehrplans für die Klassenstufe 5 zum Thema „Größen" beinhalten, dass die Schülerinnen und Schüler das Prinzip der Flächen- und Volumenmessungen kennen lernen. Dabei bezieht man sich auf Flächeninhalt von Quadrat und Rechteck und Oberflächeninhalt und Volumen von Würfel und Quader. Zur Behandlung von Sachaufgaben steht dort: „Bei offenen Sachaufgaben sollen die beschriebenen Größen erkannt, Lösungswege gefunden und die Ergebnisse im Zusammenhang gedeutet werden" (Lehrplan für die Sekundarstufe I 1997, 26).

Auch diese Aufgabe lässt sich, wie die Aufgabe „L-Fläche", der Leitidee „Messen" zuordnen. Wieder geht es darum, einen Flächeninhalt zu berechnen. Diesmal ist zudem ein außermathematischer Kontext gegeben. Die Schülerinnen und Schüler „entnehmen Maßangaben aus Quellenmaterial, führen damit Berechnungen durch und bewerten die Ergebnisse sowie den gewählten Weg in Bezug auf die Sachsituation" (KMK 2004, S. 10). Um die beschriebene Sachsituation zu mathematisieren, müssen sich die Schülerinnen und Schüler das Zimmer zunächst vorstellen können (Abschnitt 5.3.2). Dies entspricht der Kompetenz „geometrische Objekte und Beziehungen in der Umwelt zu erkennen und zu beschreiben", die der Leitidee „Raum und Form" entspricht.

Allgemeine mathematische Kompetenzen, die in dieser Aufgabe gefordert werden, sind wiederum „Probleme mathematisch lösen" und „mathematisch modellieren" sowie „mit symbolischen, formalen und technischen Elementen der Mathematik umgehen" (Abschnitt 5.2.3). Der Unterschied zur Aufgabe „L-Fläche" besteht darin, dass eine außermathematische Situation modelliert und zunächst in mathematische Begriffe übersetzt werden muss. Bei der Bearbeitung der Aufgabe kann auch die allgemeine mathematische Kompetenz „mathematische Darstellungen verwenden" eine Rolle spielen, denn das Anfertigen einer Skizze des Zimmers trägt zum erfolgreichen Lösen der Aufgabe bei.

Auch diese Aufgabe entspricht, wie die Aufgabe „L-Fläche", dem Anforderungsbereich II der Bildungsstandards „Zusammenhänge herstellen".

Hinsichtlich der NCTM Standards (NCTM 2000) passt diese Aufgabe zu der für Grade 3-5 beschriebenen Erwartung, dass die Schülerinnen und Schüler Formeln zur Berechnung des Flächeninhalts von Rechtecken entwickeln, verstehen und anwenden können: „Develop, understand, and use formulas to find the area of rectangles and related triangles and parallelograms" in Bezug auf räumliche Objekte für Grade 3-5 heißt es "develop strategies to determine the surface areas and volumes of rectangular solids".

6.4.4 Mögliche Lösungswege, Schwierigkeiten und Fehler

Zur Lösung der Aufgabe müssen die Schülerinnen und Schüler unter den sechs vorgegebenen Möglichkeiten die richtige Lösung ankreuzen. Da das Anfertigen einer Skizze sowie das Aufschreiben der Rechenwege in der Aufgabenstellung nicht gefordert werden, ist es möglich, dass die untersuchten Schülerinnen und Schüler nur die Antwortmöglichkeit ankreuzen. Die Bearbeitungen der Schülerinnen und Schüler können darüber hinaus auch Skizzen, Rechnungen oder weitere Notizen enthalten.

Zur Lösung der Aufgabe müssen zunächst die fünf rechteckigen Teilflächen (Decke, vier Wandflächen), aus denen sich die zu streichende Fläche zusammensetzt, berechnet werden. Die Decke hat die gleichen Maße wie die Grundfläche, und die gegenüberliegenden Wandflächen sind gleich. Es reicht somit aus, die Flächeninhalte zweier benachbarter Wandflächen und die Grundfläche zu berechnen, wobei die Flächeninhalte der Wandflächen zu verdoppeln sind. Anschließend müssen die Flächeninhalte addiert und ein Flächeninhalt von 6 m² für Tür und Fenster muss abgezogen werden.

Eine Rechnung, die die Berechnung der fünf rechteckigen Teilflächen zusammenfasst, könnte wie folgt aussehen:

$$A_{Wandfläche} = 2 \cdot A_{Wand1} + 2 \cdot A_{Wand2} + A_{Decke} - A_{Tür\,und\,Fenster}$$

$$A_{Wand1} = 4\,m \cdot 2{,}50\,m \quad = 10\,m^2$$
$$A_{Wand2} = 5\,m \cdot 2{,}50\,m \quad = 12{,}50\,m^2$$
$$A_{Decke} = 5\,m \cdot 4\,m \quad\quad = 20\,m^2$$
$$A_{Tür\,und\,Fenster} \quad\quad\quad\quad = 6\,m^2$$

$$A_{Wandfläche} = 2 \cdot 10\,m^2 + 2 \cdot 12{,}50\,m^2 + 20\,m^2 - 6\,m^2$$
$$A_{Wandfläche} = 65\,m^2 - 6\,m^2$$
$$A_{Wandfläche} = 59\,m^2$$

Denkbar ist auch das Verwenden der Formel zu Oberflächenberechnung eines Quaders, wobei a,b, und c die Seitenlängen und die Höhe des Zimmers sind. Von der Oberfläche des Quaders muss anschließend zusätzlich zum Flächeninhalt von Tür und Fenster noch der Flächeninhalt des Bodens, der gleich dem Flächeninhalt der Decke ist, abgezogen werden.

$$A_{Wandfläche} = O_{Zimmer} - A_{Decke} - A_{Tür\,und\,Fenster}$$

$$O_{Zimmer} = 2 \cdot (ab+ac+bc) = 2 \cdot (4\,m \cdot 5\,m + 4\,m \cdot 2{,}50\,m + 5\,m \cdot 2{,}50\,m) = 85\,m^2$$
$$A_{Decke} = 5\,m \cdot 4\,m \quad\quad\quad\quad\quad = 20\,m^2$$
$$A_{Tür\,und\,Fenster} \quad\quad\quad\quad\quad\quad = 6\,m^2$$

$$A_{Wandfläche} = 85\,m^2 - 20\,m^2 - 6\,m^2 \quad = 59\,m^2$$

Die besondere Schwierigkeit bei dieser Aufgabe liegt im Prozess des Mathematisierens der beschriebenen Situation, bei dem es darum geht, das beschriebene Problem in die Sprache der Geometrie zu übersetzen. Nach Wittman muss eine Form in der Umwelt mit Hilfe geometrischer Begriffe beschrieben werden. Dazu müssen sich die Schülerinnen und Schüler das beschriebene Zimmer zunächst vorstellen können, ohne dass ihnen eine Hilfe in Form einer Abbildung oder Skizze zur Verfügung steht.

Mögliche Fehler bei der Bearbeitung der Aufgabe lassen sich am Beispiel der fünf falschen Antworten aufzeigen, die in der Aufgabe vorgegebenen sind, denn diese Antwortmöglichkeiten stehen jeweils für eine bestimmte Vorgehensweisen, bei denen alle oder nur ein Teil der vorgegebenen Größen in spezifischer Weise verarbeitet werden, bei denen aber kein passendes mathematisches Modell zur Lösung der Aufgabe entwickelt wird.

Die Ergebnisvariante 22,5 m² erhält man, indem zunächst der Flächeninhalt der Grundfläche berechnet wird und anschließend die Höhe zum Flächeninhalt addiert:

$$4\ m \cdot 5\ m + 2{,}50\ m = 22{,}5\ m^2$$

Hierbei bleibt unberücksichtigt, dass die Wandfläche sich aus mehreren Rechtecken zusammensetzt. Die Verwendung der Einheiten bei dieser Vorgehensweise ist nicht stimmig. Zudem wird der Flächeninhalt von Tür und Fenster nicht berücksichtigt. Die Ergebnisvariante 36,5 m² steht für folgende Vorgehensweise:

$$A_1 = \ 4\ m \cdot 2{,}50\ m \qquad = 10\ m^2$$
$$A_2 = \ 5\ m \cdot 2{,}50\ m \qquad = 12{,}50\ m^2$$
$$A_3 = \ 5\ m \cdot 4\ m \qquad\quad = 20\ m^2$$
$$10\ m^2 + 12{,}50\ m^2 + 20\ m^2 \quad = 42{,}50\ m^2$$
$$A_{\text{Wandfläche}} = 42{,}50\ m^2 - 6\ m^2 \quad = 36{,}50\ m^2$$

zunächst werden die unterschiedlichen Flächeninhalte (benachbarte Wandflächen und Decke) berechnet und anschließend addiert. Allerdings werden nur drei Flächeninhalte addiert, die Wandflächen nur jeweils einmal. Abschließend wird, wie bei der richtigen Lösung auch, der Flächeninhalt von Tür und Fenster abgezogen. Für das Ergebnis 39 m² sind zwei verschiedene Vorgehensweisen denkbar. Möglicherweise werden die Wandflächeninhalte A1 und A2 zunächst richtig berechnet, auch die notwendige Verdoppelung der beiden errechneten Flächeninhalte findet statt und die Subtraktion des Flächeninhalts von Tür und Fenster, lediglich der Flächeninhalt der Decke bleibt unberücksichtigt:

$A_1 = 4 \text{ m} \cdot 2{,}50 \text{ m} = 10 \text{ m}^2$
$A_2 = 5 \text{ m} \cdot 2{,}50 \text{ m} = 12{,}50 \text{ m}^2$
$A_{\text{Wandfläche}} = 2 \cdot 10 \text{ m}^2 + 2 \cdot 12{,}50 \text{ m}^2 - 6 \text{ m}^2 = 39 \text{ m}^2$

Die Lösung 39 m² erhält man auch, wenn die Decke zwar mitgerechnet wird, der Flächeninhalt der kleineren Wandfläche aber außer Acht gelassen wird:

$A_2 = 5 \text{ m} \cdot 2{,}50 \text{ m} = 12{,}50 \text{ m}^2$
$A_3 = 5 \text{ m} \cdot 4 \text{ m} \quad = 20 \text{ m}^2$
$A_{\text{Wandfläche}} = 2 \cdot 12{,}50 \text{ m}^2 + 20 \text{ m}^2 - 6 \text{ m}^2 = 39 \text{ m}^2$

Die Ergebnisvariante 44 m² steht für die Multiplikation der gegebenen Seitenlängen mit der Höhe des Zimmers und die anschließende Subtraktion des Flächeninhalts von Tür und Fenster:

$5 \text{ m} \cdot 4 \text{ m} \cdot 2{,}5 \text{ m} - 6 = 44 \text{ m}^2$

Anstelle des Flächeninhalts der Wandfläche wird in diesem Fall das Volumen des Zimmers berechnet. Die Verwendung der Einheiten bei dieser Vorgehensweise ist nicht stimmig. Auch die Ergebnisvariante 50 m² legt diese Vorgehensweise nah, denn dieses Ergebnis erhält man, wenn wie bei der Ergebnisvariante 44 m² die gegebenen Seitenlängen mit der Höhe des Zimmers multipliziert werden. Bei dieser Ergebnisvariante wurde zudem der Flächeninhalt von Tür und Fenster nicht berücksichtigt, auch bei dieser Vorgehensweise müsste die Einheit des Ergebnisses eigentlich m³ lauten, da ein Volumen berechnet wird:

$5 \text{ m} \cdot 4 \text{ m} \cdot 2{,}5 \text{ m} = 50 \text{ m}^2$

Die sechs Antwortmöglichkeiten in dieser Multiple-Choice-Aufgabe können natürlich nicht alle Varianten der Verarbeitung der angegebenen Größen abdecken. Die angegebenen Ergebnisvarianten stehen vielmehr exemplarisch für die Vielfalt der verschiedenen Vorgehensweisen. Entsprechend der Vorgehensweise zu dem Ergebnis 39 m², bei der nur eine der Wandflächen berücksichtigt wird, ist es natürlich auch denkbar, nur die andere Wandfläche zu berücksichtigen und damit das Ergebnis 30 m² zu erhalten. Außerdem wurden nicht systematisch für alle Vorgehensweisen das Berücksichtigen und das Vernachlässigen der Fläche von Tür und Fenster berücksichtigt, zum Beispiel fehlt diesbezüglich das Ergebnis 65 m², welches für die richtige Rechnung mit Berücksichtigung aller vier Wandflächen einschließlich der Decke, aber ohne anschließende Subtraktion des Flächeninhalts von Tür und Fenster steht.

Da es sich bei der Aufgabe um eine Multiple-Choice-Aufgabe handelt, kann die Entscheidung für eine bestimmte Ergebnisvariante auch durch „blindes Raten" oder durch ein „Abwägen der Ergebnisvarianten" entstanden sein. Unter der Bezeichnung „blindes Raten" wird verstanden, dass eine Ergebnisvariante angekreuzt wird, ohne den Aufgabentext zu lesen beziehungsweise ohne dass die Aufgabenstellung für den Entscheidungsprozess eine Rolle spielt.

Beim „Abwägen der Ergebnisvarianten" werden die vorgegebenen Größen und möglicherweise zusätzliche Hinweise im Aufgabentext berücksichtigt, um eine Art der rechnerischen Verknüpfung zu finden, die zu einer der Ergebnisvarianten führt. Unterschieden werden kann dabei das rechnerische Verknüpfen der vorgegebenen Größen ohne oder mit Berücksichtigen der durch den Aufgabentext beschriebenen Situation. Im ersten Fall wird allein auf der Grundlage der Zahlen entschieden. Im zweiten Fall gibt es einen Ansatz zur Entwicklung eines mathematischen Modells, das aber, wenn es zu einer der ersten fünf Ergebnisvarianten führt, der Situation nicht gerecht wird. Bei den Entscheidungen für die dargestellten Ergebnisvarianten, ist also nicht unbedingt vorauszusetzen, dass den Schülerinnen und Schüler bewusst ist, was sie mit ihrer Vorgehensweise berechnen.

Es ist aber davon auszugehen, dass das „Abwägen der Ergebnisvarianten", bei dem die Situation der Aufgabe nicht berücksichtigt wird, sondern nur die vorgegebenen Größen rechnerisch verknüpft werden, eher zu den Ergebnisvarianten 22,5 m² und 36,5 m² sowie 44 m² und 50 m² führt, weil die Rechnungen weniger aufwendig sind. Die Ergebnisvariante 39 m² hingegen enthält Ansätze zur richtigen Lösung. Es werden jeweils Flächeninhalte berechnet, die den Wandflächen des Zimmers entsprechen und diese werden auch verdoppelt. Dabei wird entweder die Zimmerdecke oder eine der Wandflächen vergessen, so dass die Lösung unvollständig ist. Eher als für die anderen Ergebnisvarianten ist für diese Ergebnisvariante daher anzunehmen, dass ein Ansatz zur Entwicklung eines passenden Modells vorhanden ist.

Die mehrschrittige rechnerische Verknüpfung der angegebenen Größen zur richtigen Lösung 59 m² ist weniger durch Zufall, sondern unter Verwendung des passenden mathematischen Modells zu erreichen und setzt ein Verstehen der beschriebenen Situation voraus.

6.4.5 PISA Ergebnisse der Aufgabe „Wandfläche"

Bei der Aufgabe „Wandfläche" gingen 2472 Bearbeitungen von Schülerinnen und Schülern aller Schularten in die Bewertung ein, davon 375 von Schülerinnen und Schülern der Hauptschule und 899 von Schülerinnen und Schülern des Gymnasiums.

15,6 Prozent der deutschen Schülerinnen und Schüler aller Schularten kreuzten bei der Aufgabe „Wandfläche" das richtige Ergebnis 59 m² an. Am häufigsten wurde die falsche Ergebnisvariante 44 m² gewählt. 41 Prozent der Schülerinnen und Schüler aller Schularten entschieden sich für diese Ergebnisvariante. Dahinter steht die Vorgehensweise, mit den drei vorgegebenen Seitenlängen das Volumen des Zimmers zu berechnen und davon den Flächeninhalt von Tür und Fenster abzuziehen. Hierbei wird die durch den Aufgabentext beschriebene Situation, das Zimmer mit den zu streichenden Flächen, bei der Entwicklung des passenden, rechnerischen Modells zur Lösung der Aufgabe unzureichend berücksichtigt.

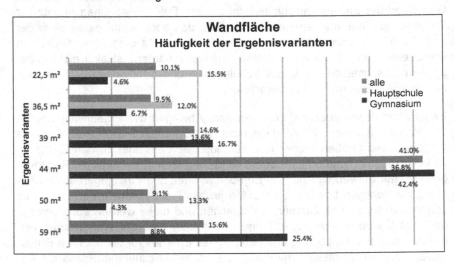

Abbildung 56: Häufigkeiten der Ergebnisvarianten bei der Aufgabe „Wandfläche" aus PISA 2003

Betrachtet man die Häufigkeiten der Ergebnisvarianten für die Schularten Hauptschule und des Gymnasiums separat, sind es 36,8 Prozent der Hauptschülerinnen und Hauptschüler, die sich für die falsche Ergebnisvariante 44 m² entschieden. Bei den Gymnasiastinnen und Gymnasiasten sind es sogar 42,4 Prozent, die sich für diese Lösungsvariante entscheiden, mehr als bei den Schülerinnen und Schülern der übrigen Schularten.

Die richtige Ergebnisvariante 59 m² weist mit 8,8 Prozent bei den Hauptschülerinnen und Hauptschülern und mit 25,4 Prozent bei den Gymnasiastinnen und Gymnasiasten eine geringe Lösungshäufigkeit auf, bei den Hauptschülerinnen und Hauptschülern ist es sogar die geringste Lösungshäufigkeit unter den 6 Ergebnisvarianten.

Die übrigen Ergebnisvarianten wurden von den Hauptschülerinnen und Hauptschülern zu etwa gleichen Teilen gewählt. Sie liegen zwischen 12 und 16 Prozent. Bei den Schülerinnen und Schülern des Gymnasiums weist die Ergebnisvariante 39 m² mit 16,7 Prozent eine höhere Häufigkeit auf als die übrigen Ergebnisvarianten, deren Häufigkeiten zwischen 4 und 7 Prozent liegen. Bei dieser Ergebnisvariante ist, wie bereits beschrieben, eher als bei den anderen Ergebnisvarianten anzunehmen, dass wenigstens ein Ansatz zur Entwicklung eines passenden Modells vorhanden ist. Dennoch zeigen die Ergebnisse, dass es auch einem großen Anteil der Gymnasiastinnen und Gymnasiasten offenbar nicht gelingt, ein passendes rechnerisches Modell zu Lösung der Aufgabe zu entwickeln, das die durch den Aufgabentext beschriebene Situation angemessen berücksichtigt. Während sich die falschen Antworten der Schülerinnen und Schüler des Gymnasiums besonders gehäuft bei den Ergebnisvarianten 44 m² und 39 m² auftreten, verteilen sich die falschen Antworten der Hauptschülerinnen und Hauptschüler etwas mehr über alle Ergebnisvarianten.

6.4.6 Ergänzende Analysen der Aufgabe „Wandfläche" zum Vorkommen von Rechnungen und Skizzen

Auch hinsichtlich der Aufgabe „Wandfläche" wurden ergänzende Analysen von PISA-Daten durchgeführt. Diese beziehen sich auf das Vorkommen von Rechnungen und Skizzen, da sich im Zuge der Auswertung zeigte, dass hier ein wichtiger Schlüssel zum Erfassen des Aufgabenkontexts liegt. Es wurden hierzu folgende drei Untersuchungsfragen formuliert:

Wie verteilt sich das Vorkommen von Rechnungen und Skizzen auf die richtigen und falschen Bearbeitungen der PISA-Schülerinnen und –Schüler und wie ist das Vorkommen bei den Hauptschülerinnen und Hauptschülern im Vergleich zu den Schülerinnen und Schülern aller Schularten?

Welche Arten von Rechnungen und Skizzen kommen in den Bearbeitungen der Hauptschülerinnen und Hauptschüler vor?

Welche weiteren Varianten von Skizzen kommen in den erfolgreichen Bearbeitungen der Schülerinnen und Schüler aller Schularten vor?

Vorkommen von Rechnungen und Skizzen in den PISA-Bearbeitungen

Insgesamt lagen zur Auswertung 473 Bearbeitungen von Hauptschülerinnen und Hauptschülern vor, darunter 442 Bearbeitungen ohne und 31 Bearbeitungen mit zusätzlichen Aufzeichnungen (Tabelle 11). Während sich unter den 442 Bearbeitungen ohne zusätzliche Aufzeichnungen 26 richtige Lösungen befinden, sind von den 31 Bearbeitungen mit zusätzlichen Aufzeichnungen 10 erfolgreich. Unter diesen 31 Bearbeitungen sind neun Bearbeitungen mit Skizzen, 20 Bearbeitungen mit Rechnungen und zwei Bearbeitungen mit Rechnung und Skizze. Während von den zwei Bearbeitungen mit Rechnung und Skizze beide erfolgreich waren, sind unter den Bearbeitungen mit Skizze nur eine und unter den Bearbeitungen mit Rechnung sieben Bearbeitungen mit richtiger Lösung zu finden.

Wandfläche			Anzahl Bearbeitungen (nur Hauptschule)	N = 473	davon richtig
ohne Rechnungen		Anzahl		442	26
		Prozent		7,6%	5,5%
mit Rechnungen und/oder Skizzen		Anzahl		31	10
		Prozent		92,4%	2,1%
Vorkommen von Rechnungen und Skizzen in den Bearbeitungen der Hauptschülerinnen und Hauptschüler	ohne Rechnung ohne Skizze	Anzahl		442	26
		Prozent		93,4%	5,5%
	mit Skizze	Anzahl		9	1
		Prozent		1,9%	<1%
	mit Rechnung	Anzahl		20	7
		Prozent		4,2%	1,5%
	mit Skizze und Rechnung	Anzahl		2	2
		Prozent		<1%	<1%

Tabelle 11: Vorkommen von Rechnungen und Skizzen in allen Bearbeitungen der Hauptschülerinnen und Hauptschüler, die an PISA teilnahmen

Mit einiger Vorsicht ist aus dieser ersten Übersicht abzuleiten, dass Schülerinnen und Schüler, die sich in Form einer Rechnung oder Skizze mit der Aufgabe auseinander gesetzt haben, beim Bearbeiten der Aufgabe erfolgreicher waren, wobei eher die Rechnung und weniger die Skizze zur erfolgreichen Lösung beizutragen schien. Allerdings ist die Anzahl der vorhandenen Rechnungen und Skizzen bei den Hauptschülerinnen und Hauptschülern, die an PISA teilnahmen, so gering, dass allein auf der Grundlage dieser Daten keine aussagekräftigen Verhältnisse dargestellt werden können.

Für weitere Erkenntnisse wurden daher ergänzend die 166 erfolgreichen Bearbeitungen der Schülerinnen und Schüler aller Schularten hinzugezogen und in der Tabelle 12 berücksichtigt. Diese Übersicht zeigt das Vorkommen von Skizzen und Rechnungen in den erfolgreichen Bearbeitungen von Hauptschülerinnen und Hauptschülern und den Schülerinnen und Schülern aller Schularten im Vergleich.

Wandfläche			Anzahl Bearbeitungen (nur Hauptschule)	N = 473	Anzahl Bearbeitungen (alle Schularten)	N = 1064
richtig (59 m²)		Anzahl		36		166
		Prozent		7,6%		15,6%
falsch		Anzahl		437		898
		Prozent		92,4%		84,4%
Vorkommen von Rechnungen und Skizzen in den erfolgreichen Bearbeitungen	ohne Rechnung ohne Skizze	Anzahl		26		100
		Prozent		5,5%		9,4%
	mit Skizze	Anzahl		1		12
		Prozent		<1%		1,1%
	mit Rechnung	Anzahl		7		38
		Prozent		1,5%		3,6%
	mit Skizze und Rechnung	Anzahl		2		16
		Prozent		<1%		1,5%

Tabelle 12: Vorkommen von Rechnungen und Skizzen in allen erfolgreichen Bearbeitungen der PISA-Schülerinnen und Schüler bei der Aufgabe „Wandfläche"

Unter den 166 richtigen Bearbeitungen befinden sich 66 Bearbeitungen mit zusätzlichen Aufzeichnungen. In 12 dieser Bearbeitungen sind ausschließlich Skizzen zu finden, 38 der Bearbeitungen enthalten Rechnungen und 16 Bearbeitungen enthalten sowohl eine Rechnung als auch eine Skizze. Die Rechnung wird also gegenüber der Skizze bevorzugt verwendet. Mit einer Anzahl von 100 Bearbeitungen gibt es unter den richtigen Bearbeitungen der Schülerinnen und Schüler aller Schularten auch einen nicht geringen Anteil von Bearbeitungen, die weder eine Rechnung noch eine Skizze enthalten und dennoch zur richtigen Lösung führen. Allein das Vorkommen einer Rechnung oder Skizze darf nicht als Indiz für eine erfolgreiche Bearbeitung herangezogen werden. Es kommt darauf an, welcher Art die Rechnungen und Skizzen sind.

Rechnungen und Skizzen der Hauptschülerinnen und Hauptschüler

Da die Art und auch der Umfang der zusätzlichen Aufzeichnungen sehr unterschiedlich sind, wurde es als wichtig erachtet, genauer zu untersuchen, wie die Rechnungen und Skizzen in den Bearbeitungen beschaffen sind und welche dieser Rechnungen und Skizzen zu erfolgreichen Bearbeitungen führen. Wie die nachfolgenden Auswertungen zeigen, sind gerade unter den Aufzeichnungen der Hauptschülerinnen und Hauptschüler nicht nur hilfreiche Rechnungen und Skizzen, sondern auch Ansätze von Rechnungen und vor allem Skizzen, die gerade auf Schwierigkeiten hinweisen, den Aufgabenkontext umzusetzen. Zunächst wurden dafür die zusätzlichen Aufzeichnungen der 473 PISA-Hauptschülerinnen und –Hauptschüler genauer untersucht.

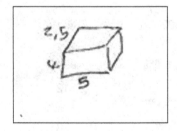

Abbildung 57: richtige PISA-Bearbeitung mit Skizze (Hauptschule)

Bei der einen Skizze mit erfolgreicher Bearbeitung, die ohne Rechnung in den Bearbeitungen der Hauptschülerinnen und Hauptschüler vorkommt, handelt es sich um ein Schrägbild (Abbildung 57) als Außenansicht mit der Darstellung von drei Seitenflächen. Die Seiten der vorderen Fläche sind mit 4 und 5 beschriftet und die kürzere Seite der oberen Fläche mit 2,5. Die vordere Fläche stellt demnach den Boden oder die Decke des Zimmers dar und die obere

Fläche eine der Wände. Das Zimmer wurde also nach vorne gekippt. Auch die beiden Skizzen mit erfolgreicher Bearbeitung, die zusammen mit einer Rechnung vorkommen, sind Schrägbilder. Sie unterscheiden sich nur in der Größe, Darstellungsart der verdeckten Linien und in der Beschriftung der Maß (Abbildung 58).

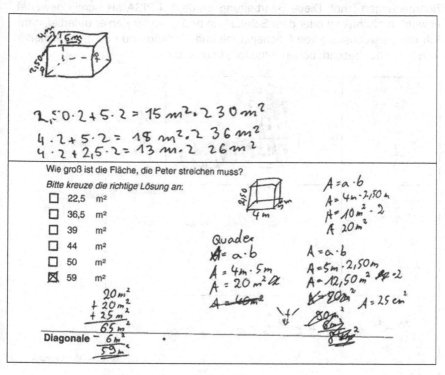

Abbildung 58: richtige PISA-Bearbeitungen mit Skizze und Rechnung (Hauptschule)

Beim oberen Beispiel wurden die verdeckten Kanten des Quaders gestrichelt gezeichnet. Die entsprechenden Seitenlängen wurden beschriftet. Im unteren Beispiel sind alle Kanten durchgehend gezeichnet. Auch diese Skizze ist mit den passenden Seitenlängen beschriftet. Die beiden dazugehörigen Rechnungen sind ausführlich notiert.

Bei der oberen Rechnung wurden nicht die Flächeninhalte, sondern die Umfänge der drei verschiedenen Seitenflächen berechnet. Obwohl sich eine Strecke ergibt, wurde bei den Ergebnissen die Einheit „m²" notiert. Da jede der Seitenflächen zweimal vorkommt wurde das Ergebnis jeweils mal zwei genommen. Die drei Teilergebnisse wurden nicht weiter verarbeitet, wahrscheinlich, weil die Schülerin oder der Schüler erkannte, dass das Ergebnis nicht unter den angebotenen Antwortmöglichkeiten zu finden ist. Möglicherweise wurde das richtige Ergebnis angekreuzt, weil es am dichtesten an dem erhaltenen liegt. Diese Aufgabe ist ein Beispiel dafür, dass sich der Blick auf die PISA-Bearbeitungen lohnt. Diese Bearbeitung wurde bei PISA als richtig gewertet, obwohl der Schülerin oder dem Schüler ein bedeutender Fehler unterlief, nämlich die Verwechslung von Flächeninhalt und Umfang und das unzureichende Vorstellen der beschriebenen Situation, trotz Skizze.

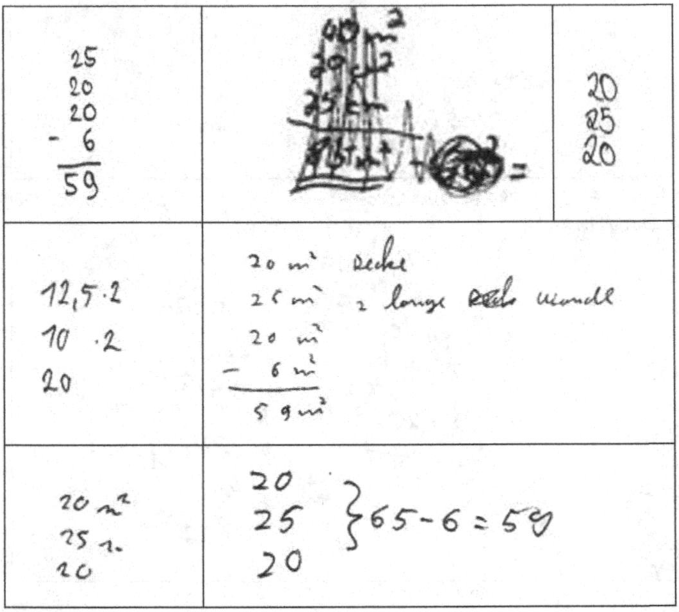

Abbildung 59: richtige PISA-Bearbeitungen mit Rechnung (Hauptschule)

In allen 7 Rechnungen, die in den richtigen Bearbeitungen ohne Skizze vorkommen (Abbildung 59), wurden Zwischenergebnisse notiert und weiter verarbeitet. In einem Fall wurde diese Nebenrechnung am Ende der Bearbeitung wieder durchgestrichen und nahezu unkenntlich gemacht. In 6 Bearbeitungen davon wurden als Zwischenergebnisse die Fläche der Decke mit 20 m², die beiden kürzeren Wände mit insgesamt 20 m² (2 mal 10 m²) und die beiden längeren Wände mit insgesamt 25 m² (2 mal 12,50 m²) addiert. In einer Bearbeitung wurden die Multiplikationen 12,5 mal 2 und 10 mal 2 notiert.

Unter 7 Skizzen mit falscher Lösung findet man keine Schrägbilder. Abbildung 60 zeigt die Skizzen der PISA-Hauptschülerinnen und Hauptschüler zur „Wandfläche" in den falschen Bearbeitungen mit Angabe der jeweils angekreuzten Ergebnisvariante. Es treten nur zweidimensionale Zeichnungen des Zimmers auf. Vier der Skizzen enthalten keine Beschriftungen. Es handelt sich dabei um eine durchgestrichene Skizze eines Dreiecks (Ergebnisvariante 36,5m²), zwei Skizzen eines Rechtecks (Ergebnisvariante 44m²) sowie eine körpernetzähnliche Darstellung des Zimmers, mit fehlender Grundfläche und zu groß gezeichneter Decke (keine Antwort).

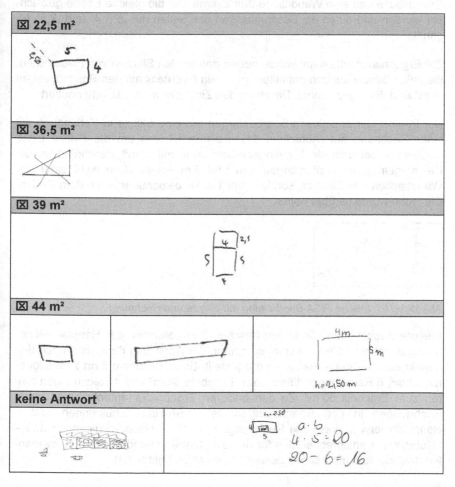

Abbildung 60: falsche PISA-Bearbeitungen mit Skizze (Hauptschule)

Die übrigen vier Skizzen enthalten jeweils Beschriftungen der vorgegebenen Seitenlängen 4 m, 5 m und 2,50 m, in einem Fall mit Einheiten und in den anderen drei Fällen ohne die dazugehörigen Einheiten. Zur Ergebnisvariante 22,5m² findet man die Skizze eines Rechtecks, das die Beschriftung der Seiten mit „4" und „5" enthält. Die zusätzlich eingetragene schräg verlaufende gestrichelte Linie, die von der linken oberen Ecke des Rechtecks ausgeht, stellt die Höhe des Zimmers dar und wurde mit 2,50 beschriftet.

Die Skizze zur Ergebnisvariante 39m² ähnelt einem Klappbild, bei dem die Grundfläche und eine Wandfläche des Zimmers in die gleiche Ebene gezeichnet wurden und durch die Beschriftungen der Seiten mit „5", „4" und „2,5" ergänzt.

Zur Ergebnisvariante 44m² wurde neben den beiden Skizzen von Rechtecken, die keine Beschriftungen enthalten, noch ein Rechteck mit den Beschriftungen „4 m" und „5 m" gezeichnet. Die Höhe des Zimmers wurde darunter notiert.

Nur in einer der erfolglosen Bearbeitungen tritt eine Skizze in Verbindung mit einer Rechnung auf (Abbildung 61). Es handelt sich um die Skizze eines Rechtecks, bei dem die Tür eingezeichnet und mit „6 m²" beschriftet wurde. Die eingetragenen Seitenlängen 4 m und 5 m entsprechen nicht einer der Wandflächen des Zimmer, sondern der Decke beziehungsweise dem Boden. Die Höhe wurde darüber notiert.

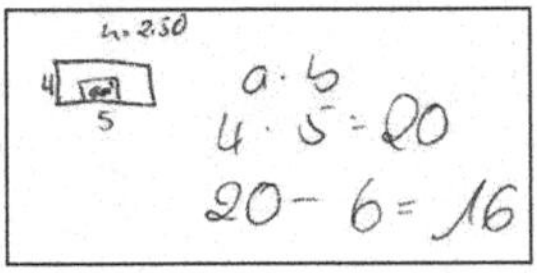

Abbildung 61: falsche PISA-Bearbeitung mit Skizze und Rechnung

Weitere Rechnungen, die in den falschen Bearbeitungen der Hauptschülerinnen und Hauptschüler vorkommen, sind in der Abbildung 62 sortiert nach den angekreuzten Ergebnisvarianten dargestellt. Eine Rechnung führt zum Ergebnis 39 m², 8 Rechnungen führen zum Ergebnis 44 m² und 4 Rechnungen führen zum Ergebnis 50 m². Zu den anderen Ergebnisvariantenkommen keine Rechnungen in den Bearbeitungen der PISA-Hauptschülerinnen und – Hauptschüler vor. Nicht alle Rechnungen der PISA-Hauptschülerinnen und – Hauptschüler entsprechen den für diese Aufgabe anhand der Ergebnisvarianten dargestellten möglichen Lösungswegen (Abschnitt 5.3.4).

☒ **39 m²**

$2 \cdot 4 \cdot 2{,}5 = 20$

$2 \cdot 5 \cdot 2{,}5 = 25$

$\dfrac{45 m^2}{-6 m^2}$

$\overline{38 m^2}$

☒ **44 m²**

$4 m \cdot b = 16 m^2$ $5 m \cdot \ell = 25 m^2$ $2{,}5 m \cdot h = 6{,}25 m^2$ $6 m^2 = -6 m^2$	$4 m \cdot 5 m \cdot 2{,}5 m = 50 - 6 m^2 =$ $\underline{44 m^2}$
$4 \cdot 5 = 20 \cdot 2{,}50 =$ $50 - 6 = 44$	$a + b + c$ $4 m + 5 m + 2{,}50 = 50 m^2$ $50 m^2 - 6 m^2 = \underline{44 m^2}$
$\underline{4 \cdot 5 \cdot 2{,}5}$	...ung an: $4 m \cdot 5 m \cdot 2{,}50 m = 50 m^2 - 6 m^2$
$a \cdot b \cdot c = 4 \cdot 5 \cdot 2{,}5 = 50 m^2$ $\dfrac{-50}{6}$ $\overline{44}$	...an: $4 \cdot 5 \cdot 2{,}50 = 50 m^2 \quad -6 = 44 m^2$ $50 m^2 - 6 m^2$

☒ **50 m²**

$4 \cdot 5 + (5 \cdot 2{,}5) 2 + (4 \cdot 2{,}5) \cdot 2$ $20 + 14{,}5 + 20 - 6$ $54{,}5 - 6$ $48{,}6$	$4 \cdot 5 \cdot 2{,}50$	$4 \cdot 5 \cdot 2{,}5$	$\ell \cdot b \cdot h$ $5 am \cdot 4 am \cdot 2{,}50 am = 50 m$

Abbildung 62: falsche PISA-Bearbeitungen mit Rechnung (Hauptschule)

Eine Besonderheit stellt das erste der aufgeführten Beispiele zur Ergebnisvariante 44 m² dar. Hier wurden die beiden vorgegebenen Seitenlängen sowie die Höhe des Zimmers jeweils quadriert, anschließend addiert und davon die 6 m² für Tür und Fenster subtrahiert, was zum Ergebnis 41,25 m² führt. Vermutlich wurde 44 m² als diesem Ergebnis nahe liegend angekreuzt. Eine weitere Besonderheit ist das vierte Beispiel zur Ergebnisvariante 44 m². Hier wurde zwar multipliziert, aber in der Rechnung „+" notiert.

Auch das erste Beispiel zur Ergebnisvariante 50 m² entspricht nicht dem dargestellten möglichen Lösungsweg. Hier wurde in der ersten Zeile ein Rechenweg notiert, der zum richtigen Ergebnis der Aufgabe führt. Beim Multiplizieren mit 2,5 m wurden dann zwei Rechenfehler gemacht, so dass die Rechnung zum Ergebnis 48,6 m² statt 59 m² führt, was am dichtesten an der falschen Ergebnisvariante 44 m² liegt.

Weitere Varianten von Skizzen aus erfolgreichen Bearbeitungen

Um einen Überblick über weitere Variationen von Rechnungen und Skizzen zu bekommen, wurden neben den Bearbeitungen der PISA-Hauptschülerinnen und –Hauptschüler außerdem die richtigen Bearbeitungen der Schülerinnen und Schüler aller Schularten hinsichtlich des Auftretens von Rechnungen und Skizzen untersucht. Tabelle 12 zeigt das Vorkommen von Skizzen und Rechnungen in diesen Bearbeitungen. Unter den 166 richtigen Bearbeitungen befinden sich 66 Bearbeitungen, die entweder eine Skizze oder eine Rechnung oder beides enthalten.

In 28 Bearbeitungen kommen Skizzen vor. Bei 16 davon handelt es sich um Schrägbilder, wie sie auch in den drei richtigen Bearbeitungen der Hauptschülerinnen und Hauptschüler, die Skizzen enthalten, vorkommen (Abbildung 63). Wie bei den Hauptschülerinnen und Hauptschülern unterscheiden sich die Skizzen in der Größe, Darstellungsart der verdeckten Linien und in der Beschriftung der Maße. Vor allem die oberen vier Schrägbilder lassen auf Schwierigkeiten beim Zeichnen schließen. Sie sind entweder unvollständig oder weisen Unregelmäßigkeiten hinsichtlich der gewählten Perspektive auf. In 12 der Schrägbilder wurden die vorgegebenen Seitenlängen beschriftet. Zwei der Schrägbilder weisen gar keine Beschriftung auf. In einem Fall wurden die Seitenflächen nummeriert und auf diese Weise den entsprechenden Rechnungen zugewiesen. In einem anderen Fall wurden die Flächeninhalte der drei relevanten Teilflächen eingetragen. Die Tür wurde in einem der Schrägbilder berücksichtigt. Die verdeckten Seitenlinien sind nur in zwei Bearbeitungen gestrichelt dargestellt. Bei vier Schrägbildern handelt es sich um Außenansichten.

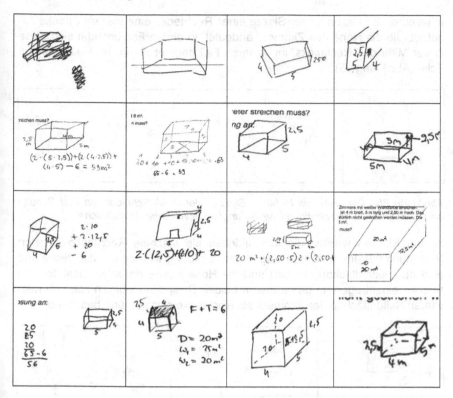

Abbildung 63: „Schrägbilder" – Skizzen der PISA-Schülerinnen und Schüler aller Schularten in den richtigen Bearbeitungen zur Aufgabe „Wandfläche"

Bei 2 der 16 Skizzen handelt es sich um Skizzen eines Rechtecks mit der Beschriftung der Seitenlängen 4 m und 5 m (Abbildung 64). Demnach wird entweder die Decke oder der Boden des Zimmers dargestellt. Beide Skizzen enthalten eine zusätzliche Rechnung, aus der hervorgeht, dass die Teilflächen addiert und der Flächeninhalt von Tür und Fenster subtrahiert wurde.

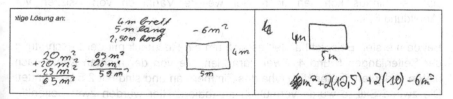

Abbildung 64: „Rechteck" – Skizzen der PISA-Schülerinnen und -Schüler aller Schularten in den richtigen Bearbeitungen der Aufgabe „Wandfläche"

In weiteren 2 Skizzen ist der Skizze eines Rechtecks eine weitere Strecke zu-
gefügt, die die Höhe des Zimmers andeutet, in einem Fall befindet sich diese
in der Mitte des Rechtecks, im anderen Fall beginnt sie in der linken oberen
Ecke (Abbildung 65).

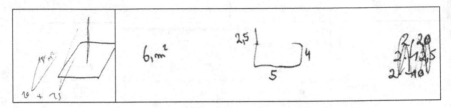

*Abbildung 65: „Rechteck mit Höhe" – Skizzen der PISA-Schülerinnen und Schüler
aller Schularten in den richtigen Bearbeitungen zur Aufgabe „Wandfläche"*

In drei Skizzen wurden die Wandflächen als einzelne Rechtecke skizziert
(Abbildung 66). Im mittleren Beispiel der Abbildung wurden nur die Decke und
eine der Seitenflächen skizziert und die Höhe wurde darunter zusätzlich als
Strecke eingetragen. In den anderen beiden Beispielen wurden alle drei relevanten Seitenflächen des Zimmers als Rechtecke skizziert und beschriftet.

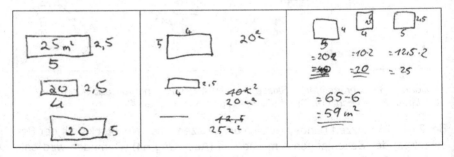

*Abbildung 66: „Einzelne Flächen" – Skizzen der PISA-Schülerinnen und -Schüler al-
ler Schularten in den richtigen Bearbeitungen der Aufgabe „Wandfläche"*

Darüber hinaus kommen noch vier weitere Varianten von Skizzen vor
(Abbildung 67).

Bei dem ersten Beispiel handelt es sich um ein Rechteck mit der Beschriftung
der Seitenlängen 5 und 4. Zwei Parallelen, die von der rechten Kante nach
hinten verlaufen deuten die Höhe des Zimmers an und sind mit 2,5 beschriftet.
Die zweite Skizze wurde vermutlich ausradiert. Hier wurden zwei Seitenflächen ohne Beschriftung skizziert, die ein Schrägbild andeuten. Im Beispiel da-

neben wurde die Seitenlänge 4 m als Senkrechte der Seitenlänge 5 m skizziert. Darüber wurde · 2,50 m geschrieben.

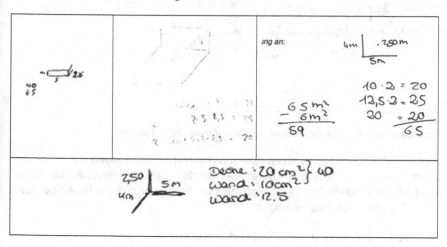

Abbildung 67: Sonstige Skizzen der PISA-Schülerinnen und -Schüler aller Schularten in den richtigen Bearbeitungen der Aufgabe „Wandfläche"

Die vierte Skizze ähnelt einem dreidimensionalen Koordinatensystem. Durch die schräg von einem Punkt auseinander laufenden Linien entsteht dabei ein räumlicher Eindruck. Die Linien wurden mit den passenden Maßen beschriftet. Körpernetze oder Klappbilder kommen in den Bearbeitungen der PISA-Schülerinnen und Schüler nicht vor.

Neben den 28 Skizzen wurden auch die 38 Rechnungen in den richtigen Bearbeitungen der Schülerinnen und Schüler aller Schularten zur Aufgabe durchgesehen, um weitere Erkenntnisse hinsichtlich der Vorgehensweisen zu gewinnen und die Vorgehensweisen der Hauptschülerinnen und Hauptschüler einordnen zu können.

Unter den 38 Rechnungen befinden sich 26, bei denen die Zwischenergebnisse der Aufgabe, die Flächeninhalte der Teilflächen addiert wurden, meist untereinander und ohne weitere Beschriftungen. Diese Variante der Rechnung tritt in allen 7 richtigen Bearbeitungen der Hauptschülerinnen und Hauptschüler auf und wurde in diesem Zusammenhang bereits beschrieben und dargestellt. Sie vermittelt den Eindruck, eine Art Gedächtnisstütze zu sein.

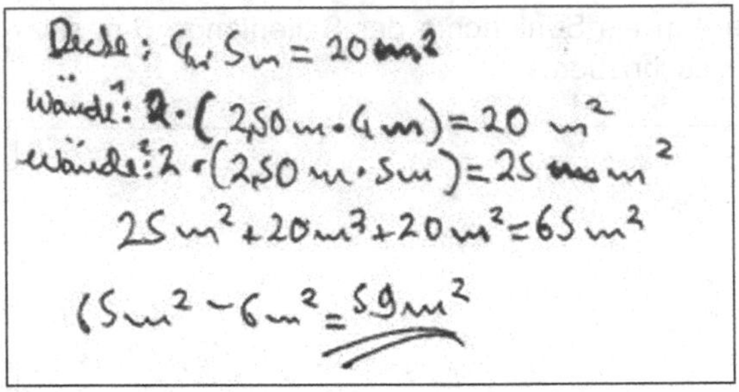

Abbildung 68: Ausführliche Rechnung zur Aufgabe „Wandfläche"

Weitere 12 Rechnungen weisen ausführliche Nebenrechnungen auf, in denen die drei einzelnen Teilflächen berechnet wurden. Wie das Beispiel der Abbildung 68 zeigt, enthalten diese Rechnungen teils ausführliche Hinweise zum Nachvollziehen des Rechenweges.

Weitere Untersuchungen zu Skizzen von Jürgens

Weitere Untersuchungen zu „Skizzen von Hauptschülerinnen und Hauptschülern zur PISA-Aufgabe Wandfläche" wurden im Rahmen einer Masterarbeit von Jürgens durchgeführt (2008). Jürgens erprobte die Aufgabe „Wandfläche" an mehreren Hauptschulen mit Schülerinnen und Schülern der neunten Jahrgangsstufe. Um möglichst viele Skizzen untersuchen zu können, forderte er die Schülerinnen und Schüler auf, vor der Berechnung der Aufgabe eine Skizze anzufertigen.

Trotz vorhandener Skizze zeigten sich bei den meisten von Jürgens untersuchten Schülerinnen und Schülern, wie auch bei den PISA-Schülerinnen und Schülern, Ansätze, das Volumen des Zimmers zu berechnen. Bei angefertigten Skizzen handelte es sich größtenteils um Schrägbilder. Jürgens konnte in diesem Zusammenhang zeigen, dass nicht das Schrägbild, sondern das Körpernetz die „sicherste" Skizzenvariante darstellt und die erfolgreichste Unterstützung beim Lösen der Aufgabe bietet. Bei dieser Skizzenvariante sind alle Flächen in einer Ebene dargestellt. Schrägbilder, die einen räumlichen Eindruck vermitteln tragen in der Untersuchung von Jürgens weniger dazu bei, dass sich die Schülerinnen und Schüler das Zimmer vorstellen können, vor allem, wenn bei Außenansichten nicht alle Flächen sichtbar sind. Jürgens stellt in seiner Untersuchung außerdem fest, dass sich bei vielen Schülerinnen und Schülern große Schwierigkeiten im Umgang mit Skizzen zeigen, vor allem, wenn es wie im Beispiel der Aufgabe darum geht, sie als heuristisches Mittel einzusetzen.

6.4.7 Erfassen des Aufgabenkontexts als Aspekt für die Auswertung und Analyse

Die Konkretisierung der Untersuchungsfrage nach den Lösungswegen zu dieser Aufgabe zielt vor allem auf den Prozess des Mathematisierens der beschriebenen Situation, indem es darum geht, sich das Zimmer und die zu streichende Wandfläche vorzustellen. In diesem Zusammenhang wird, wie bei der ergänzenden Analyse der PISA-Bearbeitungen auf Rechnungen und Skizzen eingegangen:

- Stellen die Hauptschülerinnen und Hauptschüler sich das Zimmer vor?
- Wie stellen sie sich das Zimmer vor?
- Welche Rolle spielen Skizzen in den Bearbeitungen?

Hinsichtlich der Schwierigkeiten und Fehler werden die Untersuchungsfragen wie folgt konkretisiert:

- Für welche der Antwortmöglichkeiten entscheiden sich die untersuchten Schülerinnen und Schüler und welche Begründung liefern sie dafür?
- Erfolgt ein „blindes Raten" oder ein „Abwägen der Ergebnisvarianten"
- Kommt es zu Verwechslungen von Rauminhalt und Flächeninhalt?
- Welche Schwierigkeiten treten beim Anfertigen einer Skizze auf?

Für die Verbindung mit den PISA-Ergebnissen

- Wie wird das bei den PISA-Schülerinnen und –Schüler häufige Ergebnis 44 m² begründet?
- Treten bei den PISA-Schülerinnen und –Schülern ähnliche Skizzen auf?

Im Interview werden die untersuchten Schülerinnen und Schüler aufgefordert, entsprechend dem Prozess des Mathematisierens der beschriebenen Situation in dieser Aufgabe, den „Flächeninhalt" und „Umfang" in dem Raum zu zeigen, in dem die Befragung stattfindet:

- Kannst du „Flächeninhalt" und „Umfang" hier im Raum zeigen?

Auch in der Nachbearbeitung geht es zunächst darum, dass sich die Schülerinnen und Schüler das Zimmer und die zu streichenden Flächen vorstellen. Hierzu werden sie aufgefordert, das Zimmer mit dem Klassenraum, indem die Befragung stattfindet zu vergleichen und die zu streichenden Flächen zu zählen. Anschließend wird der Bearbeitungsprozess begleitet und durch weitere Fragen unterstützt:

- Kannst du dir das Zimmer vorstellen? Beschreibe es!
- Sieht das Zimmer so ähnlich aus, wie das, in dem wir hier sitzen?
- Zeig mal, was alles gestrichen werden muss!
- Da steht was über die Maße des Zimmers:
- Wie lang ist es? Wie breit ist es? Wie hoch ist es?
- Wie viele Flächen sollen insgesamt gestrichen werden?
- Welche Form haben diese Flächen?

Die Schülerinnen und Schüler werden außerdem aufgefordert, eine Skizze anzufertigen und nach den Schwierigkeiten dabei gefragt:

- Kannst du eine Skizze des Zimmers machen? Mach das mal!
- Was ist daran schwer?
- Beschrifte deine Skizze. Trage die Maße ein.
- Erkläre mir, was du machst!
- Kann die Skizze auch anders aussehen?

Als zusätzliches Material wurden zwei fertige Skizzen gezeigt, die die Schülerinnen und Schüler erklären sollten. Dabei handelte es sich um eine räumliche Skizze und ein Klappmodell. Auf diese Weise sollte festgestellt werden, ob Schülerinnen und Schüler, denen es nicht eigenständig gelingt, Skizzen anzufertigen wenigstens in der Lage sind, grafische Darstellungen des Zimmers nachzuvollziehen.

6.5 Zimmermann – eine internationale PISA-Aufgabe

6.5.1 Umsetzung von Geometrie in der Aufgabe

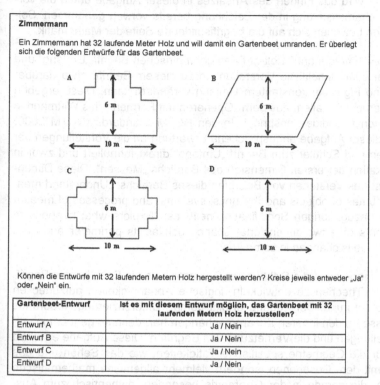

Zimmermann

Ein Zimmermann hat 32 laufende Meter Holz und will damit ein Gartenbeet umranden. Er überlegt sich die folgenden Entwürfe für das Gartenbeet.

Können die Entwürfe mit 32 laufenden Metern Holz hergestellt werden? Kreise jeweils entweder „Ja" oder „Nein" ein.

Gartenbeet-Entwurf	Ist es mit diesem Entwurf möglich, das Gartenbeet mit 32 laufenden Metern Holz herzustellen?
Entwurf A	Ja / Nein
Entwurf B	Ja / Nein
Entwurf C	Ja / Nein
Entwurf D	Ja / Nein

Abbildung 69: Untersuchungsaufgabe „Zimmermann" aus dem internationalen Test der PISA-Studie 2003 (OECD 2004, 52)

Diese internationale Aufgabe aus PISA 2003 ist ein typisches Beispiel für Aufgaben, die nicht auf einzelne stoffliche Elemente zurückgreifen, sondern im Sinne des Literacy-Gedankens auf das jeweilige Umfeld, in das diese Elemente eingebettet sind.

Im Unterschied zur Aufgabe „Wandfläche", in der wie in dieser Aufgabe ebenfalls ein realer Kontext beschrieben wird, liegt der Schwerpunkt dieser Aufgabe „Zimmermann" (Abbildung 69) nicht im Prozess des Mathematisierens, des Übersetzens in die Sprache der Geometrie. Diese Aufgabe ist das charakteristische Beispiel einer Aufgabe aus der Tradition von Freudenthal, die für das niederländische Konzept der „realistic mathematics education" steht (de Lange, 1987). Wie bei der bekannten und häufig publizierten Aufgabengruppe „Äpfel" aus der PISA-Studie 2000 (Klieme u.a. 2001, 147, vgl. dazu auch Ulfig 2003, 46-49), wird das Finden des Ansatzes in dieser Aufgabe durch die vorgegebene Schematisierung in der Zeichnung bereits vorweg genommen. Solche Aufgaben beziehen sich auf die begriffsbildende Seite der Mathematik.

Die Aufgabe „Zimmermann" zielt auf den geometrischen Begriff „Umfang" und erfordert vor allem inhaltliche Vorstellungen zu diesem Begriff, etwa darüber wie man eine Figur bei konstantem Umfang verändern kann. Diese ergeben sich im Unterricht vor allem aus dem „Operieren mit Formen", das Wittmann in seiner zweiten Grundidee anspricht. In den NCTM Standards (NCTM 2000) wird die in dieser Aufgabe angesprochene Erwartung an die Vorstellungen der Schülerinnen und Schüler zum Begriff „Umfang" direkt formuliert und zwar in der Spezifikation der ersten Dimension des Bereichs „Messen". Diese Dimension umfasst das Verstehen von Begriffen dieses Bereichs: „Understand measurable attributes of objects and the units, systems, and processes of measurement". In dazugehörigen Spezifikation heißt es: "Explore what happens to measurements of a two-dimensional shape such as its perimeter and area when the shape is changed in some way".

In dieser Aufgabe steht die Sichtweise „Geometrie als ein Feld, in dem Begriffe zu finden, Theorien zu entwickeln, logische Abhängigkeiten aufzudecken sind" im Vordergrund. Der Zugang erfolgt gemäß Differenzierung Neubrands vom Interesse an den inneren Zusammenhängen her, denn es geht um inhaltliche Vorstellungen und die Vernetzung von Begriffen. Diese Aufgabe erfordert nicht nur für die Geometrie spezifische Tätigkeiten, wie das Sehen und das Operieren mit dem Gesehenen, sondern vielmehr allgemeine mathematische Fähigkeiten, die gerade in der Geometrie besonders authentisch zum Ausdruck kommen. In dieser Aufgabe sind es vor allem das Hinausgehen über Bekanntes, indem die Schülerinnen und Schüler ihre Vorstellungen zum Begriff „Umfang" auf die ihnen unbekannten „Treppenfiguren" angemessen anwenden und das Vernetzen, beispielsweise von Vorstellungen zu den Begriffen Umfang und Flächeninhalt.

Da die Vorstellungen zum Begriff Umfang gegenüber dem Mathematisieren der Situation und dem Ausrechnen des Flächeninhalts im Vordergrund stehen, wird diese Aufgabe dem Bereich der Anwendungen außerhalb der üblichen Berechnungsaufgaben zugeordnet.

6.5.2 Eigenschaften der Aufgabe im Modell mathematischer Aufgaben bei PISA

Wie in den Aufgaben „L-Fläche" und „Wandfläche" handelt es sich auch bei dieser Aufgabe um eine Modellierungsaufgabe. Es wird zunächst eine Realsituation beschrieben, an die sich eine Frage anschließt, die in einen Prozess des mathematischen Modellierens führt. Durch die vorgegebene Schematisierung, nämlich die Zeichnungen mit Maßzahlen und Einheiten, wird ein Teil der erforderlichen mathematischen Modellierung bereits vorweg genommen. Das „Mathematisieren", welches das Übersetzen der Realsituation in ein mathematisches Modell beinhaltet, besteht in dieser Aufgabe darin, zu erkennen, dass das Wort „umranden" auf den Umfang abzielt und dass die „Entwürfe" der Gartenbeete verschiedene geometrische Figuren darstellen. Das Entwickeln eines erfolgreichen mathematischen Modells zur Lösung der Aufgabe setzt voraus, zu erkennen, dass es sich bei Figur D um ein Rechteck handelt, das denselben Umfang hat wie die Figuren A und C, weil man ein Rechteck zu so einer „Treppenfigur" verändern kann, ohne dass sich der Umfang verändert. Der Umfang ist demnach unabhängig davon, wie groß die Höhe der Treppenstufen eigentlich ist. Außerdem muss der Unterschied dieser drei Figuren zu Figur B beachtet werden, bei dem zwei Seiten länger sind und dessen Umfang damit größer ist als der Umfang der drei anderen Figuren. Das „Verarbeiten" im Modellierungsprozess beinhaltet das Ausrechnen des Umfangs von Figur D und das Umsetzen der Ideen zum Umfang der Figuren. Das anschließende „Interpretieren" umfasst dass Übertragen der mathematischen Überlegungen in die Realität, also die Beziehung zur Realsituation herzustellen. Ob die gefundene Lösung der realen Problemsituation angemessen und vernünftig ist, wird wiederum im Prozess, des „Validierens" überprüft.

Wie in anderen PISA-Aufgaben hat die „Realität" des beschriebenen Kontexts eine unterstützende, zuarbeitende Funktion. Der Kontext soll in der kurzen zur Verfügung stehenden Zeit helfen, genau die Vorstellungen der Schülerinnen und Schüler abzurufen, die zum Verständnis der Aufgabe erforderlich sind.

Im Gegensatz zu den ersten drei Aufgaben bestimmt in dieser Aufgabe überwiegend konzeptuelles, begriffliches Zusammenhangswissen den Verarbeitungsprozess. Die Aufgabe zielt auf den Begriff „Umfang" und erfordert vor allem inhaltliche Vorstellungen, etwa darüber, wie eine Figur bei konstantem Umfang verändert werden kann (Neubrand u.a. 2005, 97). Zur Lösung der Aufgabe sind mehrere Schritte erforderlich. Es handelt sich um eine begriffliche Modellierungs- und Problemlöseaufgabe der nationalen Kompetenzklasse 2A. Das entspricht der internationalen Kompetenzklasse „Connection".

6.5.3 Einordnung in den Lehrplan, die Bildungsstandards und die NCTM-Standards

Themen im Lehrplan, denen sich diese Aufgabe zuordnen lässt sind "Geometrische Figuren und Körper", „Größen" und das „Berechnen von Flächen- und Raummaßen". Bereits in Klassenstufe 5 soll den Schülerinnen und Schülern im Rahmen des Themas „Geometrische Figuren und Körper" „Zusammenhänge und Unterschiede zwischen geometrischen Figuren" vermittelt werden (Lehrplan für die Sekundarstufe I 1997, 24). Zu den zu behandelnden Körpern gehören auch Rechteck und Parallelogramm. Die Behandlung des Themas „Größen" sieht die Berechnung des Flächeninhalts von Rechteck und Quadrat vor. In Klassenstufe 8 und 9 sollen diese Kenntnisse und Fertigkeiten vertieft und erweitert werden. Das Thema „Geometrische Figuren und Körper" beinhaltet ein Wiederholen definierender Eigenschaften von Vierecken sowie das Legen von Grundlagen, um Formeln durch konkretes Handeln mit geeigneten Materialien aufstellen zu können. Im Lehrplan wird betont, dass der experimentelle Zugang zunächst im Vordergrund steht, „um einen inhaltlichen Bezug zur Formelnsprache zu ermöglichen" (Lehrplan für die Sekundarstufe I 1997, 38). Außerdem ist mit dem Thema „Berechnungen an Figuren und Körpern" vorgesehen, dass die Zusammenhänge und Abhängigkeiten untersucht werden und das Berechnen durch Formeln eingeführt wird. Diesbezüglich wird betont: „Die anschauliche Durchdringung ist eine grundlegende Bedingung für die sinnvolle Nutzung von Formeln und Sätzen" (Lehrplan für die Sekundarstufe I 1997, 39).

Wie die beiden anderen Aufgaben „L-Fläche" und „Wandfläche" lässt sich auch diese PISA-Aufgabe den Leitideen „Messen" und „Raum und Form" der Bildungsstandards zuordnen, denn wiederum sind das Ermitteln eines Flächeninhalts und das gedankliche Operieren mit Strecken Kompetenzen, die für diese Aufgabe benötigt werden. Für die Lösung der Aufgabe muss der Flächeninhalt des Rechtecks, Figur D, berechnet werden und die „Treppenfiguren" können gedanklich zu einem Rechteck verändert werden. Auch das Übersetzen der außermathematischen Situation in mathematische Begriffe kommt in dieser Aufgabe vor, allerdings wird durch die Präsentationsform der Aufgabe ein Teil des Modellierungsprozesses vorweg genommen, so dass diese Kompetenzen nicht im Vordergrund stehen.

Die Anforderungen dieser Aufgabe werden wesentlicher durch Kompetenzen bestimmt, die in den Bildungsstandards den allgemeinen mathematischen Kompetenzen entsprechen. Neben den Kompetenzen „Probleme mathematisch lösen" und „mathematisch modellieren" steht vor allem der verständige

Umgang mit dem geometrischen Begriff „Umfang" im Vordergrund. Dies passt am ehesten zur der Kompetenz, die in den Bildungsstandards „mathematisch argumentieren" lautet, denn mathematisches Argumentieren setzt inhaltliches Wissen zu mathematischen Begriffen voraus. Auch, wenn für das erfolgreiche Lösen dieser Aufgabe keine Begründung gefordert ist, ist es notwendig, dass die Schülerinnen und Schüler, wie es in den Bildungsstandards heißt, „Fragen stellen, die für die Mathematik charakteristisch sind" (KMK 2004, 7). Explizit wird in den Bildungsstandards die Frage, „Wie verändert sich...?" als Beispiel aufgeführt. In Bezug auf diese Aufgabe „Zimmermann" lautet die Frage vollständig: „Wie verändert sich der Umfang einer Figur, wenn man die Figur in bestimmter Art und Weise verändert" beziehungsweise „Wie lässt sich eine Figur bei konstantem Umfang verändern?".

Auch diese Aufgabe entspricht dem Anforderungsbereich II der Bildungsstandards: „Zusammenhänge herstellen".

Wie bereits beschrieben, werden die Erwartungen an die Vorstellungen der Schülerinnen und Schüler, die zum Lösen dieser Aufgabe nötig sind in den NCTM-Standards (NCTM 2000) im Bereich „Messen" genannt und zwar in der Spezifikation der ersten Dimension für Grade 3-5: "Explore what happens to measurements of a two-dimensional shape such as its perimeter and area when the shape is changed in some way". Diese Spezifikation der ersten Dimension beinhaltet auch geometrisches Wissen um die Beziehungen zwischen Länge, Umfang und Flächeninhalt ebener Figuren: "Understand relationships among the angles, side lengths, perimeters, areas, and volumes of similar objects."

6.5.4 Mögliche Lösungswege, Schwierigkeiten und Fehler

Der Umfang der Figur D lässt sich auf die gleiche Weise berechnen, wie es bereits für die erste Untersuchungsaufgabe dargestellt wurde, denn auch hier handelt es sich um ein Rechteck, dessen Seitenlängen gegeben sind. Die Figur ist den Schülerinnen und Schüler bekannt und die Berechnung des Umfangs aufgrund häufiger Anwendung geläufig. Der Umfang des Rechtecks (Figur D) lässt sich direkt aus den beiden vorgegebenen Seitenlängen ermitteln oder unter Verwendung der Formel zur Berechnung des Umfangs eines Rechtecks. Das Ergebnis 32 m. Möglicherweise werden Schülerinnen und Schüler über die Figur D den Einstieg in die Bearbeitung der Aufgabe finden, entweder, weil sie auf einen Blick sehen, dass die Entscheidung bei Figur D für sie am einfachsten zu treffen ist oder weil sie die ersten drei Figuren durchgehen und zu keinem Ergebnis kommen. Bei dieser Vorgehensweise ist der nächste Schritt, zu erkennen, dass die „Treppenfiguren" A und C den gleichen Umfang haben, das Parallelogramm B aber einen größeren Umfang und dass die 32 m Holz deshalb nur für die Figuren A, B und D, nicht aber für die Figur B reichen. Natürlich ist es auch denkbar, dass die Schülerinnen und Schüler der Reihe nach vorgehen und die Entscheidungen für die ersten drei Figuren oder auch nur für die „Treppenfiguren" oder nur für das Parallelogramm treffen, bevor sie die Figur D bearbeiten. Für die beiden „Treppenfiguren" ist es in diesem Fall erforderlich, unmittelbar zu erkennen, dass der Umfang gleich dem Umfang des Rechtecks mit den Seitenlängen 10 m und 6 m ist, das entsteht, wenn man die „Treppenstufen nach außen klappt". Bei dem Parallelogramm gilt es, zu erkennen, dass die „schrägen Seiten" länger sein müssen als die Höhe und dass der Umfang des Parallelogramms somit größer ist, als der Umfang eines Rechtecks mit den Seitenlängen 10 m und 6 m.

Bei dieser Aufgabe liegt die Schwierigkeit darin, vorhandene Vorstellungen zum Begriff „Umfang" auf die dargestellte Situation anzuwenden. Hierzu reicht schematisches Formelwissen nicht aus. Vielmehr müssen die Schülerinnen und Schüler über inhaltliche Vorstellungen zum Begriff verfügen, beispielsweise darüber, wie man eine Figur bei gleich bleibendem Umfang verändern kann. Sie müssen fähig sein, Ähnlichkeiten und Unterschiede zwischen den Figuren festzustellen, also Zusammenhänge herzustellen.

Ein möglicher Fehler beim Parallelogramm (Figur B) ist, dass die Schülerinnen und Schüler entscheiden, die 32 Meter Holz reichen, um diesen Entwurf herzustellen. Hier sind zwei unterschiedliche Vorstellungen denkbar. Beiden liegt zu Grunde, dass man das Parallelogramm zu einem Rechteck verändern kann. Dies kann entweder durch ein „Abschneiden und wieder Anlegen" der Ecken geschehen oder durch ein „gerade Klappen". Bei einem „Abschneiden und wieder Anlegen" der Ecken wird gezeigt, dass das Parallelogramm den gleichen Flächeninhalt wie das Rechteck (Figur D) hat. Der Umfang des nun entstandenen Rechtecks gleicht jedoch nicht dem Umfang des Parallelogramms, weil die schrägen Strecken nun Innen liegen und statt den Seiten die Höhe des Parallelogramms zum Umfang gezählt wird. Bei einem „gerade Klappen", entsprechend einem Gelenkviereck verändert sich der Flächeninhalt des Parallelogramms, weil sich dabei die Höhe verändert. Der Umfang ist zwar gleich geblieben, aber die Figur entspricht nicht der Figur D. Sie ist höher und hat somit auch einen größeren Umfang.

Ein weiterer mögliche Fehler ist, dass die Schülerinnen und Schüler entscheiden, 32 Meter Holz reichen nicht, um die Entwürfe A und C, die „Treppenfiguren", herzustellen. Eine Begründung dieser Entscheidung könnte lauten: „Der

Umfang der Treppenfiguren ist größer als der des Rechtecks, weil die Strecke nicht auf direktem Weg verläuft, sondern einen Umweg macht". Die Schülerinnen und Schüler könnten aber auch anders herum argumentieren und im Vergleich mit dem Rechteck vom Flächeninhalt auf den Umfang schließen. Dann lautet die Begründung: „Die Treppenfiguren haben einen kleineren Flächeninhalt als das Rechteck, weil ihnen Stücke fehlen, die beim Rechteck mit dazuzählen." Deshalb wird darauf geschlossen, dass auch der Umfang kleiner ist. Obwohl nicht erkannt wird, dass der Umfang der „Treppenfiguren" genauso groß wie der Umfang des Rechtecks ist, wird in diesem Fall in der Aufgabe die richtige Antwort „ja" angekreuzt.

6.5.5 Bericht der PISA-Ergebnisse der Aufgabe

Von den insgesamt 2980 Bearbeitungen, die in die Auswertung eingingen, stammen 581 von Hauptschülerinnen und Hauptschülern und 983 von Gymnasiastinnen und Gymnasiasten.

20,1 Prozent der deutschen Schülerinnen und Schüler aller Schularten haben in PISA 2003 für alle der vier Figuren die richtige Antwort angekreuzt. Nur dieser geringe Anteil von Schülerinnen und Schülern war also in der Lage, vorhandene Vorstellungen zum Begriff „Umfang" erfolgreich auf die dargestellte Situation anzuwenden. Bei den Hauptschülerinnen und Hauptschülern waren es 7,9 Prozent, die für alle vier Entwürfe die richtige Entscheidung trafen und bei den Gymnasiastinnen und Gymnasiasten 33,2 Prozent.

Abbildung 70 zeigt die Häufigkeiten richtiger Antworten für die vier Entwürfe für Schülerinnen und Schüler aller Schularten sowie separat für die Schülerinnen und Schüler der Hauptschule und des Gymnasiums.

Sowohl bei den Hauptschülerinnen und Hauptschülern als auch bei den Schülerinnen und Schülern des Gymnasiums weist das Rechteck (Entwurf D) mit 68,8 Prozent beziehungsweise 81,9 Prozent die größte Häufigkeit richtiger Antworten auf. Bei den Schülerinnen und Schülern des Gymnasiums liegen die Häufigkeiten richtiger Antworten für die übrigen Figuren bei 64,7 und 62,4 Prozent für die beiden „Treppenfiguren" (Entwürfe A und C) und 67 Prozent für das Parallelogramm (Entwurf B) und damit deutlich über der Häufigkeit von 50 Prozent, die sich aufgrund des Formats der Aufgabe mit Ja-Nein-Entscheidungen durch ein Raten ergeben würde. Die Ergebnisse der Hauptschülerinnen und Hauptschüler liegen mit 46,3 und 41,4 Prozent für die beiden „Treppenfiguren" (Entwürfe A und C) und 45,9 Prozent für das Parallelogramm (Entwurf B) dichter bei 50 Prozent und legen ein Raten dieser Schülerinnen und Schüler nahe.

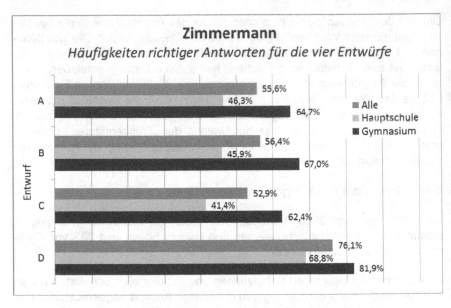

Abbildung 70: Häufigkeiten richtiger Antworten für die vier Entwürfe zur Aufgabe „Zimmermann" für Schülerinnen und Schüler der Hauptschule und des Gymnasiums

Dass die Häufigkeiten richtiger Antworten für diese Entwürfe alle unter 50 Prozent liegen, lässt dennoch eine Tendenz der Hauptschülerinnen und Hauptschüler zur falschen Antwort vermuten. Dieses Ergebnis zeigte sich in ähnlicher Weise auch schon bei den Ergebnissen der PISA-Studie 2000 (Ulfig 2009, 138). In Bezug auf diese Ergebnisse wurde die Vermutung geäußert, dass eine Mehrheit der Hauptschülerinnen und Hauptschüler für die „Treppenfiguren" (Entwürfe A und C) annimmt, dass 32 Meter Holz für die Herstellung der Entwürfe nicht ausreichen, während sie für das Parallelogramm (Entwurf B) annimmt, dass sich dieser Entwurf, so wie auch das Rechteck, mit der angegebenen Menge Holz herstellen lässt.

6.5.6 Erfassen inhaltlicher Vorstellungen zum Begriff „Umfang" als Aspekt für die Auswertung und Analyse

Die möglichen Lösungswege zu dieser Aufgabe sollen vor allem daraufhin untersucht werden, in welcher Reihenfolge die Figuren bearbeitet werden und wie die Entscheidungen bezüglich der einzelnen Figuren begründet werden:

- In welcher Reichenfolge gehen die Schülerinnen und Schüler vor?

- Wie begründen sie ihre Entscheidungen bezüglich der einzelnen Figuren?

Aus den Begründungen der Entscheidungen ergeben sich bereits Ansätze möglicher Schwierigkeiten und Fehler. Diesbezüglich werden die Untersuchungsfragen wie folgt konkretisiert:

- Welche Schwierigkeiten zeigen sich bei den Treppenfiguren und beim Parallelogramm?
- Sehen die Hauptschülerinnen und Hauptschüler eine Beziehung zwischen dem Rechteck und den anderen Figuren? Welche?

Für die Verbindung mit den PISA-Ergebnissen ergeben sich folgende Untersuchungsfragen, die sich auf die falschen antworten bei den Treppenfiguren und beim Parallelogramm beziehen:

- Folgen die Antworten der untersuchten Schülerinnen und Schüler der Annahme, dass die Mehrheit der PISA-Hauptschülerinnen und – Hauptschüler für die beiden Treppenfiguren entscheiden, dass sich diese Entwürfe nicht herstellen lassen, während sie für das Parallelogramm entscheiden, dass sich dieses herstellen lässt?
- Welche Begründungen liefern die Schülerinnen und Schüler dafür, dass sich die Treppenfiguren nicht herstellen lassen?
- Welche Begründungen liefern die Schülerinnen und Schüler dafür, dass sich das Parallelogramm herstellen lässt?

Im Interview wird die Frage nach dem Verändern des Flächeninhalts und Umfangs einer Figur und möglichen Zusammenhängen thematisiert:

- „Der Flächeninhalt einer Figur kann winzig klein sein und der Umfang riesengroß." Stimmt das?

Die Nachbearbeitung bezieht sich wiederum auf die Begründungen und auf die Nachvollziehbarkeit der Entscheidungen bezüglich der beiden Treppenfiguren und des Parallelogramms:

- Jetzt diese beiden, wir nennen sie mal Treppenfiguren. Was war daran schwierig?
- Du hast gesagt, man kann das Parallelogramm zu einem Rechteck verändern. Erkläre mir das!

Als zusätzliches Material wurden Streichhölzer zum Legen der Treppenfiguren und Verändern zu einem Rechteck verwendet. Außerdem wurden ein Pappmodell eines Parallelogramms und ein Gelenkviereck vorgelegt, zum Veranschaulichen der Ideen „abschneiden und anlegen" und „gerade klappen" beim Parallelogramm. Dieses Material sollte eine Unterstützung der Bearbeitung der Treppenfiguren und des Parallelogramms bieten und eine Hilfe, zu erkennen, was mit dem Umfang dieser Figuren geschieht, wenn man die Figuren zu einem Rechteck verändert.

7 Dokumentation der Ergebnisse

Dieses Kapitel liefert eine Dokumentation der Ergebnisse sortiert nach Aufgaben. Dieser Überblick bleibt auf einer beschreibenden, zusammenfassenden Ebene. Er beinhaltet eine Darstellung der gewählten Lösungswege und der Schwierigkeiten und Fehler. Bei dem herangezogenem Datenmaterial handelt es sich um die eingescannten Bearbeitungen sowie die wörtlich transkribierten Aussagen der Schülerinnen und Schüler in den Bearbeitungsprozessen, im Nachträglichen Lauten Denken und teilweise auch in den Interviews und in den Nachbearbeitungen.

Die überschaubare Anzahl untersuchter Schülerinnen und Schüler sowie Untersuchungsaufgaben lässt es zu, alle eingescannten Bearbeitungen und alle Aufgaben an dieser Stelle aufzuführen. Wie bereits im methodischen Teil dieser Arbeit dargestellt, liegen für jede der vier Untersuchungsaufgaben die Bearbeitungen von sechs untersuchten Paaren vor.

Ergänzend zu den sechs eingescannten Bearbeitungen werden ausgewählte Zitate aus den verschiedenen Erhebungsphasen aufgeführt, beispielsweise Einschätzungen der Schwierigkeit und Aussagen über die Häufigkeit des Vorkommens im eigenen Mathematikunterricht, auch die Untersuchungsaufgaben selbst sind noch einmal abgedruckt.

7.1 Ergebnisse der Untersuchungsaufgabe „Rechteck"

7.1.1 Zur Verwendung von Beschriftungen, Variablen und Formeln und weitere Ergebnisse

Die erste Untersuchungsaufgabe „Rechteck" wurde von allen sechs Untersuchungspaaren vollständig und ohne große Schwierigkeiten gelöst.

Alle Paare fertigen, entsprechend der Reihenfolge in der Aufgabenstellung, erst die Zeichnung an und führen anschließend die beiden Berechnungen durch. Wie erwartet, gibt es hinsichtlich der Beschriftung und der Verwendung von Variablen und Formeln Unterschiede bei den untersuchten Schülerinnen und Schülern.

Rechteck

Zeichne ein Rechteck mit den Seitenlängen 3 cm und 4 cm und berechne
den Flächeninhalt und den Umfang.

---

*Abbildung 71: Untersuchungsaufgabe „Rechteck", ähnlich der Aufgabe „Rechteck"
aus dem nationalen Test der PISA-Studie 2000 (vgl. Klieme u.a. 2001, 152)*

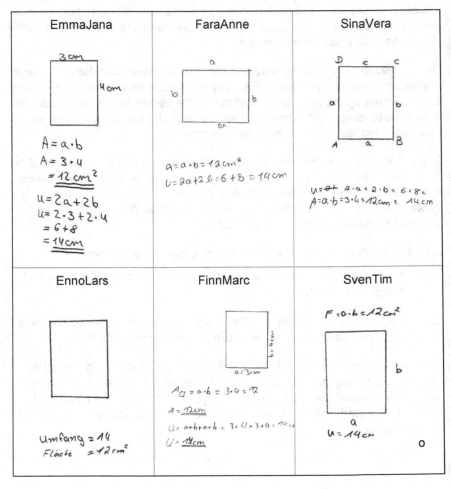

Abbildung 72: Bearbeitungen zur Untersuchungsaufgabe „Rechteck"

Während die Zeichnung von EnnoLars[9] keine Beschriftungen enthält, werden bei EmmaJana die Seiten mit den Längenangaben 3 cm und 4 cm versehen. FaraAnne, FinnMarc und SvenTimo verwenden zur Beschriftung der Seiten die Variablen a und b, wobei FinnMarc zusätzlich die Seitenlängen in der Form a=3 cm und b=4 cm angibt. Bei SinaVera kommen zu den Variablen a und b noch die Variablen c und d hinzu, entsprechend der Beschriftung eines allgemeinen Vierecks. Zusätzlich findet man bei SinaVera eine Beschriftung der Ecken A, B, C und D. Während FaraAnne und SinaVera alle vier Seiten beschriften, beschriften EmmaJana, FinnMarc und SvenTimo nur die beiden unterschiedlichen Seiten. Eine falsche Einheit wird vom Untersuchungspaar FinnMarc bei der Berechnung des Flächeninhalts angegeben. Während die Rechnung keine Einheiten enthält, wird das Ergebnis mit „cm" statt „cm²" angegeben. Da die Angabe falscher Einheiten für diese Aufgabe auch bei PISA unberücksichtigt bleibt, wird dieser Aspekt in den folgenden Erhebungsphasen nicht weiter thematisiert.

Ob die Schülerinnen und Schüler sich zur Berechnung von Flächeninhalt und Umfang an der zuvor angefertigten Zeichnung orientieren, lässt sich aufgrund der wenigen Hinweise in den Daten nur schwer feststellen. In einem Fall ist dies jedoch auszuschließen. FaraAnne beschriftet in der Zeichnung die längere Seite mit der Variable a, setzte aber in die Formel 3 cm für a ein und nicht entsprechend ihrer Beschriftung in der Zeichnung 4 cm.

Während EnnoLars im Kopf rechnet und neben der Zeichnung nur die Ergebnisse der Berechnungen von Umfang und Flächeninhalt notiert, enthalten die Bearbeitungen von EmmaJana, FaraAnne, SinaVera, FinnMarc und SvenTimo weitere Notizen. Alle fünf Paare verwenden dabei Variablen und die entsprechenden Formeln für Umfang und Flächeninhalt, wobei SvenTimo nur die Formel zur Berechnung des Flächeninhalts notiert und das Ergebnis für den Umfang im Kopf berechnet. Erwartungsgemäß werden die Abkürzungen A für Flächeninhalt und U für Umfang sowie die Variablen a und b für die beiden Seitenlängen verwendet. Für die Berechnung des Flächeninhalts wird einheitlich die Formel A=a·b verwendet. Während EmmaJana, FaraAnne und SinaVera zur Berechnung des Umfangs von der Formel U=2a+2b ausgehen, wird von FinnMarc die Schreibweise U=a+b+a+b verwendet. In allen Fällen werden die Seitenlängen richtig in die entsprechenden Formeln eingesetzt.

---

[9] Die Bezeichnung EnnoLars steht abkürzend für „das Untersuchungspaar Enno und Lars", genauso wurde bei den fünf andern Untersuchungspaaren EmmaJana, FaraAnne, FinnMarc, SinaVera und SvenTimo verfahren.

7.1.2 Schwierigkeiten und Fehler

FaraAnne, FinnMarc und SvenTimo haben keine besonderen Schwierigkeiten bei der Bearbeitung der Aufgabe. Schwierigkeiten beim Zeichnen ergeben sich beim Untersuchungspaar EmmaJana, das sich nach einem ersten Versuch mit dem Lineal doch noch für das Geodreieck entscheidet:

> *VL: Mh, da fällt mir jetzt mal was auf, also jetzt hattest du erst das große Lineal hier genommen und dann hast du doch das Geodreieck genommen, ne? Weißt du noch warum?*
> *Emma: Ja, weil ich das gerade haben wollte, die Linien senkrecht, auf 90 Grad.*
> *Jana: genau*
> *VL: ach so*
> *Emma: Hier, damit ich das Viereck auf 90 Grad habe.*
> *EmmaJana (13:18)*

Enno zeigt sich nicht einverstanden damit, dass Lars mit dem Lineal statt mit dem Geodreieck arbeitet:

> *Lars: Mit nem Geodreieck kann ich nicht.*
> *Enno: Das soll doch gerade werden. [zeigt auf die gezeichnete Linie]*
> *Lars: Das ist gerade! ... Stell dich man nicht so an.*
> *Enno#: eben nicht*
> *EnnoLars (904:907)*

Im Nachträglichen Lauten Denken erklärt er:

> *VL: Also dir gefällt das nicht so richtig, was er da macht, ne?*
> *Enno: Nee, auf der Realschule haben wir das so gelernt, dass das genau gerade sein muss,*
> *sonst brings ja nix. Weil sonst könnten wir die Zentimeter ja nicht genau sehn.*
> *VL: mh, also*
> *Enno#: Weil es verschoben wird.*
> *EnnoLars (909:913)*

Eine Verwechslung der Formeln für den Flächeninhalt und Umfang eines Rechtecks kommt bei EmmaJana vor, Jana wird daraufhin von Emma korrigiert. Auch bei SinaVera zeigen sich bezüglich der zu verwendenden Formel Unsicherheiten:

> Sina: Wie geht das noch? ... (6s) a mal b ne?
> Vera: [...?]
> Sina: ja [schreibt a·] oder a plus c durch 2? ...
> Vera: dann plus b ... [...?] stimmt
> Sina: ja [schreibt b=] a mal
> Vera#: b
> Sina: b würd ich jetzt sagen gleich
> Vera: plu, äh durch 2 doch, oder? ... ich weiß es nicht
> SinaVera (2837:2844)

Im Interview wird diese Aufgabe von fünf der sechs befragten Schülerinnen beziehungsweise Schülern als einfach eingeschätzt. Nur Sina äußert, dass sie zunächst vergessen habe, wie man den Flächeninhalt berechnet.

Emma	Fara	Sina
Ein bisschen leichter als die anderen. (292)	Das war eigentlich relativ einfach. (1770)	Die war für mich auch nicht leicht, weil wir da immer Flächen berechnen mussten und das, das hat man vergessen oder hab ich vergessen. (3086:3087)
Enno	Finn	Sven
Das hier war eigentlich ganz einfach. (1215)	Babykram einfach. (2428)	Das war ja eigentlich ziemlich einfach, das war ja fünfte Klasse oder so [...] und das müsste eigentlich jeder darauf haben, find ich. (3827:3829)

Abbildung 73: Beschreibungen der Schwierigkeit der Aufgabe „Rechteck" im Interview

Das Vorkommen dieser Art von Aufgaben im Unterricht wird von allen Schülerinnen und Schülern, wie hier im Beispiel des Interviews mit Sven, als sehr häufig eingeschätzt:

> *Sven: Also das hier ist gewohnt. [zeigt auf das 1. AB]*
> *VL: ja*
> *Sven: Also das haben wir eigentlich andauernd.*
> *Sven (3862:3864)*

7.2 Ergebnisse der Untersuchungsaufgabe „L-Fläche"

7.2.1 Verschiedene Wege der Berechnung über Teilfiguren und weitere Ergebnisse

Die zweite Untersuchungaufgabe „L-Fläche" wird von drei Paaren vollständig richtig gelöst. Weitere zwei Paare berechnen nur den Flächeninhalt korrekt und ein Paar nur den Umfang, so dass der Flächeninhalt insgesamt von fünf Paaren richtig berechnet wird sowie der Umfang von vier Paaren.

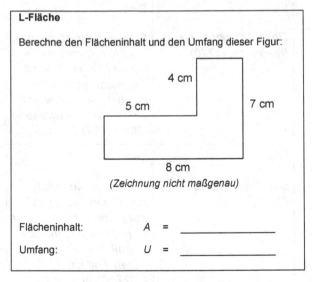

Abbildung 74: Untersuchungsaufgabe „L-Fläche" aus dem nationalen Test der PISA-Studie 2003 (vgl. Blum u.a. 2004, 47-92)

Allen Schülerinnen und Schülern gelingt es, die Seitenlängen der beiden fehlenden Seiten aus dem Zusammenhang zu ermitteln. Ob das Ermitteln der fehlenden Seitenlängen durch Abziehen oder durch Ergänzen erfolgt, kann anhand der Daten nur für zwei der Bearbeitungen geklärt werden. Emma erklärt Jana, dass von 4 cm noch 3 cm bis 7 cm fehlen:

> *Emma: Guck mal, wenn wir hier 4 Zentimeter haben [zeigt auf die Seite mit 4 cm] also das Ganze ist sieben Zentimeter [zeigt auf die rechte Seiten] [...?]*
>
> *Jana#: Dann fehlen da 3 Zentimeter. [zeigt auf die Zeichnung]*
> *EmmaJana (44:46)*

Enno äußert hierzu in der Nachbearbeitung:

> *Enno: ja, weil das ja, das sind ja 7, [zeigt auf die L-Fläche] 4 die abgezogen werden*
> *Enno (1476)*

In den Bearbeitungen finden sich insgesamt drei unterschiedliche Wege zur Berechnung des Flächeninhalts über Teilfiguren. Fünf Paare zerlegen die L-Fläche in zwei kleinere Rechtecke. Den Weg 1 hierzu, das „Zerlegen der L-Fläche in zwei Rechtecke – größeres Rechteck liegend"; beschreiten Sina-Vera, EnnoLars und FinnMarc. Weg 2, „das Zerlegen der L-Fläche in zwei Rechtecke – größeres Rechteck stehend" wird von FaraAnne und SvenTimo gewählt. EmmaJana berechnet den Flächeninhalt der L-Fläche durch das „Ergänzen der L-Fläche zu einem großen Rechteck und Abziehen des kleinen Rechtecks" (Weg 4).

Der Umfang wird von allen Schülerinnen und Schülern durch das Addieren der angegebenen Seitenlängen, beziehungsweise ermittelten Seitenlängen berechnet. Es wird hierbei nicht auf die Zerlegung in Rechtecke zurückgegriffen, auch die Formel zur Berechnung des Umfangs eines Rechtecks wird nicht verwendet. In einem Fall, in der Bearbeitung von SinaVera, werden bei der Berechnung Variablen notiert. Hier werden die beiden Teilrechtecke als A_1 und A_2 bezeichnet und dahinter die Formel zur Berechnung des Flächeninhalts eines Rechtecks a·b geschrieben. Die Einheit cm² für Flächeninhalt und cm für Umfang wird in allen Bearbeitungen erst am Ende berücksichtigt. Die Rechnungen enthalten nur die Zahlen.

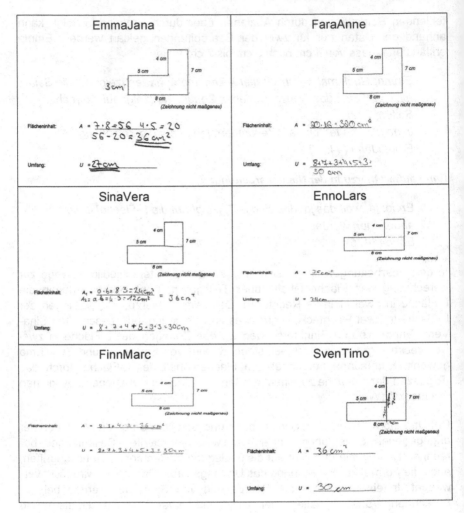

Abbildung 75: Scans der Bearbeitungen zur Untersuchungsaufgabe „L-Fläche"

7.2.2 Schwierigkeiten und Fehler

Schwierigkeiten zeigen sich in unterschiedlichen Phasen der Bearbeitung. Das Finden des Ansatzes, die Teilfiguren in der L-förmigen Figur zu sehen und mit diesen zu operieren, fällt besonders den Paaren FaraAnne und EnnoLars schwer, was sich in der längeren Bearbeitungszeit niederschlägt. Lars äußert dazu, dass er das noch nie konnte und dass er sich keine Formeln merken kann:

> *Enno: Vielleicht müssen wir hier die Hälfte [...?] das ist ja nicht, das is*
> *das Problem ... Guck*
> *mal, hier stehts ja [zeigt auf den Text] Zeichnung nicht maßgenau ...*
> *Wenn ich jetzt hier 8*
> *hab [zeigt auf die untere Seite] musst du doch hier die [...?] sein [zeigt*
> *auf die linke Seite] ...*
> *weißt du, wenn das hier 7 sind [zeigt auf die rechte Seite] dann könnte*
> *das ja wieder 3 sein*
> *[zeigt auf die Figur]... und das 4*
> *Lars: kann sein*
> *Enno: ja*
> *Lars: Ich weiß es nicht ... ich und Formeln merken, das ist wie... Das*
> *konnt ich noch nie, das weißt du ...*
> *Enno: [...?] Wenn das jetzt, was weiß ich [zeigt auf die Zeichnung] [...?]*
> *nicht genau, also*
> *wenn man jetzt hier nen Strich ziehen würde [zeigt auf die, mit 5 cm*
> *beschriftete Seite]*
> *EnnoLars (983:998)*

Den drei Paaren EmmaJana, FaraAnne und EnnoLars gelingt das Ermitteln der fehlenden Seitenlänge erst nach einigem Überlegen. Einen Versuch, die Seiten zunächst zu messen, unternehmen SinaVera und SvenTimo.

Fehler bei den Berechnungen werden insgesamt dreimal gemacht, zweimal bei der Berechnung des Umfangs und einmal bei der Berechnung des Flächeninhalts. EnnoLars addiert zur Berechnung des Umfangs nur die angegebenen Seiten und kommt so auf das Ergebnis 24 cm. EmmaJana berücksichtigt nur eine der fehlenden Seiten und kommt so auf das Ergebnis 27 cm für den Umfang. FaraAnne kommt bei der Berechnung des Flächeninhalts auf das Ergebnis 320 cm² als Produkt aus 20 cm und 16 cm. Hier werden die beiden Umfänge der Teilrechtecke multipliziert, nämlich 7 cm+7 cm+3 cm+3 cm=20 cm für das größere Rechteck und 5 cm+5 cm+ 3 cm+3 cm=16 cm für das kleinere Rechteck.

Lars diskutiert mit Enno die Idee, zur Berechnung des Flächeninhalts alle angegebenen Seiten zu multiplizieren, was zur fehlerhaftenLösung 1120 cm² geführt hätte, wenn sich Enno nicht mit seiner Idee der Zerlegung in zwei Rechtecke durchgesetzt hätte:

> Lars#: *Muss man nicht alle mal nehmen?*
> *Enno: näh ... (5s) muss man hier [...?] beides muss man dann so*
> *machen [deutet mit*
> *dem Bleistift ein Kreuz an] und so ... kreuzen*
> *Lars: [...?] du musst alles mal nehmen ...*
> *Enno: Das geht doch gar nicht.*
> *Lars: Natürlich geht das. [...?]*
> *EnnoLars (954:959)*

Emma	Fara	Sina
Und bei dem hier das war schon ein bisschen schwieriger, weil hier die Ecke fehlte also anders gemacht wurde. (302:303)	*Das war eher schwieriger. Den Umfang konnte man eigentlich gut, wenn man außen rum geht, das ist ja einfach aber [...] Flächeninhalt eher nicht (1772:1775)*	*Ja, also, das fand ich eigentlich leicht, also ich hatte am Anfang ein bisschen überlegt, wie man das anstellt [...] aber so ging eigentlich total gut. (3076:3079)*
Enno	Finn	Sven
Dazu muss man sich halt nur überlegen, also ist einfach nur logisches Denken find ich. Wenn man das hier vergleicht und das hier oben [...] dann hier da n Strich zieht ist eigentlich alles kein Problem denk ich mal (1218:1223)	*Hier fand ich schon etwas schwieriger [...] muss man auch erstmal drauf kommen. (2430:2432)*	*Also für mich macht das persönlich nix aus, wenn ich jetzt irgendwie so was krieg so, zu gucken, wie komm ich da am Besten durch [...] Und mh, ob man die jetzt so einzeichnet oder so, das bleibt ja im Endeffekt egal. (3831:3834)*

Abbildung 76: Beschreibungen zur Schwierigkeit der Aufgabe „L-Fläche" im Interview

In Abbildung 76 sind die Beschreibungen der interviewten Schülerinnen und Schüler zur Schwierigkeit der Aufgabe dargestellt. Diese Aufgabe wird im Interview von Emma, Fara und Enno als schwieriger als die erste Aufgabe

„Rechteck" eingeschätzt. Sina, Finn und Sven empfinden die Aufgabe als „nicht schwierig".

Nach Aussage aller Schülerinnen und Schüler kommen solche Aufgaben im Unterricht vor. In der Angabe der Häufigkeit gibt es allerdings Unterschiede. Während Fara angibt, dass diese Art „auch, aber auch nur kurz" (1792) behandelt weden, kommen solche Aufgaben laut der Angabe von Sven, so wie auch die erste Aufgabe „Rechteck", „eigentlich andauernd" (3864) vor.

Eine Nachbearbeitung der Aufgabe „L-Fläche" wird von Enno und Fara durchgeführt. Enno erkennt in der Nachbearbeitung zur Berechnung des Umfangs selbständig, dass in seiner Bearbeitung die beiden fehlenden Seiten nicht berücksichtigt wurden:

> *VL: Also was hast du jetzt beim Umfang gerechnet?*
> *Enno: das plus das plus das plus das [zeigt auf die Seiten der L-Fläche]*
> *VL: mh*
> *Enno: [...?]*
> *VL: Und das ist dann der Umfang?*
> *Enno: Ja, ich denk mal schon. Weil die Sei ... die Seite 8 Zentimeter, die hier ist 5, die 4*
> *VL: mh*
> *Enno: [...?] da fehlt eine Seiten ... die hier*
> *VL: ja*
> *Enno: die würd da noch fehlen*
> *VL: ja*
> *Enno: Also stimmt das ja nicht, das ist falsch ...*
> *Enno (1460:1470)*

Fara versucht in der Nachbearbeitung zur Berechnung des Flächeninhalts die Zerlegung der L-Fläche in zwei Rechtecke nachzuvollziehen. Sie ist sich nicht sicher, ob man die Flächeninhalte der Teilflächen addieren oder multiplizieren muss. Weil sie die Rechenoperation „plus" mit dem Begriff „Umfang" verbindet, multipliziert sie die Teilflächen zunächst:

> *Fara: Also 7 mal 3 ist das eine Rechteck.*
> *VL: genau*
> *Fara: Und das andere ist ... 3 mal 5.*
> *VL: mh, genau*
> *Fara: Und das dann mal beides oder plus?*

VL: mh
Fara: mal ... (4s)
VL: ja mal oder plus? ... (4s)
Fara: Plus wär ja wieder Umfang ... nein, das ist plus
VL: mh
Fara: Weil wir das ja schon malgenommen haben
Fara (2102:2113)

Gefragt nach weiteren Lösungswegen, sieht Fara selbstständig andere Möglichkeiten der Zerlegung, nämlich die andere Variante der Zerlegung in zwei Rechtecke (Lösungsweg 2), die Zerlegung in zwei Rechtecke und ein Quadrat (Lösungsweg 3), das Verändern zu einem langen Rechteck (Lösungsweg 5). Auf Nachfrage erkennt sie auch die Vorgehensweise, bei der die L-Fläche zu einem großen Quadrat ergänzt wird und das kleine Rechteck abgezogen wird (Lösungsweg 4):

> *VL: genau ... Und könnte man auch eine ganz große nehmen? ... Also wenn ich z.B. jetzt so*
> *machen würde? [deutet ein 8x7 Rechteck an]*
> *Fara: Ja, dann muss man nachher wieder minus rechnen.*
> *VL Ja, also was würdest du hier jetzt rechnen?*
> *Fara#: [...?]*
> *VL: 7 mal 8 wäre das große Rechteck ... (6s)*
> *Fara: Geteilt durch 2 wäre dann ja zuviel.*
> *VL: Du meintest du noch was abziehen? 7 mal 8*
> *Fara: Ja, dann müsste das ja wieder abgezogen werden [zeigt auf das kleine Rechteck]]*
> *Fara (2131:2139)*

Hinsichtlich dieses Lösungsweges erkennt sie zwar zunächst, dass man „nachher wieder minus rechnen" muss, ist sich aber wiederum nicht sicher und zieht auch die Möglichkeit des Teilens durch 2 in Betracht, also eine Division statt einer Subtraktion.

Bei Fara zeigen sich grundlegende Schwierigkeiten im Verständnis des Berechnens von Flächen aus Teilflächen und zwar sowohl bei zusammengesetzten als auch bei ergänzten Flächen.

7.3 Ergebnisse der Untersuchungsaufgabe „Wandfläche"

7.3.1 Vorgehensweisen in Bezug auf den Aufgabenkontext und weitere Ergebnisse

Die dritte Untersuchungsaufgabe „Wandfläche" wird von keinem Paar richtig gelöst. Aus Abbildung 78 ist ersichtlich, dass EmmaJana und SvenTimo eine Skizze zur Aufgabe anfertigen während die übrigen vier Paare nur das Ergebnis ankreuzen.

Wandfläche

Peter will die Wände und die Decke seines Zimmers mit weißer Wandfarbe streichen. Sein Zimmer, mit rechteckiger Grundfläche, ist 4 m breit, 5 m lang und 2,50 m hoch. Das Zimmer hat eine Tür und ein Fenster, die natürlich nicht gestrichen werden müssen. Die Fläche von Tür und Fenster zusammen ist 6 m².

Wie groß ist die Fläche, die Peter streichen muss?

Bitte kreuze die richtige Lösung an.

☐   22,5 m²

☐   36,5 m²

☐   39 m²

☐   44 m²

☐   50 m²

☐   59 m²

Abbildung 77: Untersuchungsaufgabe „Wandfläche" aus dem nationalen Test der PISA-Studie 2003 (vgl. Blum u.a. 2004, 47-92)

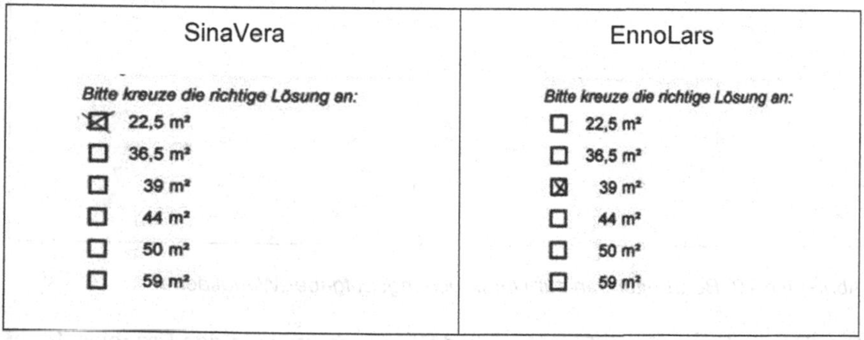

SinaVera	EnnoLars
Bitte kreuze die richtige Lösung an:	*Bitte kreuze die richtige Lösung an:*
☒ 22,5 m²	☐ 22,5 m²
☐ 36,5 m²	☐ 36,5 m²
☐ 39 m²	☒ 39 m²
☐ 44 m²	☐ 44 m²
☐ 50 m²	☐ 50 m²
☐ 59 m²	☐ 59 m²

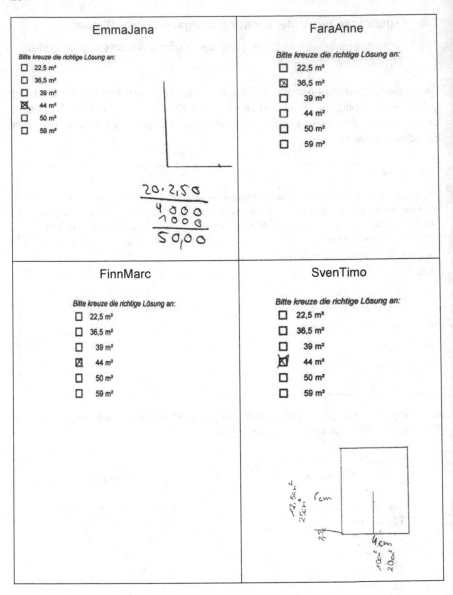

Abbildung 78: Bearbeitungen zur Untersuchungsaufgabe „Wandfläche"

Drei Paare, EmmaJana, FinnMarc und SvenTimo kreuzen das Ergebnis 44 m²
an. Auf dieses Ergebnis kommt man, wie bereits beschrieben, indem die

Seitenlängen mit der Höhe des Zimmers multipliziert und anschließend der Flächeninhalt von Tür und Fenster subtrahiert wird. Anstelle des Flächeninhalts der Wandfläche wird also das Volumen des Zimmers berechnet.

> *Emma: Wir haben also erst mh ... den Flächeninhalt von dem Ganzen rausgekriegt.*
> *VL: mh*
> *Emma: Mal also, a mal b mal c gerechnet ... da haben wir 50 rausgekriegt und hier steht, dass*
> *das hier nicht äh, dass das hier nicht dazu..., äh dass das nicht gestrichen wird.*
> *VL: mh*
> *Emma: Und dann haben wir das minus abgezogen von dem Ganzen.*
> *VL: mh*
> *Emma: weil das sind ja Fenster und Türen*
> *VL: ja*
> *Emma: Ja und dann haben wir das abgezogen von dem und dann ist, also ... von der, also von der Wand die Fläche gewesen.*
> *EmmaJana (152:162)*

Während neben EmmaJana auch FinnMarc geradlinig und zügig auf das Ergebnis kommen und von der Richtigkeit ihres Ergebnisses zunächst überzeugt ist, verläuft der Lösungsprozess bei SvenTimo anders. Sie verfolgen zunächst den richtigen Ansatz, beide Seitenlängen mit der Höhe zu multiplizieren, berücksichtigen, dass je zwei Wandflächen doppelt vorkommen und beziehen die Decke ein, dabei verrechnen sie sich aber.

> *Sven: Rechteck ist ja a mal b also, wozu die Höhe jetzt ist, keine Ahnung ... (8s) ne hier, wir*
> *müssen 5 mal 2,5 nehmen, mal 2 also [zeigt auf beide senkrechten Seiten der Skizze], plus*
> *und dann das auch noch mal, also 4, 5 mal 2,5 sind 10 sind 12,5 ...*
> *[schreibt 12,5 cm²] 12,5*
> *Quadratzentimeter mal 2 sind dann 25 ... ja ... und dann 4 mal 2,5 sind*
> *dann 8 ... plus 8, 20*
> *sind 10 also 20, ne?*
> *Timo: mh*
> *Sven: Also 25 und ... 20 ... steht gar nicht ... hä, bin ich denn dumm?*
> *SvenTimo (3641:3647)*

Schließlich resignieren sie und kreuzen 44 m² an, weil diese Antwortmöglichkeit am dichtesten an ihrem Ergebnis liegt.

SinaVera kreuzt das Ergebnis 22,5 m² an. Sie erklären im Nachträglichen Lauten Denken, dass sie versucht haben, durch eine rechnerische Verknüpfung der angegebenen Größen auf die Antwortmöglichen zu kommen. In diesem Fall wird also die Seitenlängen 4 m und 5 m multipliziert, was der Berechnung der Grundfläche, beziehungsweise der Decke entspricht. Zu diesem Ergebnis wird die Höhe von 2,5 m addiert. Die 6 m² von Tür und Fenster bleiben unberücksichtigt:

> *Vera: Ich wusste nicht, wie man das rechnet ... ich wusste einfach nicht,*
> *wie man von den 4*
> *Metern, 5 Metern, 2,50 und 6 na gut und auf einfach ... die Zahl kommen*
> *sollte, irgendwie ...*
> *Sina: mh*
> *Vera: schien mir zu schwer ... Also die letzen drei hab ich ausge-*
> *schlossen, weil das einfach*
> *für mich nicht hinhauen konnte.*
> *Sina: Ja, weil das viel zu hoch wär.*
> *SinaVera (2979:2984)*

FaraAnne kreuzt das Ergebnis 36,5 m² an. Wie SinaVera versuchen auch diese beiden Schülerinnen durch eine rechnerische Verknüpfung der angegebenen Größen auf die Antwortmöglichen zu kommen. Sie geben an, eher geraten zu haben und sich nicht sicher zu sein.

EnnoLars entscheidet sich für die Antwortmöglichkeit 39 m². Zunächst tendiert Enno zur Antwortmöglichkeit 44 m²:

> *Enno: Ja, aber du musst doch mh, die Fläche, ist doch a mal b*
> *Lars: ja*
> *Enno: so aber, hoch auch noch*
> *Lars: a mal b mal c*
> *Enno: Ja, stimmt ... 4 mal 5 sind 20 mal 2,50 ... 2,5 ... 2,5*
> *EnnoLars (1061:1065)*

Lars setzt sich am Ende mit seiner Idee durch. Er kommt auf 39 m², indem er die Seitenlängen 4 m und 5 m multipliziert, das Ergebnis verdoppelt, dazu 5 addiert und davon die 6 m² für Tür und Fenster subtrahiert. Die 5 m, die zu dem Ergebnis addiert werden, setzen sich vermutlich aus 2·2,5 m Metern zusammen. Warum er so vorgeht, kann nicht vollständig geklärt werden. Im Nachträglichen Lauten Denken sind sich beide Schüler sicher, dass doch 44 m² die richtige Antwortmöglichkeit gewesen wäre.

Bereits die gewählten Antwortmöglichkeiten machen deutlich, dass sich bei allen sechs Paaren besondere Schwierigkeiten beim Prozess des Mathematisierens der beschriebenen Situation zeigen. In den Daten gibt es außerdem Hinweise darauf, ob die Schülerinnen und Schüler sich das Zimmer mit den zu streichenden Flächen vorstellen. Erste Hinweise liefern vorhandene Skizzen. Diese kommen bei EmmaJana und SvenTimo vor. Bei EmmaJana zeigt sich die Schwierigkeit, wie mit den 2,5 m, die die Höhe des Raumes angeben umgegangen werden soll:

> *Emma: also ... 4 ... Ich zeichne das, dann können wir uns das vorstellen.*
> *Jana: mh*
> *[Emma nimmt Bleistift und Geodreieck und zeichnet eine Strecke]* ...
> *Emma: 4*
> *Jana: 5*
> *Emma: ach breit, also 5 Meter mh*
> *Jana: Und 4 Meter breit.*
> *[Emma zeichnet ein Senkrechte zur 1. Linie]* ...
> *Emma: 4 breit und ... äh (5s)*
> *Jana: 5 ... 5, äh 2,5 Meter hoch [zeigt mit den Fingern nach oben]*
> *Emma: ach so*
> *Jana#: Die Höhe vom Raum.*
> *Emma: ja, ja ... also das heißt ... 2,5 Meter hier hoch ... und das*
> *Jana#: Das kannst du ja ... mit na ... 3, 3D Zeichnung machen ... da*
> *siehst du ja die Höhe ...*
> *EmmaJana (114:127)*

Die Skizze bleibt unvollständig und bietet keine Hilfe für das Vorstellen der zu streichenden Wände, denn sie berechnen daraufhin das Volumen des Zimmer und kommen zum Ergebnis 44 m². Für SvenTimo zeigt sich die gleiche Schwierigkeit:

> *Sven: ja [Timo nimmt das Geodreieck und beginnt zu zeichnen]*
> *Sven: 4 Meter breit, lang 5 ... (8s) steht da Quadratmeter ... ja ... Davon*
> *habe ich echt keine*
> *Ahnung.*

> *Timo: Also breit ist ja 4 Zentimeter schreibe ich jetzt mal hin [beschriftet*
> *die untere Seite mit*
> *4 cm] ... 5 cm [beschriftet die linke Seite mit 5 cm] und hoch 2,5 ... wie*
> *wird*
> *das hoch ... so ne? [zeichnet Senkrechte in die Mitte der Grundseite]*
> *Sven: ja, keine Ahnung*
> *[Timo zeichnet Senkrechte in die Mitte der Grundseite] ... (10s)*
> *Timo: und dann ja [...?]*
> *Sven: Rechteck ist ja a mal b also, wozu die Höhe jetzt ist, keine Ah-*
> *nung ...*
> *SvenTimo (3633:3641)*

Timo zeichnet die Höhe zunächst als kleine Linie, die von der Ecke des Rechtecks nach links wegzeigt, anschließend als Senkrechte in der Mitte der Grundseite. Auch, wenn es sich bei SvenTimo um das einzige Untersuchungspaar handelt, das Ansätze zur richtigen Lösung zeigt, gibt es wenige Hinweise in den Daten dass dies aufgrund der Skizze geschieht. Sven äußert im Interview, dass ihm die Skizze geholfen habe, die Situation zu verstehen: „Und ich mir das dann angeguckt hatte und dann kam auf einmal so klack und dann wars da". Anschließend kreuzt er 44 m² an.

Obwohl die angefertigten Skizzen letztendlich nicht hellfen, die Aufgabe zu lösen, wird der Nutzen von Skizzen betont:

> *Timo: Also ich wollte eigentlich eine Skizze machen, damit das besser*
> *übersichtlicher ist.*
> *SvenTimo (3627)*

> *Sven: Und bis ich dann mal endlich, bis er, bis Timo dann mal die Zeich-*
> *nung gemacht hat und ich mir das dann angeguckt hatte und dann kam*
> *auf einmal so klack und dann wars da.*
> *Sven (3843:3846)*

> *Emma: Also, damit wir uns das besser vorstellen können, was, also was*
> *wir rechnen wollen, was wir brauchen, welche Seite und ...*
> *EmmaJana (133:134)*

Die anderen vier Paare fertigen keine Skizze an. Während FaraAnne, Enno-Lars und FinnMarc dies auch nicht in Betracht ziehen, äußert SinaVera die Idee, scheitert aber an der Umsetzung:

> Sina: *Ich wollte ja erst ne Skizze malen, ne.*
> Vera: *ja*
> Sina: *Aber dann wussten wir nicht wie wir die malen sollten.*
> VL: *Und was war daran schwierig?*
> Vera: *uns war erstmal das Erste Grundfläche, war das jetzt der Boden oder wars allgemein*
> *oder das allgemein nicht aber, oder wars die Decke oder*
> Sina: *Wir wussten ja nicht, ob das irgendwie, das Zimmer trapezförmig ist oder so ... keine*
> *Ahnung ... ja, wir hätten ja eigentlich die Höhe meinen können ... ja so*
> *[...?] ... ja aber wär*
> *auch ein bisschen blöd gewesen, wegen dem Umrechnen in Zentimeter und so*
> SinaVera (2956:2965)

7.3.2 Schwierigkeiten und Fehler

In Abbildung 79 sind die Beschreibungen der interviewten Schülerinnen und Schüler zur Schwierigkeit der Aufgabe dargestellt. Obwohl alle Schülerinnen und Schüler zum falschen Ergebnis kommen, wird die Aufgabe nicht von allen als schwierig empfunden. EmmaJana und FinnMarc, die sich beide für die Antwortmöglichkeit 44 m² entscheiden, sind sich zunächst sicher, dass ihre Lösung richtig ist. Die anderen vier Paare äußern schon während der Bearbeitung, dass sie mit der Aufgabe nicht gut klar kommen. Wie bei der Aufgabe „L-Fläche" variieren die Aussagen zur Schwierigkeit der Aufgabe im Interview. Während Finn die Aufgabe als „extrem einfach" beschreibt, geben Fara und Sina zu, einfach irgendetwas angekreuzt zu haben, beziehungsweise das Ergebnis geschätzt zu haben. Sven beschreibt detaillierter seine Schwierigkeiten und äußert, dass er nicht wisse, wie er mit der angegebenen Höhe des Zimmers umgehen solle.

Emma und Enno antworten auf die Frage nach der Schwierigkeit gar nicht direkt. Emma beschreibt das Vorgehen bei der Aufgabe und Enno äußert die Idee, zur besseren Vorstellung eine Skizze anzufertigen, was als Hinweis gesehen werden kann, dass er Schwierigkeiten hatte, sich die Situation vorzustellen.

Emma	Fara	Sina
Und dann haben wir Flächeninhalt, also Flächeninhalt davon gerechnet und dann haben wir gesehen, dass äh Fenster und Tür ja nicht mit äh gerechnet werden sollen […] Und dann haben wir Flächeninhalt von dem Ganzen gerechnet, von der Wand und dann das abgezogen von dem. (314:319)	*War schon schwieriger, weil wir ja nicht genau wussten … Wir hatten nämlich ein ganz anderes Ergebnis raus, als was da steht […] Und dann wir einfach das Zweite genommen. (1783:1786)*	*Ja, das war für mich schwerer. […] Weil, ich wusste gar nicht, wie ich das errechnen soll und das war eigentlich immer nur geschätzt, was wir da angekreuzt hatten. (3081:3084)*
Enno	Finn	Sven
Zu der Aufgabe würde ich vielleicht noch ne Zeichnung machen … ja und dann, damit man sich das besser vorstellen kann. (1225:1226)	*Die war auch extrem einfach. (2436)*	*Da hab ich mich komplett verlesen irgendwie, weil ich hatte gedacht, der macht die Decke oder so und dann hab ich mich gefragt, wozu sind die 2,50 Meter Wand hoch […] (3840:3841)*

Abbildung 79: Beschreibungen zur Schwierigkeit der Aufgabe „Wandfläche" im Interview

Bezüglich des Vorkommens im Unterricht, gibt es wiederum sehr unterschiedliche Angaben von „oft" (Enno, Finn) bis „gar nicht" (Fara).

Die Aufgabe „Wandfläche" wird in der Nachbearbeitung bei Emma und Finn behandelt. Beide haben sich für das Ergebnis 44 m² entschieden, also anstatt der Wandfläche das Volumen des Zimmers berechnet und davon den Flächeninhalt von Tür und Fenster subtrahiert. In der Nachbearbeitung der Aufgabe erkennen beide ihren Fehler:

VL: Was habt ihr ausgerechnet, wenn ihr rechnet 4 mal 5 mal 2,5? …

Finn: das Volumen, hä... ja ... hätte man vielleicht die Oberfläche
Finn (2692:2695)

Emma: Hier haben wir jetzt, äh das was hier drinnen steckt, berechnet.
[demonstriert mit den
Händen], also, sozusagen, was hier jetzt alles gestrichen werden muss,
bis nach oben, also praktisch die Luft, ja und äh hier haben wir jetzt
[zeigt auf die Zeichnung] äh die Wände genommen.
VL: mh
Emma: Also da haben wir ja gedacht, dass ... ja wir haben eigentlich das
Innere gerechnet.
VL#: ja mh
Emma: Aber das ist ja eigentlich ... also, man denkt ja Flächeninhalt
immer das Innere.
VL: mh
Emma: Und wir haben halt da Flächeninhalt gerechnet ohne zu denken,
ach ja hier wird ja nicht alles gestrichen.
Emma (756:768)

Sowohl Emma als auch Finn sind in der Lage, das Zimmer zu beschreiben
und die zu streichenden Wände am Beispiel des Klassenraumes, in dem die
Nachbearbeitung durchgeführt wird zu zeigen.

Emma: Also so ähnlich wie das jetzt.
VL: So wie dieser Raum. Vielleicht kannst du in diesem Raum hier mal
zeigen. Was müsstest
du denn jetzt alles streichen, wenn du jetzt der Maler wärst?
Emma: Mh, die ganze Seite bis hier, alles außer die Tür. [zeigt auf die
Wand]
VL: mh
Emma: Und auf der auch die ganze Seite, hier sind dann ganz viele
Fenster, da brauch ich nicht mehr streichen außer hier unten vielleicht.
[zeigt durch den Raum]
VL: mh
Emma: Und auf der auch die ganze Seite.
Emma (649:654)

Auch die Anzahl der zu streichenden Flächen bennenen sie mit 5 richtig. Mit
Unterstützung der Versuchsleitung durch gezieltes Nachfragen, sind beide in

der Lage, die Wandfläche richtig zu berechnen. Während Emma die Flächen der fünf Rechtecke berechnet, wählt Finn den Weg über die Berechnung der Oberfläche eines Quaders:

> *Finn: ne Zeichnung, ja brauch ich glaub ich gar nicht, ich brauch nur ne Formel ... das is ja 2*
> *mal a mal b plus 2 mal a mal c, oder? ... die Oberfläche ...*
> *Finn (2703)*

Nur mit viel Hilfe gelingt Emma und Finn eine Zeichnung zur Aufgabe. Mit Unterstützung können sie die gezeigten Zeichnungen nachvollziehen und die zu streichenden Flächen daran zeigen.

7.4 Ergebnisse der Untersuchungsaufgabe „Zimmermann"

7.4.1 Hinweise zu inhaltlichen Vorstellungen des Begriffs „Umfang" und weitere Ergebnisse

Auch die vierte Untersuchungsaufgabe „Zimmermann" (Abbildung 80) wird von keinem Paar vollständig richtig gelöst. Betrachtet man die Ergebnisse zu den einzelnen Entwürfen separat (Abbildung 81) kommen bei den „Treppenfiguren" A und C zwei Paare, bei dem Parallelogramm B kein Paar und beim Rechteck D fünf Paare zum richtigen Ergebnis.

Zimmermann

Ein Zimmermann hat 32 laufende Meter Holz und will damit ein Gartenbeet umranden. Er überlegt sich die folgenden Entwürfe für das Gartenbeet.

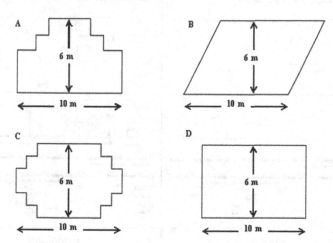

Können die Entwürfe mit 32 laufenden Metern Holz hergestellt werden? Kreise jeweils entweder „Ja" oder „Nein" ein.

Gartenbeet-Entwurf	Ist es mit diesem Entwurf möglich, das Gartenbeet mit 32 laufenden Metern Holz herzustellen?
Entwurf A	Ja / Nein
Entwurf B	Ja / Nein
Entwurf C	Ja / Nein
Entwurf D	Ja / Nein

Abbildung 80: Untersuchungsaufgabe „Zimmermann" aus dem internationalen Test der PISA-Studie 2003 (OECD 2004, 52)

Nur EmmaJana bearbeitet die Figuren in der gegebenen Reihenfolge. FinnMarc und SvenTimo beginnen beim Rechteck D und setzen dann mit den „Treppenfiguren" A beziehungsweise C fort und FaraAnna, EnnoLars und SinaVera beginnen mit dem Vergleich der Figuren B und D.

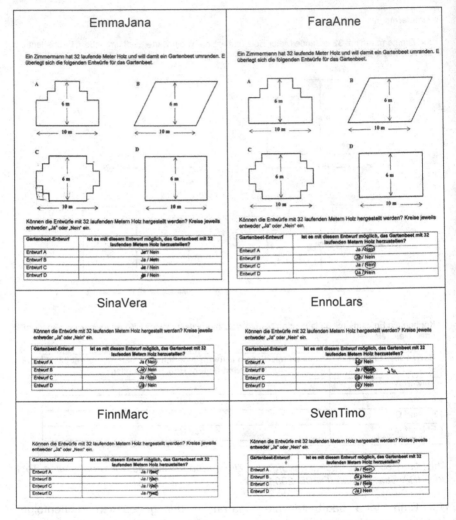

Abbildung 81: Scans der Bearbeitungen zur Untersuchungsaufgabe „Zimmermann"

Die Bearbeitung von EmmaJana stellt einen Sonderfall dar. Diese beiden Schülerinnen berechnen anstatt des Umfangs den Flächeninhalt der Figuren. Für die „Treppenfiguren" schätzen sie diesen, ausgehend davon, dass man bei den „Treppenfiguren" von den 60 m² Flächeninhalt des Rechtecks den Flächeninhalt der fehlenden Stücke an den Ecken abziehen muss:

Emma: das ist ... [...?] ... mh mh, das ist nicht möglich, 10 ... mal 6 sind 60 minus dem hier
[zeigt auf Figur A] ...
EmmaJana (172:173)
Emma: Und wenn wir hier 10 haben [zeigt auf die untere Seite der Figur C]
Jana: Guck mal [...?] dann müssen wir von den Ecken abziehen. [zeigt auf die Ecken]
Emma: mh
Jana: und die Ecken haben ...
Emma: Ich denk mal ... 1 Meter, 2 Meter, 3 Meter ... ja, einmal da hat jedes hier ... [zeichnet im linken unteren Bereich der Figur C Kästchen ein] 1 Meter, 1 mal 1 sind 1 [...?]
EmmaJana (184:189)

Auf dieser Grundlage treffen sie ihre Entscheidung, dass die 32 Meter Holz für die „Treppenfiguren" und für das Rechteck nicht reichen. Für das Parallelogramm errechnen sie einen Flächeninhalt von 30 m², vermutlich, weil sie die Flächeninhaltsformel für rechtwinklige Dreiecke verwenden, also die Grundseite und die Höhe multiplizieren, anschließend durch 2 dividieren und demnach auf das Ergebnis 30 m² kommen. Deshalb entscheiden sie, dass die 32 Meter für das Parallelogramm reichen.

Für die anderen fünf Paare ist es nicht schwierig zu erkennen, dass es in dieser Aufgabe um den Umfang der Figuren geht. Für das Parallelogramm entscheiden alle fünf Paare, dass sich der Entwurf mit den 32 Metern Holz herstellen lässt. Begründungen hierfür findet man bei FaraAnne, SinaVera und SvenTimo.

SinaVera geht auf das „Abschneiden und Anlegen" ein:

Vera: ja, das sind ja, kann ja schief geschnitten werden ... ich weiß jetzt nicht, wie man das
Sina: Aber guck mal, das is ja n Parallelogramm, ne.
Vera: ja, ich weiß nicht ...
Sina: Weil, er hat ja gesagt, wenn man das da abschneidet und dransetzt, dann ist das das
Gleiche [zeigt auf Figur B] [...?] zusammenführen
Vera: ja aber das sind ja [...?] Meter ... (4s) [...?] ...

Sina: ach, hier das kommt ja das gleiche raus, weil er hat ja gesagt so
[zeigt auf Figur B]
Vera#: ja, dann mach doch einfach
Sina: ransetzten ... Ich würd sagen B können wir auch nehmen oder?
Vera: mach doch
SinaVera (3002:3010)

Bei FaraAnne findet man beide Vorstellungen des Veränderns zu einem
Rechteck. Ausführlich erklären die Schülerinnen das „Abschneiden und
Anlegen", aber auch das „gerade Klappen" erwähnt Fara:

Fara: Dass mh ... wenn wir jetzt das nehmen das es dann geht, dass wir
das dann auch
nehmen [zeigt auf Figur B und Figur D] Weil das ja einfach nur schief
gemacht worden ist.
VL: mh
Anne: Weil das ja dasselbe ist.
VL: Und warum ist das dasselbe?
Anne: Ja weil du das doch, wenn du das gerade machen würdest, dann
VL#: [...?] dass man nur auf die Kante eingeben hat, dass es jetzt schief
is, sonst is es ja das
selbe
Anne#: das ist gleich sonst
VL#: Also wie macht ihr, dass das ein Rechteck wird?
Fara: Weil, mh, wenn man das einfach
Anne: da, war das nicht irgendwie, wenn man sch, schneidet das Stück
ab
Fara#: schneidet hier ein Stück ab und legt es daran [zeigt auf Figur B]
... sonst ist es ja dasselbe
Anne: dann ist das ja das gleiche ...
VL: ja gut, also bei den beiden
Fara#: oder wenn mans so gesagt mh, ist ja jetzt so wenn man das
gerade schieben würde,
dann ist das ja das selbe
VL: mh
Fara: wie hier unten
FaraAnne (1714:1731)

SvenTimo geht beim Parallelogramm zunächst von der Flächeninhaltsformel „Seite mal Höhe" aus. Hiervon schließen sie auf die Formel 2h+2a für die Berechnung des Umfangs und berücksichtigen dabei nicht, dass die beiden Seiten im Parallelogramm nicht, wie beim Rechteck, der Höhe entsprechen.

Timo: Sonst lassen wir die erst mal aus und machen dann schon mal die. [zeigt auf das

Parallelogramm] ... das ist ja ... ein Parallelogramm, weißt du noch weißt du noch wie man

das rechnet? das war doch die Seite mal Höhe, also

Sven: mh

Timo: also, also 60

Sven: ja

Timo: also geht

Sven: aber das ist dann für Fläche oder nicht? ...(6s)

Timo: nee Fläche war ... (5s)

Sven: ja, das war die Fläche, dann war Umfang

Timo#: Umfang war dann, Umfang müsste ja dann 2h plus 2a sein.

SvenTimo (3739:3749)

Sven: Also ich fand, die Probleme waren eben die Kanten, weil das noch nicht irgendwie oder

das hatten wir irgendwie nie durchgenommen, wie man das macht oder so...und deswegen

war das irgendwie für mich ...persönlich jetzt irgendwie ein Problem

VL: und bei dir Timo?

Timo: ja auch also, weil da haben wir das ja irgendwie erst hier so abgetrennt so, damit wir

das leichter zu rechnen haben aber dann wussten wir nicht mehr, wie wir das irgendwie

rechnen sollten

SvenTimo (3730:3735)

Die Vorstellung des Veränderns einer Figur zu einem Rechteck durch ein „Abschneiden und wieder Anlegen" findet sich bei SvenTimo in den Überlegungen, ob sich die Figur A herstellen lässt. Timo bezieht sich auf die Figur A und
erwähnt dazu:

> Timo: hier ich glaub... hier ist das so... wenn wir das hier so teilen,
> [zeigt auf A] das dann
> halt so nehmen, das wir das dann da rüber so packen das, das wär
> dann so Rechteck
> Sven#: naja Rechteck ne?
> SvenTimo (3764:3766)

Im Nachträglichen Lauten Denken wird er aufgefordert, diese Idee näher zu
erklären:

> Sven#: Wenn man hier quasi durchschneidet, das... einmal dreht und
> hier oben wieder
> dransetzt, weil das sind ja genau dieselben Formen
> VL: ja
> Sven: wie beim Rechteck, was dann 12 hoch ist und nur noch 5 breit,
> wäre dasselbe
> SvenTimo (3780:3783)

Die beiden Schüler kommen daraufhin auf ein Rechteck mit den Seiten 5 m
und 18 m und berechnen als Umfang 2·5 m + 2·18 m. So kommen sie zu der
Entscheidung, dass sich der Entwurf A nicht mit 32 m Holz herstellen lässt.
Auf dieser Grundlage entscheiden sie, dass das Holz für den Entwurf C wohl
auch nicht reichen wird.

Bei den übrigen vier Paaren FaraAnne, SinaVera, EnnoLars und FinnMarc
finden sich bezüglich der „Treppenfiguren" nur wenige Ansätze zur Begründung, ob die 32 m Holz für diese Figuren ausreichen. FaraAnne und SinaVera
liefern keine Begründung für ihre Entscheidung, warum sich die Entwürfe A
und C nicht herstellen lassen. Enno erklärt Finn, dass die Länge der
Zickzackstrecke gleich bleibt, wenn man die kleinen Teilstrecken wieder nach
„außen zieht":

> Enno: ja ... (6s) Ja, guck mal, wenn das jetzt durchgezogen wär, dann
> wär das genauso groß,
> dann hätten wir das so einecken müssen. [zeigt mit den Händen]

*Lars: Die passen aber! [zeigt auf Figur C] ... Überleg doch mal ... das
sind ja keine 10 mehr
[zeigt auf die untere Seite von Figur C]
Enno: Doch, wenn du, wenn du das in die Länge ziehen würdest, so
raus, dann würden das
auch 10 sein ... weil, dann würdest du diese Kante ja wieder rausbeulen
[Bewegung mit der
Hand] Enno (1172:1178)*

Die Entscheidung von Finn, dass sich die Entwürfe A und C herstellen lassen
basiert im Unterschied zu der Erklärung von Enno darauf, dass der Umfang
dieser Figuren nicht genauso groß, sondern kleiner als der Umfang des
Rechtecks sein muss, weil auch der Flächeninhalt kleiner als der des
Rechtecks ist:

*Finn: Aber eigentlich sind ja alle, passen eigentlich alle. Das ist ja nur
kleiner als das. [zeigt
auf Figur C und D, dann noch auf A] FinnMarc (2378:2379)*

Einen erfolglosen Versuch des Messens der Teilstücke bei den Treppenfiguren unternimmt Sven:

*Sven: Hm, da kann man sich auch nicht dran halten.
SvenTimo (3726)*

*VL: Was willst du jetzt da messen?
Sven: keine Ahnung, habe ich manchmal
Sven (3716:3717)*

7.4.2 Schwierigkeiten und Fehler

In Abbildung 82 sind die Beschreibungen der interviewten Schülerinnen und
Schüler zur Schwierigkeit der Aufgabe dargestellt. Alle befragten Schülerinnen
beziehungsweise Schüler schätzen diese Aufgabe als am schwierigsten ein
und die Häufigkeit des Vorkommens dieser Aufgabe im Unterricht als am
geringsten. Von den Schülerinnen und Schülern im Interview beschriebene
Schwierigkeiten sind, dass Flächeninhalt und Umfang verwechselt wurden
(Emma), dass nicht bekannt war, wie lang die Teilstrecken bei den „Treppenfiguren" waren (Sina), dass die Formen der „Treppenfiguren" nicht bekannt

waren (Sven) und dass nicht bekannt war, wie man den Umfang eines Parallelogramms berechnet (Sven).

Als ungewöhnlich emfand Emma, dass man bei der Aufgabe nichts ausrechnen sollte:

> [...] das kommt schon vor, aber dann nicht so, dass man das ankreuzen soll,
>
> sondern dann selber rechnen soll [...] mit Flächeninhalt und Umfang.

Emma (350:353)

Eine Nachbearbeitung der Aufgabe „Zimmermann" erfolgte von Sina und von Sven. Beide entschieden für die „Treppenfiguren", dass sich diese Entwürfe mit den 32 m Holz nicht herstellen lassen und dass sich das Parallelogramm herstellen lässt. Beim Parallelogramm verfolgten sie den Ansatz des Veränderns zu einem Rechteck durch „Abschneiden und Anlegen". Hierzu wurde ihnen in der Nachbearbeitung das Pappmodell eines Parallelogramms gezeigt, bei dem der Umfang markiert war. Sina und Sven erkannten mit Hilfe dieses Modells, dass die Seiten des Parallelogramms länger sind, als die Seiten des Rechtecks:

> Sina: [...?] Das ist ja die Strecke 10. [zeigt auf das Parallelogramm] Die Höhe ist ja auch 6, wie da [zeigt auf das Rechteck] aber hier die Länge ist ja länger wie die. [zeigt auf die rechte Seite vom Rechteck und vom Parallelogramm]
> Vera (3485:3488))

> Sven: Ja, keine Ahnung, hab ich so irgendwie im Gefühl. Höhe ist ja, weil das ja quasi ein
> Rechteck ist aber ein bisschen gezogen an beiden Ecken.
> VL: mh
> Sven: an 2 Ecken ... Dadurch kommt das ja eben schräg und wenn man das wieder
> zurückziehen würde, wär, würde das wieder höher werden, glaube ich ... vermute ich
> Sven (4184:4188))

Emma	Fara	Sven
Ja, das war eigentlich das Schwierigste [...] Ja, wir haben erst eigentlich Flächeninhalt gerechnet, aber, obwohl das Umfang sein sollte. Das hat uns irritiert wegen dem hier, weil da dachten wir, dass wir das hier mal nehmen müssen und dann das was hier nicht 60 da ist abziehen müssen. Also so ähnlich, wie bei dem. [zeigt auf die L-Figur] Aber das war ja eigentlich Umfang [...] (323:353)	*Das ist ja eigentlich das selbe, wenn man so guckt [...] Wir haben jetzt B und D genommen, weil ... dachten das ist irgendwie, das sieht eher leichter aus und würde eher gehen, ne (1777:1781)*	*die A und C, die waren ein bisschen doof, weil wir die Formen nicht kannten oder so, weil das is irgendwie ungewöhnlich ist, so was zu rechnen. Ja da also hier das Parallelogramm, das war irgendwie komisch [...] Weil mir kam das irgendwie, weil Umfang hatte wir gar nicht davon, zwar angesprochen aber nie so wirklich gemacht. (3818:3852)*
Enno	Finn	Sina
Man sollte halt nur, wie gesagt, logisches Denken haben. Ansonsten, man denkt ja, dass das hier [zeigt auf Figur C] ne [...?] große Strecke ist und dann hier hoch geht, aber das ja alles [...?] zusammengehört, [...] also das Teil raus geschnitten worden (1230:1233)	*Und die schon ein bisschen schwerer irgendwie. (2438)*	*Und die war für mich eigentlich theoretisch war sie eigentlich ganz leicht, also aber es hat für mich halt immer, also Sina meinte gleich die beiden gehen überhaupt nicht. [zeigt auf Figur A und C] Für mich war es dann auch so ... ich war mir immer nicht sicher wie lang die Stücke waren (3089:3094)*

Abbildung 82: Beschreibungen zur Schwierigkeit der Aufgabe „Zimmermann" im Interview

Für die „Treppenfiguren" erkennen Sina und Sven beim Nachlegen mit
Streichhölzern, dass der Umfang sich nicht verändert:

> *Sina: also ... da fehlt ja dann einmal ... das dann da rein [verändert die*
> *Position der*
> *Streichhölzer] ... ja und da ist jetzt schon für mich ... ja dann gehts ja*
> *hier [verändert die*
> *Position der Streichhölzer] ... ja passt [verändert die Position der*
> *Streichhölzer, so dass eine*
> *Treppe entsteht] ...*
> *VL: mh*
> *Sina: Genau, da ist der Umfang ja auch noch gleich.*
> *Sina (3546:3551)*

> *Sven: Ja, man könnte, man könnte den, den Block den ganz äußeren*
> *[zeigt auf Figur C] einen*
> *nach unten schieben, dass der hier mit dem bündig wird.*
> *VL: mh*
> *Sven: Und den von der anderen Seite dann daran legen.*
> *VL: ja*
> *Sven: und den anderen dann auch wieder und dann hätt ich wieder ein*
> *Rechteck ...*
> *Sven (4222:4231)*

7.5 Vorstellungen der Begriffe „Umfang" und „Flächeninhalt"

Neben Vorgehensweisen, Schwierigkeiten und Fehlern wurden als Grundlage
für die nachfolgenden Analysen auch die Vorstellungen der untersuchten
Hauptschülerinnen und Hauptschüler zu den beiden Begriffen „Umfang" und
„Flächeninhalt" berücksichtigt. Hinweise hierzu kommen in allen vier Erhebungsphasen vor, vor allem aber in den Interviews. Da es an dieser Stelle
zunächst um eine Dokumentation der Ergebnisse geht und nicht um eine
Interpretation, werden nur die Äußerungen der Schülerinnen und Schüler
hierzu aus den Interviews wiedergegeben. Allein die Auswahl weiterer Textstellen würde schon eine Interpretation der Daten darstellen.

Im Interview wurden die Schülerinnen beziehungsweise Schüler aufgefordert,
zu erklären, was die geometrischen Begriffe „Umfang" und „Flächeninhalt" bedeuten. Die Antworten der sechs befragten Schülerinnen und Schüler sind für

die Definition des Begriffs „Umfang" in der Abbildung 83 und für die Definition des Begriffs „Flächeninhalt" in der Abbildung 84 dargestellt.

Emma	Fara	Sina
Der Umfang einer Figur ist das außen rum also, die Länge von dem Ganzen zusammen, [deutet mit den Händen an] wenn man das so auseinander nimmt, hat man dann so ne ganze Länge [deutet mit den Händen an]. (398:400)	*Umfang ist, wenn man einfach nur um die ... sagen wir jetzt mal das ist ein Rechteck, dann muss man einfach nur um den Rechteck rum gehen. Ja, einfach nur zusammenzählen, plus. (1841:1844)*	*Der Umfang ist halt ... ja, ich kann jetzt sagen a plus b plus c aber das ist einfach der ... ja, wie soll ich es beschreiben mh ... halt der Umfang ... mh, um die Figur herum. (3134:3135)*
Enno	Finn	Sven
... die Umrandung, also ... die äh, wie soll ich jetzt sagen ... das halt, das darum, wie groß das ist ... wie groß ist das Gebäude, die Figur mh ... ja, wie groß das halt ist, da wird gemessen, wie mh, wie soll ich das jetzt sagen ... äh ... also wie groß, in welchem Raum das ist, also, wie groß der Körper halt ist. (1281:1288)	*Finn: Ja die ... ja, außen äh, die Außenlinien. (2479)*	*Also der Umfang ist, wenn du jetzt z.B. einen Garten hast und du willst den ringsrum umzäunen mit irgend nem Zaun. Dann musst du das messen, um richtigen Umfang zu also, um die Meterzahl rauszukriegen, oder wie viel das eben ist, wie viel Gartenzaun du kaufen musst. (3908:3916)*

Abbildung 83: Definitionen zum Begriff „Umfang" im Interview

Die Definition von „Umfang" als „das außen herum" kommt in allen sechs Äußerungen vor. Emma benutzt außerdem die Formulierung „aneinander legen und das Ganze nehmen". Fara hingegen benutzt eine Formulierung, die an eine Handlung gebunden ist, nämlich das „herum gehen". Enno sieht den Umfang als „die Umrandung" und Finn als „die Außenlinien".

Beispiele aus dem Alltag führen Enno und Sven an. Während Sven sich hierbei vermutlich an der Untersuchungsaufgabe „Zimmermann" orientiert, indem er das Beispiel des Umzäunens eines Gartens nennt, stellt Enno eine Verbindung der Begriffe „Umfang" und „Größe" her. Er erklärt den Umfang als „darum, wie groß das ist" mit dem Beispiel „wie groß ist das Gebäude, die Figur" und verwendet dabei ebene und räumliche Begriffe nebeneinander.

Emma	Fara	Sina
Und Flächeninhalt ist das was alles da drinne steckt [deutet mit den Händen an], in ihm, also da guckst du was hier alles drinne ist. [zeigt auf die Fläche der L-Figur]. (405:407)	*Wenn man jetzt mh, sagen wir mal ein Quadrat nimmt und da steht nur die Seite a ist z.B. 6 Zentimeter, und das sind ja 4 Seiten, also muss man dann 4 mal 6 nehmen [...] Beim Rechteck ist es ja nur a mal b, weil das 2 verschiedene Seiten sind. (1846:1857)*	*Die Fläche ist halt mh, wie in dem Raum, was hier alles das ist. (3137:3138)*
Enno	**Finn**	**Sven**
Da wird halt, mh das Volumen eines Raums [...] also der Inhalt, wie viel da rein passt. (1292)	*Ja, das was da halt reinpasst. (2481)*	*Und mh Fläche ist einfach, wenn du jetzt nen Raum hast, den willst du, wat weiß ich mit nem Teppich auslegen oder so. Damit man das sehen kann, wie viel man braucht. Weil das ja auch immer so angegeben in Quadratmeter. (3918:3923)*

Abbildung 84: Definitionen zum Begriff „Flächeninhalt" im Interview

Beispiele zur Berechnung werden von Fara und Sina angegeben. Fara beschreibt das Berechnen des Umfangs mit Worten „einfach nur zusammenzäh-

len, plus" und Sina verwendet in ihrer Beschreibung Variablen „a+b+c...",
bricht dann aber ihre Formulierung zur Berechnung ab.

Obwohl alle sechs Schülerinnen und Schüler den „Umfang" als „ das außen
herum" beschreiben, wird die dazu passende Formulierung den „Flächeninhalt" als „das innen drin" zu beschreiben nur von Emma und Fara benutzt. Die
Formulierung von Finn „was da reinpasst" zielt auf Fragestellungen in Aufgaben.

Ein Beispiel aus dem Alltag wird von Sven angeführt. Er erklärt, dass man einen Flächeninhalt berechnet, um anzugeben, wie viele Quadratmeter Teppich
man für einen Raum benötigt.

Ein Beispiel zur Berechnung liefert Fara. Dieses wird aufgrund seiner Besonderheit weiter unten bei der Darstellung der Schüleräußerungen zur Berechnung von „Umfang" und „Flächeninhalt" einbezogen.

Bei Sina und Enno kommen Verwechslungen von Flächeninhalt und Volumen
vor. Sina beschreibt den Flächeninhalt als „wie in dem Raum, was hier alles
das ist". Enno setzt den Flächeninhalt mit dem Volumen eines Raumes gleich
„das Volumen eines Raumes ... der Inhalt, wie viel da rein passt".

Gefragt nach Beispielen aus dem „richtigen" Leben geben die meisten Schülerinnen und Schüler vor allem die Beispiele aus den Untersuchungsaufgaben
an. Darüber hinaus nennen Emma und Fara für Flächeninhalt noch „Tischfläche", Vera „Verlegen von Teppich" und Finn zeigt den „Flächeninhalt einer
Schranktür".

Enno nennt als Beispiel das Berechnen der Menge Wasser, die in ein
Schwimmbad passt und verwechselt damit, wie auch schon bei der Definition
des Begriffs, Flächeninhalt und Volumen.

> *Enno: mh... von Schwimmbäder oder so was*
> *VL: mh ...*
> *Enno: vom Wasser[...?], wie viel da rein passt*
> *Enno (1321:1323)*

Auch bei Fara kommt es zu einer Verwechslung beziehungsweise
Gleichsetzung der Begriffe Flächeninhalt und Volumen. Sie nennt als Beispiel
„wie viel Fläche in dem Ball dinne ist" und beschreibt den Ball auch als
„Kreis".

Fara: im Ball drinne, das ist jetzt so Kreis, wenn man das auch, berechnet man auch was
drinne ist.
VL: ja
Fara: Wie viel Fläche in dem Ball drinne ist.
Fara (1870:1871)

Falls die Schülerinnen und Schüler bei der Definition noch nicht auf die Berechnung von „Umfang" und „Flächeninhalt" gefragt wurden, wurden sie nach dem Nennen von Beispielen aus dem Alltag aufgefordert zu beschreiben, wie man den „Umfang" und den „Flächeninhalt" berechnet. Erwartungsgemäß gingen sie dabei in Bezug auf die Untersuchungsaufgaben ausschließlich auf die Berechnung von „Umfang" und „Flächeninhalt" eines Quadrats und Rechtecks ein. Sina äußert in diesem Zusammenhang ihre Schwierigkeiten, die Vorgehensweisen bei unterschiedlichen Figuren zu behalten und schildert, dass sie leicht durcheinander kommt:

Sina: Flächeninhalt ... da komm ich grad voll durcheinander, weils auch
grad mit pi haben und Kreisflächen ... das hab ich schon wieder vergessen
Sina (3184:3185)

Die von Fara schon bei der Definition geschilderte Vorgehensweise zur Berechnung des Flächeninhalts stellt eine Besonderheit dar. Wiederum enthält sie den Aspekt der Verwechslung von Flächeninhalt und Umfang. Für ein Quadrat gibt Fara an, dass man 4-mal die Seitenlänge rechnen muss, was der Berechnung des Umfangs eines Quadrats entspricht. Sie kommt von der falschen Berechnung beim Quadrat auf die richtige Berechnung des Flächeninhalts beim Rechteck, indem sie behauptet:

Fara: Beim Rechteck ist es ja nur a mal b, weil das 2 verschiedene Seiten sind.
Fara (1857)

Bei der Betrachtung der Daten ist es natürlich wichtig, zu berücksichtigen vor welchem Hintergrund sie entstanden sind und was vorher im Rahmen der Untersuchung passierte. Die Schülerinnen und Schüler haben bereits die Untersuchungsaufgaben bearbeitet und sich zu ihrem Vorgehen und vorkommenden Schwierigkeiten geäußert.

Das Beziehen auf die Basisfiguren „Rechteck" und „Quadrat" in den Äußerungen zur Definition, zu Beispielen aus dem Alltag und zur Berechnung lässt sich dadurch erklären, dass es sich um die den Schülerinnen und Schülern geläufigsten Figuren handelt, anhand derer im Unterricht zudem die Begriffe „Umfang" und „Flächeninhalt" gebildet werden. Da in allen Untersuchungsaufgaben das „Rechteck" als Figur die wesentliche Rolle spielte, ist es außerdem zu erwarten, dass auch die Definitionen auf diese Figur bezogen werden. Vor allem deshalb darf allein die Tatsache des fehlenden Bezugs auf andere Figuren nicht gedeutet werden als einseitige Vorstellungen von den Begriffen.

Die Frage nach weiteren bekannten Figuren im Interview zeigt, dass den Schülerinnen und Schülern auch andere Figuren, wie Parallelogramm, Dreieck, Kreis und Trapez bekannt sind. Sven grenzt von den Figuren Trapez, Dreieck und Kreis die Figuren Quadrat, Rechteck aber auch das Parallelogramm wie Sven als „Grundformen" (3964) ab. Auch Körper werden von den Schülerinnen und Schülern im gleichen Zug mit den ebenen Figuren genannt und nicht von diesen abgegrenzt. Emma und Fara führen den „Kegel" als Beispiel an (469 und 1914) und Finn nennt gleich als erstes „Kegel" und Pyramiden" (2523:2525).

Die Begriffe Umfang und Flächeninhalt auf allgemeine, unregelmäßige Figuren anzuwenden, ist den befragten Schülerinnen und Schülern weniger geläufig. Alle sechs Schülerinnen beziehungsweise Schüler können den Umfang und auch den Flächeninhalt unbekannter Figuren zwar zeigen aber nicht bestimmen. Erst als ihnen zur Bestimmung des Umfangs eine Schnur gezeigt wird, kommen sie auf einen Lösungsansatz. Ähnlich stellt es sich bei der Bestimmung des Flächeninhalts solcher Figuren dar. Als ihnen Karopapier zur Verfügung gestellt wird, können sie erklären, wie man hiermit vorgehen könnte.

Dafür gelingt es wiederum allen Befragten eigenständig einen richtigen Ansatz, ein passendes Modell zur Lösung der Aufgabe „Wie groß ist die Innenfläche deiner Hand" zu entwickeln. Unsicherheit hingegen zeigte sich bei der Frage, ob es sich bei der von der Versuchsleitung gezeichneten, unregelmäßigen und krummlinienbegrenzten Figur überhaupt um eine Figur im mathematischen Sinne handelt:

VL: Das ist für dich keine Figur?
Emma: nein
VL: Warum nicht?
Emma: Mh, also weil es jetzt keine geraden Seiten hat.
VL: mh ... na ja, aber du hast ja auch gesagt Kreis.

*Emma#: So ist es schon ne Figur nur, also wenn man jetzt äh, recht-
eckige Figuren haben will dann muss man schon gerade Linien haben.*
Emma (488:496)

*Vera: also ph ... äh ... ei, eigentlich wärs für mich ne Figur, ja also ... ich
kann die Figur jetzt*
nicht bestimmen aber es ist für mich ne Form die da ist
Vera (3217:3218)

Emma ist zunächst der Auffassung, dass alles, was eine Figur ist, gerade Seiten hat und widerspricht damit ihrem selbst aufgeführten Beispiel „Kreis" als
weitere bekannte Figur. Daraufhin ergänzt sie als Begriff „rechteckige Figur"
als eine Figur mit geraden Linien. Auf den damit zusammenhängenden und
zur vollständigen Definition notwendigen Begriff „rechtwinklig" geht sie nicht
ein. Vera zieht den Begriff „Form" für die von der Versuchsleitung gezeichnete
Figur vor. Damit bringt sie zum Ausdruck, dass es für sie in Bezug auf den Figurbegriff wichtig ist, dass man eine Figur auch bestimmen, also benennen
kann.

Auf die Frage, was überhaupt eine Figur sei, antworten Emma, Enno, Sina
und Sven:

*Emma: Das ist etwas, wo man den Flächeninhalt und den Umfang raus-
kriegen kann also*
VL#: mh
*Emma: das ist halt ... ja Gegen-, also Gegen-, also nicht Gegenstand al-
so was ähnliches ... also, da ... ja da kann man halt was reinkriegen in
die Figur.*
VL: mh
Emma: So Flächeninhalt und Umfang kann man da ausrechen.
Emma (478:485)

*Enno: ne Figur is n Körper, ein Teil also mh ... ja, wie soll ich sagen ...
ja, eine Figur mit*
einem Inhalt
VL: mh
Enno: oder mit einer Fläche oder den Umfang
Enno (1355:1358)

Sina: Also für mich ist ne Figur, mh ... ein, ein Objekt sag ich mal, mit na gewissen Form.
Sina (3210)

Sven: puh, ja Figur ... keine Ahnung, Bilder sind auch Figuren [...?]
VL: mh
Sven: so gemalt sind oder irgendwelche Darstellungen von irgendwas, würd ich sagen
Sven (3966)

Emma beschreibt die Figur als „etwas, wo man den Flächeninhalt und den Umfang rauskriegen kann". Enno sieht die Figur als „Körper oder Teil mit einem Inhalt". Sina beschreibt die Figur als „Objekt mit einer gewissen Form" und Sven als „gemalte Bilder oder irgendwelche Darstellungen von Irgendwas". Dass eine Figur einen Umfang und einen Flächeninhalt hat, erwähnt neben Emma noch Enno. Für Emma ist dabei nicht nur die Tatsache, dass eine Figur einen Umfang und einen Flächeninhalt hat wichtig, sondern auch, dass man ihn ausrechnen kann. Damit liefert sie einen zusätzlichen Hinweis darauf, warum sie die von der Versuchsleitung gezeichnete Figur nicht als Figur ansieht. In Ennos Beschreibung als „Körper oder Teil mit einem Inhalt" wird zum dritten Mal seine Neigung zur Verwechslung von Flächeninhalt und Volumen deutlich. In zwei der Interviews werden keine Erklärungen zum Figurbegriff abgegeben. Fara gibt an, dass sie zur Frage, was eine Figur ist, nichts sagen könne und Finn meint dazu, dass er keine Ahnung habe, wie er das erklären würde.

Zum Ende des Interviews wurden Fragen gestellt zu Figuren mit vorgegebenem Umfang und vorgegebenen Flächeninhalt und zum Zusammenhang der Begriffe „Umfang" und „Flächeninhalt", die auf weitere inhaltliche Vorstellungen zu den Begriffen abzielen. Keiner der Befragten konnte diese Fragen spontan beantworten, so dass diese Ergebnisse nicht in die Auswertung einbezogen wurden.

8 Analysen der Ergebnisse

In diesem analytischen Teil der Ergebnisauswertung werden geometrische Denkweisen von Hauptschülerinnen und Hauptschülern beim Lösen von PISA-Aufgaben beschrieben und strukturiert, so wie es Ziel der Arbeit ist.

8.1 Verbindung qualitativer und quantitativer Ergebnisse

Im folgenden Abschnitt wird im Sinne des Forschungsansatzes eine Verbindung mit den PISA-Ergebnissen hergestellt. Diese beinhaltet, soweit möglich, für jede der vier Aufgaben eine Einordnung der Bearbeitungen vor dem Hintergrund der Frage, inwieweit sich die Vorgehensweisen, sowie die Lösungswege, Schwierigkeiten und Fehler der untersuchten Hauptschülerinnen und Hauptschüler auch bei den PISA-Schülerinnen und –Schülern finden lassen. Außerdem wird umgekehrt aufgezeigt, inwiefern Erklärungen und Veranschaulichungen der PISA-Ergebnisse abgeleitet werden können.

8.1.1 Verbindung mit den PISA-Ergebnissen der ähnlichen Aufgabe „Rechteck" aus PISA 2000

Die erste Aufgabe „Rechteck" wurde von allen Untersuchungspaaren vollständig richtig bearbeitet. Da es sich um eine ähnliche und nicht um dieselbe Aufgabe wie in der PISA-Studie handelt, können nur Verbindungen hinsichtlich der Lösungshäufigkeit für die Berechnung des Flächeninhalts hergestellt und darüber hinaus keine Angaben zu Lösungswegen, Schwierigkeiten und Fehlern gemacht werden. Die richtigen Bearbeitungen, die wenigen Schwierigkeiten, die Beschreibungen der Schwierigkeit als „gering" und die Einschätzung des Vorkommens als „häufig" bei dieser Untersuchungsaufgabe passen zur hohen Lösungshäufigkeit von 71,6% bei PISA für die Hauptschülerinnen und Hauptschüler. Die Verwechslung der Einheiten, wie bei FinnMarc sowie die Verwechslung von Umfang und Flächeninhalt in dieser Aufgabe sind auch die beiden häufigsten Fehler der PISA-Schülerinnen und –Schüler, die bei 12,2 Prozent beziehungsweise 9,3 Prozent der Bearbeitungen auftreten.

8.1.2 Verbindung mit den PISA-Ergebnissen der Aufgabe „L-Fläche"

Bei der zweiten Aufgabe „L-Fläche" wurde der Flächeninhalt von fünf Untersuchungspaaren richtig berechnet, der Umfang von vier Untersuchungspaaren. Damit gelingt die Bearbeitung der Aufgabe den untersuchten Hauptschülerinnen und Hauptschüler etwas besser als den PISA-Hauptschülerinnen und – Hauptschülern, bei denen die Lösungshäufigkeit für die beiden Aufgaben bei

etwa 40 Prozent lag. Im Gegensatz zu den PISA-Hauptschülerinnen und –
Hauptschülern gelangen die beiden Berechnungen den untersuchten Hauptschülerinnen und Hauptschülern nicht gleich gut. Bei der Berechnung des Umfangs zeigten sich etwas mehr Schwierigkeiten, was nicht nur daraus hervorgeht, dass bei der Berechnung des Flächeninhalts ein Untersuchungspaar
mehr erfolgreich war, sondern auch aus den Äußerungen der Schülerinnen
und Schülern zu besonderen Schwierigkeiten der Aufgabe. Aufgrund der geringen Zahl der untersuchten Schülerinnen und Schülern, sind solche zahlen-
mäßigen Vergleiche allerdings wenig aussagekräftig und dienen nur einer gro-
ben Einordnung der Ergebnisse.

Der Weg zur Lösung der Aufgabe „L-Fläche" führt über die Berechnung von
Teilflächen. Die drei unterschiedlichen Wege zur Zerlegung der L-Fläche, die
von den Untersuchungspaaren beschritten wurden, finden sich auch in den
Bearbeitungen der PISA-Schülerinnen und -Schüler wider. Fünf der sechs Untersuchungspaare wählten einen der beiden Wege der Zerlegung der L-Fläche
in zwei Rechtecke, die anhand der ergänzenden Analyse der PISA-Daten vorgenommenen Einstufung als am häufigsten bewertet wurden. Eine Ausnahme
bildet das Untersuchungspaar EmmaJana, das sich für den Weg 4 „Ergänzen
der L-Fläche zu einem großen Rechteck und Abziehen des kleinen Rechtecks"
entschied. Dieser Weg wurde als seltener eingestuft, weil er unter den 162
Bearbeitungen, in denen ein Weg sichtbar ist, nur insgesamt 9 Mal vorkommt,
allerdings unter dem Vorbehalt, dass diese Vorgehensweise am ehesten ohne
Rechnung und Skizze durchzuführen ist und deshalb anzunehmen ist, dass
dieser Weg seltener in den Aufzeichnungen der Schülerinnen und Schüler auftritt.

Auch zwei der drei Fehler, die bei den Untersuchungspaaren vorkommen, finden sich in den PISA-Daten. Wie 247 der 1078 PISA-Schülerinnen und Schüler addierte das Untersuchungspaar EnnoLars zur Berechnung des Umfangs
nur die angegebenen Seiten und kam auf die Ergebniszahl 24. Damit kommt
bei diesem Untersuchungspaar der mit Abstand häufigste Fehler bei der Berechnung des Umfangs vor. EmmaJana berücksichtigte nur eine der angegebenen Seiten und kam so auf die Ergebniszahl 27, die bei immerhin 35 PISA-
Schülerinnen und Schülern vorkam. FaraAnne kam bei der Berechnung des
Flächeninhalts auf die Ergebniszahl 320. Diese Ergebniszahl kommt bei den
PISA-Hauptschülerinnen und Hauptschülern gar nicht vor und ist somit als seltene Ausnahme anzusehen.

Neben den tatsächlich gemachten Fehlern der Untersuchungspaare finden
sich in den Bearbeitungen weitere nicht zu Ende geführte Lösungsvorschläge,

die zu Fehlern geführt hätten, die häufigen Fehlern der PISA-Schülerinnen und Schülern entsprechen. Von Lars wurde vorgeschlagen zur Berechnung des Flächeninhalts alle Seiten malzunehmen. Dies führt zur Ergebniszahl 1120, was dem häufigsten Fehler der PISA-Schülerinnen und -schüler bei der Berechnung des Flächeninhalts entspricht. Den Ansatz des Messens der Teilstrecken, der bei PISA durch die Ergebniszahlen mit Dezimalstellen angezeigt wird, verfolgen die zwei Untersuchungspaare SinaVera und SvenTimo. Zum Weg 4 „Ergänzen der L-Fläche zu einem großen Rechteck und Abziehen des kleinen Rechtecks" äußert Fara in der Nachbearbeitung der Aufgabe die Idee des Teilens durch 2. So kommt man auf das Ergebnis 28, das von immerhin 12 der PISA-Hauptschülerinnen und -schüler gewählt wurde.

Ansätze zur Veranschaulichung und Erklärung der PISA-Ergebnisse dieser Aufgabe finden sich in den Äußerungen der Schülerinnen und Schüler während der verschiedenen Erhebungsphasen, vor allem an den Stellen, an denen die Schülerinnen und Schüler häufige Fehler der PISA-Schülerinnen und -Schüler wiederholen und dazugehörige Lösungswege nachvollziehbar machen.

Dies wird beispielsweise in Faras Äußerungen bei der Nachbearbeitung ersichtlich. Fara verbindet die Begriffe „Umfang" und „Flächeninhalt" mit den Rechenoperationen „plus" beziehungsweise „mal". Sie ist sich deshalb unsicher, ob man Teilflächen addieren muss, weil diese Operation „plus" doch zur Berechnung des Umfangs führt. Vor diesem Hintergrund lässt sich die Ergebniszahl 1120, die Multiplikation der vorgegebenen Seitenlängen erklären, das als häufigstes falsche Ergebnis der PISA-Schülerinnen und Schüler bei der Berechnung des Flächeninhalts auftritt.

Lars Äußerung im Bearbeitungsprozess, dass er sich einfach keine Formeln merken könne (998) ist ein Beispiel für die Schwierigkeiten der Schülerinnen und Schüler beim Finden eines Ansatzes zur Bearbeitung der Aufgabe, indem sie versuchen, die L-Fläche mit einer passenden Formel zu berechnen. Auch in den Bearbeitungen der PISA-Schülerinnen und -Schüler finden sich viele Ansätze, Formeln zur Berechnung von Flächeninhalt und Umfang der L-Fläche zu verwenden.

Den Ansatz des Messens der fehlenden Seitenlängen verfolgen SinaVera und SvenTimo. Dieser wurde aufgrund der vielen nicht ganzzahligen Ergebnisse der PISA-Schülerinnen und Schüler vermutet.

Mit der Verbindung der Begriffe „Umfang" und „Flächeninhalt" mit Rechenoperationen, wie bei Fara, und bekannten Formeln, wie bei Lars, und der Vorgehensweise des Messens, wie bei SinaVera und SvenTimo, zeigen sich wichtige Aspekte, die in den nachfolgenden Analysen weiter verfolgt werden.

8.1.3 Verbindung mit den PISA-Ergebnissen der Aufgabe „Wandfläche"

Bei der Untersuchungsaufgabe „Wandfläche" entschieden sich drei der sechs Paare, wie fast 40% der Hauptschülerinnen und Hauptschüler, die an der PISA-Studie teilnahmen, für die Ergebnisvariante 44 m². Bei weiteren zwei Paaren taucht dieser Lösungsweg immerhin als Idee auf. Auf dieses Ergebnis kommt man, wenn man die Seitenlängen mit der Höhe des Zimmers multipliziert und anschließend den Flächeninhalt von Tür und Fenster subtrahiert.

Die beiden Paare EmmaJana und FinnMarc sind sich dieser Lösung sicher, SvenTimo hingegen verfolgte zunächst den richtigen Ansatz zur Lösung, kam dann aber mit der Berechnung der Teilflächen nicht weiter. Ein weiteres Paar, EnnoLars, das sich zunächst für die Ergebnisvariante 39 m² entscheidet, ist sich im Nachträglichen Lauten Denken sicher, dass 44 m² die richtige Lösung ist.

Für die beiden anderen gewählten Ergebnisvarianten 22,5 m² und 36,5 m² entschieden sich die Paare SinaVera beziehungsweise FaraAnne aufgrund von Versuchen, eine passende rechnerische Verknüpfung der angegebenen Größen vorzunehmen, bei der die durch den Aufgabentext beschriebene Situation weitgehend unberücksichtigt blieb. Diese Vorgehensweise wurde bei der Darstellung möglicher Lösungswege als „Abschätzen der Lösung" beschrieben. Beide Untersuchungspaare geben hinsichtlich der Ergebnisvarianten 22,5 m² und 36,5 m² an, sich ihrer Entscheidung nicht sicher zu sein und eher geraten zu haben. Es ist anzunehmen, dass dies auch für viele PISA-Schülerinnen und Schüler zutraf. Alle Ergebnisvarianten sind durch eine rechnerische Verknüpfung aller oder ausgewählter vorgegebener Größen zu erreichen. Die richtige Lösung wurde einigen untersuchten Paaren auf diesem Wege als „zu hoch" ausgeschlossen, was die Vermutung bestätigt, dass diese Ergebnisvariante aufgrund von „Abschätzen der Lösung" ausgewählt wurde.

Wie bei den meisten PISA-Schülerinnen und –schülern kommen bei FaraAnne, SinaVera, EnnoLars und FinnMarc keine Rechnungen oder Skizzen vor. Finn äußert sich dazu: „Ne Zeichnung, ja brauch ich glaub ich gar nicht, ich brauch nur ne Formel". Die Anwendung der richtigen Formel, scheint für diesen Schüler das Vorstellen der Situation überflüssig zu machen.

Bei den beiden Skizzen von EmmaJana und SvenTimo handelt es sich um zweidimensionale Skizzen. Sowohl bei EmmaJana als auch bei SvenTimo zeigen sich beim Anfertigen der Skizze Schwierigkeiten, wie mit der Höhe des Raumes umzugehen ist. Bei EmmaJana bleibt die Skizze deshalb unvollständig und wird nicht beschriftet.

Skizze unter den Bearbeitungen der PISA-Hauptschülerinnen und –Hauptschüler:	Skizze von SvenTimo aus der qualitativen Untersuchung:	Skizze unter den richtigen Bearbeitungen der PISA-Schülerinnen und Schüler aller Schularten:
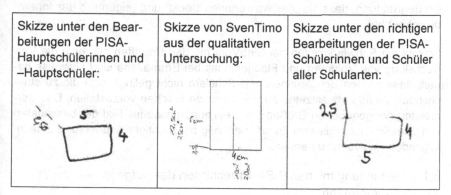		

Abbildung 85: Vergleich einer Skizze unter den Bearbeitungen der PISA-Hauptschülerinnen und –Hauptschüler mit der Skizze eines Untersuchungspaares

Die Skizze von SvenTimo ähnelt einer Skizze, die sich unter den Skizzen der falschen Bearbeitungen der PISA-Hauptschülerinnen und –Hauptschüler befindet Aber auch eine der richtigen Bearbeitungen enthält eine solche Skizze. Abbildung 85 zeigt diese drei Skizzen im Vergleich. Bei beiden wurde ein Rechteck mit den Seitenlängen 4 und 5 beschriftet und die Höhe wurde als zusätzliche Linie eingetragen, die von einer der Ecken des Rechtecks ausgeht.

Die rechte, richtige Bearbeitung enthält neben der Skizze noch eine Rechnung, in der die Zwischenergebnisse der Berechnung der Wandflächen notiert wurden. Außer der schriftlichen Multiplikation 20 · 2,5 bei EmmaJana sind in den Bearbeitungen der Untersuchungspaare keine Rechnungen zu finden.

Bei dieser Aufgabe liefern vor allem die Schwierigkeiten der Schülerinnen und Schüler Ansätze zur Erklärung und Veranschaulichung der PISA-Ergebnisse. Diese kommen nicht nur bei der Beschreibung der Schwierigkeit im Interview zum Ausdruck, sondern auch während des Bearbeitungsprozesses selbst und werden außerdem in der Phase des Nachträglichen Lauten Denkens deutlich. Schwierigkeiten zeigen sich in den Bearbeitungen dann, wenn es darum geht die vorgegebene Höhe des Raums zu verarbeiten, sei es rechnerisch oder in einer Skizze. Vera zum Beispiel, äußert Schwierigkeiten, die Begriffe „Grundfläche", „Boden", „Decke" und „Höhe" im Hinblick auf die beschriebene Situation passend anzuwenden.

Es gibt aber auch drei Untersuchungspaare, die die Aufgabe nicht als schwierig empfanden und von der Richtigkeit ihrer (falschen) Lösung überzeugt sind. Emma, die die Ergebnisvariante 44 m² ankreuzt, liefert hierzu beispielsweise die Begründung, dass sie „das was drinnen steckt" und „eigentlich das Innere" berechnet hat.

Sowohl die Schwierigkeiten bei SinaVera mit den Begriffen als auch die Verwechslung von Volumen und Flächeninhalt bei EmmaJana sind Hinweise darauf, dass es den Schülerinnen und Schülern nicht gelingt, sich die zu streichenden Wände als einzelne zu berechnende Flächen vorzustellen. Das Verarbeiten der gegebenen Größen ohne ein angemessenes Bild der beschriebenen Situation, ist in diesem Zusammenhang als wichtiger Aspekt für die nachfolgenden Analysen zu nennen.

8.1.4 Verbindung mit den PISA-Ergebnissen der Aufgabe „Zimmermann"

Auch in den Ergebnissen der Untersuchungspaare zur Aufgabe „Zimmermann" spiegeln sich die PISA-Ergebnisse wider. Wie auch für die PISA-Schülerinnen und -schüler bereitete der vierte Entwurf, das Rechteck, keine großen Schwierigkeiten, während die Entscheidungen für die anderen drei Figuren deutlich schwerer fielen. Vor allem die Begründungen der untersuchten Paare zum Parallelogramm bestätigen die Annahme aufgrund der PISA-Daten, dass sich die Hauptschülerinnen und Hauptschüler bei diesen Figuren nicht nur nicht sicher sind, sondern sich bewusst für die falsche Lösung entscheiden.

Alle sechs Paare entschieden in ihren Bearbeitungen für das Parallelogramm, dass sich dieser Entwurf herstellen lässt. Bei zwei Paaren, EnnoLars und FinnMarc, erfolgte die Entscheidung eher intuitiv. Die übrigen vier Paare lieferten, teils unterschiedliche, Begründungen für ihre Entscheidungen, die als Veranschaulichung und Erklärung der PISA-Ergebnisse dienen können und wichtige Ansätze für die nachfolgende Analyse geometrischer Denkweisen liefern.

Nicht ganz so deutlich verhält es sich bei den Entscheidungen der untersuchten Paare hinsichtlich der „Treppenfiguren". Von den vier Paaren, die wie auch die Mehrheit der Hauptschülerinnen und Hauptschüler bei PISA entschieden, dass die „Treppenfiguren" sich nicht herstellen lassen, lieferten nur EmmaJana und SvenTimo eine Erklärung dafür. Außerdem gibt es unter den untersuchten Paaren auch zwei Paare, die die gegensätzliche Entscheidung begründen. EnnoLars und FinnMarc erklären, dass sich die „Treppenfiguren" herstellen lassen. Nur die Begründungen von EnnoLars ist dabei die richtige. Das Untersuchungspaar FinnMarc erklärt, dass der Umfang kleiner sein muss, weil auch der Flächeninhalt kleiner ist. Auch diese Art der Begründung liefert wichtige Erkenntnisse hinsichtlich der PISA-Daten, beispielsweise, dass hinter einer richtig angekreuzten Antwort dennoch die falsche Vorgehensweise stehen kann.

Neben den Begründungen der Entscheidungen hinsichtlich der einzelnen Figuren, liefern in dieser Aufgabe auch die Beschreibungen der Schwierigkeit Ansätze zur Erklärung und Veranschaulichung der PISA-Ergebnisse. Obwohl für die Lösung der Aufgabe gar nicht erforderlich, erklärt Sven zum Beispiel, dass er nicht weiß, wie man den Umfang eines Parallelogramms berechnet, weil sie es bisher nicht im Unterricht durchgenommen haben. Sina äußert sich zur Schwierigkeit der Entwürfe A und C, dass sie sich nicht sicher war, wie lang die Teilstrecken der „Treppenfiguren" waren und deshalb den Umfang nicht ermitteln konnte.

Die enge Bindung der Lösungswege an bekannte Figuren und Formeln und an Vorgehensweisen wie Messen und Berechnen liefert wichtige Aspekte für die nachfolgenden Analysen.

8.2 Von den Daten zur Theorie

Um den Übergang von den Daten zur Theorie transparent zu machen, werden die Vorgehensweisen in diesem Abschnitt anhand ausgewählter Beispiele dargestellt. Nacheinander wird auf das offene Kodieren, auf die horizontale Auswertung der Daten über die vier Erhebungsphasen, auf das Bilden vorläufiger Kategorien und auf die Erarbeitung eines Modells zur Theoriekonstruktion eingegangen.

Das Datenmaterial der Voruntersuchung wurde in einer frühen Analysephase offen kodiert. Nicht alle der 108 vergebenen offenen Kodes zielen direkt auf geometrische Denkweisen. Die Kodes erfüllen zunächst unterschiedliche Funktionen und lassen sich deshalb auf ganz unterschiedliche Weise strukturieren. Einige, beschreibende Kodes wurden speziell für die Ergebnisdokumentation konstruiert. Sie geben einen Überblick über die Ergebnisse der Bearbeitungen und zeigen beispielsweise an, in welchen Bearbeitungen Skizzen auftreten. Andere Kodes dienen zunächst nur dazu, bestimmte Textstellen im Datenmaterial zu markieren und Verbindungen zwischen Textstellen aus den vier Erhebungsphasen herzustellen.

Es gibt allgemeine Kodes und Kodes, die sich unmittelbar auf eine der Untersuchungsaufgaben beziehen. Bezieht sich ein Kode auf eine Untersuchungsaufgabe, steht der Aufgabenkürzel vorweg (Rec, Lfl, Wfl, Zim). Allgemeine
Kodes beginnen unterschiedlich. Zu den allgemeinen Kodes, die nicht nur für
eine bestimmte Aufgabe vergeben wurden, gehören zum Beispiel Kodes, die
sich auf den Figurbegriff beziehen. Diese wurden häufig für Datenmaterial aus
der Phase des Nachträglichen Lauten Denkens und des Interviews vergeben.
Die aufgabenspezifischen Kodes ergeben sich größtenteils aus den Analysen
der Untersuchungsaufgaben im Hinblick auf die Vorgehensweisen, Schwierigkeiten und Fehler und aus der Analyse der PISA-Ergebnisse. Es sind in diesem Sinne geborgte Kodes, die aber anhand der Daten weiter aufgeschlüsselt
wurden. Um bestimmte Zitate der untersuchten Schülerinnen und Schüler hervorzuheben, wurden aber auch In-vivo-Kodes vergeben. Zugunsten einer besseren Transparanz der Vorgehensweisen des offenen Kodierens wird an dieser Stelle konkret auf einige Beispiele von Bearbeitungen der Untersuchungsaufgaben „Zimmermann" und „L-Fläche" eingegangen.

Aus den PISA-Ergebnissen zur Aufgabe Zimmermann ist bekannt, dass sich
die Mehrzahl der Hauptschülerinnen und Hauptschüler dafür entscheidet, dass
sich die Entwürfe der Treppenfiguren bei der Aufgabe Zimmermann aus der
angegebenen Menge Material nicht herstellen lassen, dass es also scheinbar
spezielle Schwierigkeiten mit diesen Figuren gibt. Auch in den Bearbeitungen
der Hauptschülerinnen und Hauptschüler in der qualitativen Untersuchung
werden besondere Schwierigkeiten mit den Treppenfiguren deutlich. Deshalb
wurde hierzu ein Kode generiert (Zim_Schw Trep), der anhand des Datenmaterials weiter aufgeschlüsselt wurde. Die weiter aufgeschlüsselten Kodes geben einige Erklärungsansätze zu den besonderen Schwierigkeiten der Schülerinnen und Schüler. Tabelle 13 zeigt hierzu ausgewählte Beispiele des offenen
Kodierens von Bearbeitungen der Untersuchungsaufgabe „Zimmermann", die
sich auf diese Problematik beziehen. Das verwendete Datenmaterial stammt
aus den Voruntersuchungen, denn hier beginnt im Sinne der verwendeten Methodologie die Konstruktion des Kodiersystems, bei der auf der Grundlage von
wenig Material zunächst sehr offen und detailliert Ideen entworfen werden.

Aber ich kapier jetzt hier die nicht. Warum die dabei sind,	Zim_Schw Trep
	Zim_Trep Sichtweise Stufen
weil da geht´s, geht's ja stufenweise.	Zim_Trep unbekannte Figur
Was sind das eigentlich für Dinger.. Irgendwelche?	Zim_Trep Figur ohne Namen
Ist das egal, welche das sind?	Fig_Nennen bekannter Figuren
Ja, das hier sind ja Rechteck und Parallelogramm. (Pause)	Zim_"die gibt es eigentlich gar nicht"
und die gibt es ja eigentlich gar nicht,	
also da fehlt ja schon was.	Zim_Trep "Da fehlt ja was"
Ich weiß ja nicht, wie viel das sind (zeigt auf die Treppenstufen).	Zim_Trep unbekannte Seitenlänge
Dann kann ich das auch nicht rechnen.	Zim_Trep Berechnen
Da fehlt ja ein Stück.	Zim_Trep "Da fehlt ja was"
Dann müsste der Umfang kleiner sein. (Pause)	Zim_Trep „kleiner sein, weil fehlt was"
Der Umfang könnte ja größer sein, weil das da noch einen Schlenker macht.	Zim_Trep „größer sein, weil Umweg"
Also bei Figur a ist die Seitenlänge 10.. dann müsste das hier oben ja auch 10 sein und so ist ja 6 (zeigt auf die entsprechende Höhe). Es kommt zwar raus 32 hinterher, im Gesamten, aber dafür berechnet man nicht diese Zwischenstücke hier, wenn man das so hat.	Zim_Trep Berechnen
Da kommt noch etwas drauf... Oder? Ich überlege noch einmal kurz (Pause) (Pause).	Zim_Trep „kleiner sein, weil fehlt was"

Die Seiten sind ja eigentlich gar nicht soweit interessant, weil, es wird ja hier einfach nur abgebrochen (zeigt auf die Seite) und es werden die 10 Meter eben nach Innen gelegt. Von daher ist das eigentlich genau dasselbe.. wie auf der anderen Seite hier auch. Von daher spielt das eigentlich gar keine Rolle.	Zim_Trep „gleich, weil nach Innen gelegt"

Tabelle 13: Beispiele des offenen Kodierens von Bearbeitungen der Untersuchungsaufgabe „Zimmermann"

Aus den Beispielen der Tabelle ergeben sich folgende Ansätze für Erklärungen der Schwierigkeiten mit den Treppenfiguren:

- Figur ist unbekannt (Zim_Trep unbekannte Figur),
- Figur kann nicht benannt werden (Zim_Trep Figur ohne Namen),
- Seitenlängen sind nicht bekannt (Zim_Trep unbekannte Seitenlänge)
- Figur kann nicht berechnet werden (Zim_Trep Berechnen),
- Figur existiert nicht (Zim_Trep "die gibt es eigentlich gar nicht"),
- Figur ist unvollständig (Zim_Trep „Da fehlt ja was"),
- Figur passt nicht zu den bekannten Figuren (Fig_Nennen bekannter Figuren).

Diese Erklärungsansätze für Schwierigkeiten werden im Laufe des zielgerichteter werdenden Kodierprozesses mit anderen verglichen, vernetzt, weiterentwickelt und vorläufigen Kategorien zugeordnet.

Bevor das Bilden von Kategorien an einem weiteren Beispiel der Untersuchungsaufgabe „Zimmermann" veranschaulicht wird, soll noch ein Einblick in die horizontale Auswertung der Daten über die vier Erhebungsphasen gegeben werden. Tabelle 14 zeigt die horizontale Auswertung über alle vier Erhebungsphasen für die Aufgabe „Wandfläche". Es handelt sich bei dem Datenmaterial um ausgewählte, leicht gekürzte und geglättete Äußerungen zweier untersuchter Hauptschülerinnen. Die Aufgabenbearbeitung verläuft in diesem Fall sehr geradlinig. Die beiden Hauptschülerinnen berechnen, wie auch mehr als 40 Prozent der PISA-Schülerinnen und –Schüler, statt der zu streichenden Wandfläche das Volumen des Zimmers.

Aufgabenbearbeitung	Nachträgliches Lautes Denken	Interview	Nachbearbeitung
Emma: Äh, die Rechnung ist ja ... a mal ... b mal c Jana: minus 6 ... sind ...44	Emma: wir haben erst den Flächeninhalt von dem Ganzen rausgekriegt. Emma: Mal also, a mal b mal c gerechnet ... da haben wir 50 rausgekriegt	Emma: und dann haben wir Flächeninhalt von dem Ganzen gerechnet, von der Wand dann guck ich mir die Zahlen an, also ob Breite, Länge oder Höhe. Emma: Und dann versuch ich die Formel rauszukriegen, was man da rechnen muss. Flächeninhalt ist das, was alles da drinne steckt	Emma: Hier haben wir jetzt, äh das was hier drinnen steckt, berechnet. also praktisch die Luft, ja und hier sollten wir die Wände nehmen. Emma: Aber das ist ja eigentlich ... also, man denkt ja Flächeninhalt immer das Innere. Emma: Und wir haben halt da Flächeninhalt gerechnet ohne zu denken, ach ja hier wird ja nicht alles gestrichen.

Tabelle 14: Beispiel der horizontalen Bearbeitung über die vier Erhebungsphasen anhand ausgewählter Zitate zur Aufgabe „Wandfläche" (Emma)

Die Tabelle zeigt anschaulich, wie das Datenmaterial durch die unterschiedlichen Erhebungsphasen ergänzt wird und so eine höhere Datendichte erreicht wird.

Beim Vergleichen und Vernetzen der einzelnen Kodes ergibt sich im Fall dieses Beispiels das „Finden einer Formel" als zentraler Aspekt. Die Kodes gruppieren sich um die folgende, zentrale Aussage einer Schülerin: „Und dann versuche ich die Formel rauszukriegen, was man da rechnen muss." So äußert sich die Schülerin im Interview auf die Frage, wie sie beim Lösen solcher und ähnlicher Aufgaben vorgehe. Zum Lösen dieser Aufgabe wird die Formel „a mal b mal c" verwendet als „Länge mal Breite mal Höhe" und mit „Flächeninhalt von dem Ganzen" bezeichnet. Wie das Datenmaterial des Interviews und der Nachbearbeitung zeigt, spielt hierbei die Vorstellung von „Flächeninhalt" als „das was drinne steckt" oder als „das Innere" eine Rolle. Im Interview ergänzt die Schülerin „von dem ganzen, von der Wand" und zeigt damit, dass sie zwar verstanden hat, dass es um die Wandfläche und nicht um das Volumen geht, dass es ihr jedoch trotzdem nicht gelingt, die Situation entsprechend zu mathematisieren. Nach einem Impuls der Versuchsleitung reflektiert die Schülerin in der Nachbearbeitung, dass sie statt der zu streichenden Wände „praktisch die Luft" also das Volumen berechnet hat und begründet dieses Vorgehen selbst mit ihrer Vorstellung in der der Begriff „Flächeninhalt" mit „das Innere" verbunden ist, ohne dass dabei zwischen den unterschiedlichen Dimensionen unterschieden wird. Später wird dieser Erklärungsansatz zur vorläufigen Kategorie „schematische und formelorientierte Vorstellungen und Vorgehensweisen" weiterentwickelt, aus der die geometrische Denkweise „Begriff ist Formel" generiert wird.

Derartige Vergleiche und Vernetzungen einzelner Kodes erfolgten für alle vier Untersuchungsaufgaben und alle sechs Untersuchungspaare. Dabei ergaben sich insgesamt neun vorläufige Kategorien geometrischer Denkweisen, die die Schwierigkeiten der untersuchten Hauptschülerinnen und Hauptschüler beim Lösen von PISA-Aufgaben näher beschreiben. In der Tabelle 17 sind diese neun vorläufigen Kategorien aufgeführt. Hier wird am Beispiel der Aufgabe „Zimmermann" den Übergang offener Kodes zu den vorläufigen Kategorien deutlich. Es wurden zugunsten einer besseren Übersicht nur zwei Beispiele von Übergängen ausgewählt. Diese verdeutlichen, dass es sich bei den Übergängen um keine eindeutigen Zuordnungen handelt. Dass mehrere Kodes auf ein und dieselbe Kategorie weisen, ist natürlich nachvollziehbar, denn aus mehr als 100 offenen Kodes sollen wenige geometrische Denkweisen generiert werden. Es kann aber auch umgekehrt ein Kode mehreren Kategorien zugeordnet sein. Auf beide Fälle wird hier eingegangen.

Die Idee, das Parallelogramm der Aufgabe „Zimmermann" durch Abschneiden und Anlegen zu einem Rechteck zu verändern (Zim_"zum Rechteck durch Abschneiden") wird als Hinweis auf eine Übergeneralisierung gedeutet, denn Vorgehensweisen, die für die Berechnung des Flächeninhalts gelten, werden auf die Berechnung des Umfangs übertragen. Auf die Kategorie „Übergeneralisieren" weist außerdem die Idee, der Umfang der Treppenfiguren könnte kleiner sein, weil der Figur ein Stück fehlt (Zim_"kleiner sein, weil fehlt was"). Auch in diesem Fall werden Eigenschaften übergeneralisiert, die sich auf den Flächeninhalt beziehen. Auch in anderen Aufgaben kommt der Aspekt des „Übergeneralisierens" als Erklärung für Schwierigkeiten vor. Zum Beispiel, wenn bei der Aufgabe L-Fläche Vorgehensweisen zur Berechnung eines Flächeninhalts aus Teilflächen auf den Umfang übertragen werden und der Umfang der „L-Fläche" berechnet wird, indem die Umfänge der Teilfiguren addiert werden.

Kodeliste	Vorläufige Kategorien geometrischer Denkweisen
Zim_"die gibt es eigentlich gar nicht" Zim_Ageht Zim_Bgehtnicht Zim_Cgeht Zim_Dgeht Zim_Hilfslinien eingezeichnet Zim_Flächeninhalt berechnet Zim_Int Zim_Nbea Zim_Para „zum Rechteck durch Klappen" Zim_Para „zum Rechteck durch Abschneiden" Zim_Para geht Zim_Para wie Rechteck Zim_Schw Zim_Schw Para Zim_Schw Trep Zim_selten im Unterricht Zim_Trep „Da fehlt ja was" Zim_Trep „gleich, weil nach Innen gelegt" Zim_Trep „größer sein, weil Umweg" Zim_Trep „kleiner sein, weil fehlt was" Zim_Trep Berechnen Zim_Trep Figur ohne Namen Zim_Trep geht nicht Zim_Trep Sichtweise Stufen Zim_Trep unbekannte Figur Zim_Trep unbekannte Seitenlänge Zim_Trep unvollständiges Rechteck	an bekannte Figuren gebundene Vorstellungen und Vorgehensweisen Begriffe nicht ausreichend Betonung des Messens Betonung des Rechnens Mischen unterschiedlicher Dimensionen Repräsentation durch Beispiele schematische und formelorientierte Vorstellungen und Vorgehensweisen Übergeneralisieren Verwechslung von Begriffen

Tabelle 15: Übergang von der ersten Liste offener Kodes zur Bildung vorläufiger Kategorien am Beispiel vergebener Kodes zur Aufgabe „Zimmermann"

Wie beschrieben, lässt sich auch ein und derselbe Kode nicht immer eindeutig einer Kategorie zuweisen, wie ein weiteres Beispiel der Aufgabe „Zimmermann" zeigt. Die Schwierigkeit der Treppenfiguren ergibt sich, wie bereits beschrieben daraus, dass die Figuren den Schülerinnen und Schülern unbekannt sind. Dieser Ansatz als Erklärung für Schwierigkeiten weist auf verschiedene Kategorien. Zunächst zeigen sich Hinweise, dass die Vorstellungen und Vorgehensweisen der Schülerinnen und Schüler an bekannte Figuren gebunden sind, wie in der Kategorie „an bekannte Figuren gebundene Vorstellungen und Vorgehensweisen" ausgedrückt. Außerdem verdeutlicht dieser Erklärungsansatz Einschränkungen hinsichtlich der Definitionen der Begriffe. Die Definitionen beziehen sich nämlich häufig nur auf bekannte Figuren. So lässt sich der Begriff nicht auf alle Situationen anwenden, beispielsweise zeigen sich Schwierigkeiten bei der „L-Fläche" und den „Treppenfiguren", deshalb zielt

244   Analysen der Ergebnisse

dieser Erklärungsansatz auch auf die Kategorie "Begriffe nicht ausreichend", die alle Unsicherheiten der Schülerinnen und Schüler umfasst, die sich aus den Definitionen der Begriffe ergeben.

Die insgesamt neun vorläufigen Kategorien wurden im Zuge der Auswertung systematisch entfaltet und verfeinert, um datenbasierte Aussagen und Zusammenhangssätze für die zu entwickelnde Theorie formulieren zu können. Da es nicht nur um die Ausarbeitung von Kategorien, sondern vor allem auf deren Zusammenhänge und deren Integration geht, ist für die weitere Strukturierung ein Modell erforderlich, dass diese Integration begründet und leitet.

Für diese Arbeit wurde das paradigmatische Modell der Grounded Theory Methodologie nach Strauss und Corbin stark vereinfacht. Es dient als Rahmen für die Theoriekonstruktion, indem nach dem zentralen Phänomen und dessen Bedingungen und den daraus folgenden Konsequenzen gefragt wird. Mit „Phänomen" ist der zentrale Aspekt der Untersuchung gemeint, auf den die Gesamtfragestellung gerichtet ist. Es handelt sich nicht einfach um den Untersuchungsgegenstand, sondern um eine analytische Leistung, das zentrale Phänomen zu identifizieren.

Für diese Arbeit wurde als Phänomen also nicht der Untersuchungsgegenstand „geometrische Denkweisen von Hauptschülerinnen und Hauptschülern" formuliert, sondern es wurde zunächst analysiert, welches gemeinsame Phänomen den einzelnen vorläufigen Kategorien zugrunde liegt, die sich aus den offenen Kodes ergeben. Die Schwierigkeiten von Schülerinnen und Schülern, geometrische Fragestellungen zu bearbeiten, deuten daraufhin, dass ihre Art geometrisch zu Denken beziehungsweise ihre Vorgehensweisen und ihre Vorstellungen von geometrischen Begriffen nicht ausreichen, um die Aufgaben zu lösen. Die Schülerinnen und Schüler kommen an ihre Grenzen oder anders ausgedrückt, die geometrischen Denkweisen dieser Schülerinnen und Schüler sind auf irgendeine Art begrenzt. Deshalb wurde für diese Arbeit die „Begrenztheit geometrischen Denkens und geometrischer Begriffe" als Phänomen formuliert, um das die vorläufigen Kategorien anzuordnen sind. Ziel der Auswertung ist es, dieses Phänomen durch die Anordnung vorläufiger Kategorien zu spezifizieren, die inneren Zusammenhänge zu untersuchen und aus den vorläufigen Kategorien eine Strukturierung solcher geometrischer Denkweisen abzuleiten, die zu Schwierigkeiten beim Bearbeitungen von Geometrieaufgaben führen können.

Der entscheidende Schritt zur Systematisierung ergibt sich im Sinne des paradigmatischen Modells der Grounded Theory aus der Unterscheidung, ob es sich bei den vorläufigen Kategorien um Bedingungen oder Konsequenzen des

Phänomens der „Begrenztheit geometrischen Denkens und geometrischer Begriffsbildung" handelt. Dies ist nicht immer eindeutig zu beantworten. Bei vier der vorläufigen Kategorien handelt es sich allerdings eher um Konsequenzen des Phänomens. Das sind die folgenden: „Begriffe nicht ausreichend", „Verwechslung von Begriffen", „Übergeneralisieren" und das „Mischen unterschiedlicher Dimensionen".

Unter der Kategorie „Begriffe nicht ausreichend" sind alle Kodes zusammengefasst, die sich auf Unsicherheiten beziehen, die sich aus den Definitionen der Begriffe beziehen. Begriffe können in diesem Sinne zum Beispiel zu weit, zu eng, unscharf, unvollständig oder bruchstückhaft sein. Die Einordnung dieser Kategorie erweist sich als problematisch und die Zuordnung zu den Konsequenzen ist weniger eindeutig als bei den anderen, da es hier besonders viele Überschneidungen gibt. Eine zu enge Definition eines Begriffs beispielsweise kann sowohl Ursache als auch Konsequenz für die „Begrenztheit geometrischen Denkens und geometrischer Begriffsbildung" sein. Man könnte auch entscheiden, dass es sich ei dieser Kategorie um eine den anderen Kategorien übergeordnete Kategorie handelt, denn alle Schwierigkeiten der Schülerinnen und Schüler ergeben sich, direkt oder indirekt aus Unsicherheiten mit Begriffen. Da in dieser Arbeit die Sichtweise vertreten wird, dass Definitionen von Begriffen am Ende und nicht am Anfang eines erfolgreichen Geometrieunterrichts stehen, wird die Sichtweise vertreten, dass nicht ausreichende Begriffe als Konsequenz der „Begrenztheit geometrischen Denkens und geometrischer Begriffsbildung" anzusehen sind.

Als weitere Konsequenzen werden die „Verwechslung von Begriffen", das „Übergeneralisieren" und das „Mischen von Dimensionen" formuliert. Beispiele der Untersuchungsaufgaben zeigen, dass sich diese Kategorien wie auch die beschriebene Kategorie „Begriffe nicht ausreichend" als Konsequenzen aus den übrigen fünf vorläufigen Kategorien ergeben können. Zum Beispiel kommt es vor, dass eine formelorientierte Vorgehensweise zum Verwechseln von Begriffen führen kann. Eine Betonung des Messens führt möglicherweise dazu, dass die Definitionen relevanter Begriffe nicht ausreichend sind. Weitere Verbindungen sind im Zusammenhang mit der Darstellung der vier generierten geometrischen Denkweisen im nächsten Abschnitt dieser Arbeit.

Bei den übrigen fünf Kategorien handelt es sich eher um Bedingungen für die „Begrenztheit geometrischen Denkens und geometrischer Begriffsbildung". Es werden jeweils Aspekte beschrieben, die charakterisierend für die geometrischen Vorstellungen und Vorgehensweisen der Schülerinnen und Schüler beim Lösen der Aufgaben sind und die zu Schwierigkeiten führen. Dazu gehö-

ren: „Schematische und formelorientierte Vorstellungen und Vorgehensweisen", „an bekannte Figuren gebundene Vorstellungen und Vorgehensweisen",
die „Betonung des Rechnens", die „Betonung des Messens" sowie die „Repräsentation durch Beispiele".

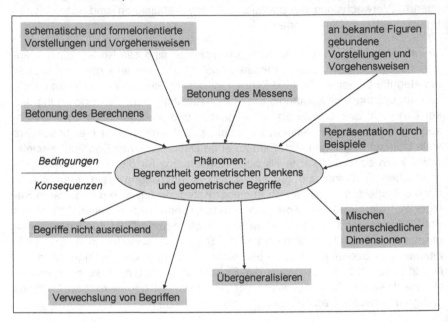

*Abbildung 86: Anwendung der vereinfachten Variante des „paradigmatischen Mo-
dells" nach Strauss und Corbin zur Theoriekonstruktion (Mey, Mruck 2009, 129) auf
das Phänomen der Begrenztheit geometrischen Denkens und geometrischer Begriffe*

Abbildung 86 zeigt die Anordnung der aus den Kodes entwickelten neun vorläufigen Kategorien, um das Phänomen der „Begrenztheit geometrischen
Denkens und geometrischer Begriffsbildung". Im oberen Teil der Abbildung
finden sich Kategorien, die ursächliche Bedingungen beschreiben. Die Kategorien im unteren Teil der Abbildung hingegen bezeichnen Konsequenzen, die
sich aus dem Phänomen ergeben. Auf die Verbindungen der Kategorien untereinander und auf Beispiele hierzu aus der qualitativen Untersuchung wird
im nächsten Abschnitt näher eingegangen, so dass die Abbildung zu einem
vielschichtigen Modell ergänzt wird.

Bei der „Repräsentation durch Beispiele" handelt es sich um die Problematik
des Übergangs von der Realität zur Welt der Mathematik. Eine „Begrenztheit
geometrischen Denkens und geometrischer Begriffsbildung" kann aus einem

begrenzten Vorrat anschaulicher Beispiele resultieren und in der Schwierigkeit des Übergangs, des Mathematisierens begründet sein. Allerdings handelt es sich bei dieser Problematik um ein ganz allgemeines Problem der Mathematikdidaktik von ganz eigener Qualität. Nach einigem Überlegen wurde darauf verzichtet, diese Kategorie näher zu differenzieren, weil die Problematik nicht auf der Grundlage von wenigen, geometriespezifischen Untersuchungsaufgaben angehbar ist und sich die Kategorie nicht wie die übrigen vier ursächlichen Kategorien im Rahmen dieser Arbeit erfassen und strukturieren lässt.

Für weitere Analysen wurden die Zusammenhänge, die Unterschiede und Gemeinsamkeiten der vorläufigen Kategorien untersucht. Es wurden vier geometrische Denkweisen generiert, die im nächsten Abschnitt dargestellt werden.

8.3   Strukturierung geometrischer Denkweisen beim Lösen von PISA-Aufgaben

In abschließenden Abschnitt erfolgt dann die Strukturierung in vier geometrische Denkweisen: „Begriff ist Formel", „Dominanz des Berechnens", „Einschränkung auf Bekanntes" und „Messen statt Strukturieren". Die Reihenfolge der Darstellung ist alphabetisch und soll nicht als Hinweis auf eine Wertigkeit gedeutet werden. Jede der vier beschriebenen Denkweisen kommt in den Vorgehensweisen, Schwierigkeiten und Fehlern zu allen drei Untersuchungsaufgaben „L-Fläche", „Wandfläche" und „Zimmermann" vor. Damit gewinnen die Untersuchungsaufgaben den Charakter des Exemplarischen. Die dargestellten Beispiele aus dem Datenmaterial der untersuchten Schülerinnen und Schüler stehen exemplarisch für Vorgehensweisen, die auch bei den PISA-Schülerinnen und Schülern zu finden sind und lassen sich so ebenfalls in einen größeren Zusammenhang bringen. Auf dieser Grundlage werden in Kapitel 9 Konsequenzen für den Geometrieunterricht abgeleitet.

8.3.1 Begriff ist Formel

„Dazu gibt es doch bestimmt auch eine spezielle Formel zur L-Fläche oder nicht?"

In vielen Vorgehensweisen, Schwierigkeiten und Fehlern aber auch in den Äußerungen der untersuchten Schülerinnen und Schüler zu ihrem Vorgehen und zu den Vorstellungen der Begriffe „Umfang" und „Flächeninhalt" spielen Formeln zur Berechnung von Flächeninhalt und Umfang eine wichtige Rolle. Es wurde hierzu die vorläufige Kategorie „schematische und formelorientierte Vorstellungen und Vorgehensweisen" formuliert. Charakteristisch für Vorstellungen und Vorgehensweisen, die unter dieser Kategorie zusammengefasst werden, ist das Abarbeiten einer abgespeicherten Prozedur. Hintergrund ist geometrisches Grundwissen, vor allem Formelwissen. Ausgehend von einigen Beispielen wird in diesem Abschnitt dargestellt, wie aus der vorläufigen Kategorie „schematische und formelorientierte Vorstellungen und Vorgehensweisen" die geometrische Denkweise „Begriff ist Formel" abgeleitet wurde und wie diese vor dem theoretischen Hintergrund dieser Arbeit einzuordnen ist.

Die erste Untersuchungsaufgabe „Rechteck" zum geometrischen Grundwissen steht für ein schematisches und formelorientiertes Vorgehen. Wie in Abschnitt 6.2 dargestellt, wird eine mathematische Standard-Prozedur abgearbeitet. Solche Aufgaben, die auch bei den Hauptschülerinnen und Hauptschülern eine hohe Lösungshäufigkeit aufweisen, bilden bei PISA allerdings die Ausnahme, denn PISA greift als Literacy-Test nicht auf solche einzelnen stofflichen Elemente zurück, sondern auf das jeweilige Umfeld, in das diese Elemente eingebettet sind. Anwendungen von Formelwissen allein, wie sie immernoch in vielen Schulbüchern, vor allem für die Hauptschule, vorkommen, reichen in den PISA-Aufgaben in der Regel nicht. Viele Bearbeitungen der Hauptschülerinnen und Hauptschüler aber auch Äußerungen in den unterschiedlichen Erhebungsphasen lassen ein besonders schematisches Vorgehen beobachten, wie die Dokumentation der Ergebnisse in Kapitel 7 zeigt.

Dass das Auftreten von Variablen und Formeln in den Bearbeitungen der Schülerinnen und Schüler allein nicht als Ursache für eine „Begrenztheit geometrischen Denkens und geometrischer Begriffsbildung" zu werten ist, zeigen die folgenden beiden Bearbeitungen der Aufgabe „Rechteck".

Eine mustergültige Bearbeitung der Aufgabe zeigt die Abbildung 87. Obwohl für eine vollständige Lösung der Aufgabe nicht erforderlich, wurden zunächst die beiden Seitenlängen in die Zeichnung eingetragen, dann die Formeln für die Berechnung des Flächeninhalts und Umfangs eines Rechtecks notiert und die Seitenlängen in diese Formeln eingesetzt. Das Ergebnis wurde doppelt unterstrichen. Die Einheiten wurden korrekt angegeben. Das Vorgehen erscheint schematisch und vielleicht etwas umständlich, hätte man doch die Ergebnisse dieser leichten Berechnung gleich notieren können. Die Art der Vorgehensweise kann aber auch als Hinweis gedeutet werden, dass es erfolgreich gelingt, einen speziellen Sachverhalt in allgemeiner Form darzustellen und diesen so in einen allgemeinen Zusammenhang zu bringen. Variablen und Formeln wurden in dieser Bearbeitung angemessen und sinnvoll verwendet.

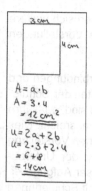

Abbildung 87: Beschriftung und Rechnung bei der Aufgabe „Rechteck" (FaraAnne)

Anders im zweiten Beispiel der Abbildung 88. Die Beschriftung des Rechtecks enthält diesmal überflüssige Informationen, wie die Angabe der Seiten c und d, die beim Rechteck den Seiten a und b entsprechen, sowie die Beschriftung der Eckpunkte. Diese Vorgehensweise zeigt eine schematische Abarbeitung, ohne angemessene Berücksichtigung der Aufgabenstellung. Die Beschriftung der beiden übrigen Seiten mit c und d passt nicht zur später verwendeten Formel.

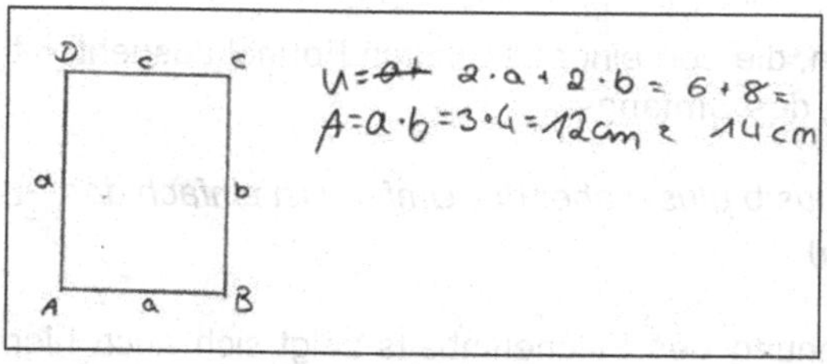

Abbildung 88: Beschriftung und Rechnung bei der Aufgabe „Rechteck" (SinaVera)

Die beiden Beispiele zeigen, dass die Situationen in denen die Verwendung von Variablen und Formeln in Betracht gezogen wird genauer betrachtet und analysiert werden müssen, vor allem solche Situationen, in denen, wie im Fall der anderen drei Untersuchungsaufgaben, schematisches Formelwissen allein nicht zum erfolgreichen Bearbeiten der Aufgaben genügt. Wie in Abschnitt 7.1.2 beschrieben, beurteilen die untersuchten Schülerinnen und Schüler diese Aufgabe als einfach und im Unterricht häufig geübt. Dennoch zeigen sich bei drei der sechs untersuchten Paare Unsicherheiten, in zwei Fällen beim Zeichnen und in einem Fall gibt es unsicherheiten hinsichtlich der Verwendung der richtigen Formel.

In den Daten zu den drei übrigen Untersuchungsaufgaben lassen sich weitere Ansätze finden, in denen schematische und formelorientierte Vorstellungen und Vorgehensweisen zu Schwierigkeiten führen.

Die Abbildung 89 zeigt in diesem Zusammenhang mögliche Verbindungen und Beispiele für Konsequenzen, beispielsweise, dass Schwierigkeiten der Schülerinnen und Schüler mit den Treppenfiguren dadurch zu erklären sind, dass ihre Definition des Begriffs „Umfang" nicht zur Lösung der Aufgabe ausreicht. Dies ist als eine mögliche Folge einer formelorientierten, schematischen Vorstellung und Vorgehensweise zu sehen. Wie bereits in den Analysen der Untersuchungsaufgaben gezeigt, ist zum erfolgreichen Bearbeiten dieser Aufgabe eine inhaltliche Vorstellung des Begriffs erforderlich und diese fehlt Schülerinnen und Schülern, die Begriffe mit Formeln für bekannte Figuren gleichsetzen, wie in der folgenden Definition einer der befragten Schülerinnen. In ihrer Definition, aber auch in ihren Bearbeitungen bleibt die Schülerin auf einer sehr schematischen, formalen Ebene, die keinen Schritt der Verallgemeinerung zulässt:

Umfang, das ist, wenn man jetzt sagen wir mal ein Quadrat nimmt und da steht nur die Seite a ist z.B. 6 Zentimeter, und das sind ja 4 Seiten, also muss man dann 4 mal 6 nehmen. [...] Beim Rechteck ist es ja nur a mal b, weil das zwei verschiedene Seiten sind. (Fara)

Beispiel einer weiteren Definition, die von einer bekannten Formel ausgeht, ist die von Fara für die Berechnung des Umfangs:

Ich könnte jetzt sagen a plus b plus c aber der Umfang ist einfach das, um die Figur herum. (Sina)

Auf die Frage nach der Berechnung des Flächeninhalts zeigt sich auch hier eine stark formelorientierte Sichtweise, die zeigt, dass unverbundenes geometrisches Wissen leicht durcheinander gerät:

Da komme ich durcheinander, weil wir auch gerade Pi haben und Kreisflächen. Das habe ich schon wieder vergessen. (Sina)

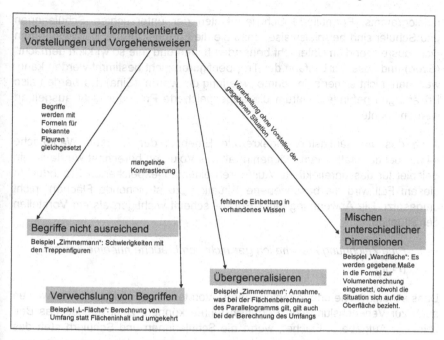

Abbildung 89: Mögliche Verbindungen und Beispiele für Konsequenzen zur vorläufigen Kategorie „schematische und formelorientierte Vorstellungen und Vorgehensweisen"

Eine weitere Konsequenz der mangelnden Fähigkeit zu Verallgemeinern und der fehlenden Einbettung in vorhandenes Wissen ist das Übergeneralisieren, wie in den bereits dargestellten Beispielen der Erklärungen, warum sich der Entwurf des Parallelogramms bei der Aufgabe „Zimmermann" herstellen lässt, bei sich die Schülerinnen und Schüler auf Eigenschaften des Rechtecks berufen. Auf diese Aspekte wird bereits in den Abschnitten 3.1.4 und 3.2.2 eingegangen.

Bei der Aufgabe Zimmermann ist zusätzlich zum Formelwissen inhaltliches Wissen zum Begriff „Umfang" gefragt. Mit schematischem, formelorientiertem Vorgehen lässt sich nur der Umfang der letzten Figur, des Rechtecks, berechnen, denn nur hier sind die benötigten Seitenlängen angegeben. Für die anderen Figuren ist Wissen darüber erforderlich, wie man ein Rechteck mit konstantem Umfang verändern kann. Versuche den Umfang der übrigen Figuren mit Hilfe von Formeln zu berechnen führen nicht zum Ziel. Timo nennt in diesem Zusammenhang die Formel zur Berechnung des flächeninhalts eines Parallelogramms. Formulierte Schwierigkeiten der untersuchten Schülerinnen und Schüler sind beispielsweise, dass sie die Formeln für das Parallelogramm nicht ausreichend im Unterricht behandelt haben und „nie so wirklich gemacht" (Sven) und dass der Umfang der Treppenfiguren nicht bestimmt werden kann, weil man, nicht sicher sein konnte „wie lang die waren" (Sina). Es werden also Erklärungen gefunden, warum die abgespeicherte Prozedur nicht ausgeführt werden konnte.

Auch das am häufigsten angekreuzte Ergebnis der Aufgabe Wandfläche 44 m², bei der statt einem Flächeninhalt das Volumen berechnet wurde ist ein Beispiel für das unreflektierte Ausführen einer abgespeicherten Prozedur. In diesem Fall wird die beschriebene Situation „zu streichende Flächen" nicht umgesetzt. Die Anwendung einer Formel scheint wichtiger, als ein Vorstellen der Situation:

> *Eine Zeichnung brauche ich gar nicht, ich brauche nur eine Formel.*
> *(Finn)*

Dass schematische und formelorientierte Vorstellungen und Vorgehensweisen auch zur Verwechslung von Begriffen führen können, zeigt ebenso das Beispiel der Aufgabe „L-Fläche", wenn die Schülerinnen und Schülern statt des Umfangs den Flächeninhalt berechnen und umgekehrt. Dies kommt genauso bei der Aufgabe „Zimmermann" vor. Eine isoliert abgespeicherte Formel wird vergessen oder verwechselt, wenn sie nicht in Beziehung zu vorhandenem Wissen gesetzt wird. Auch bei dieser Aufgabe in der es darum ging, Umfang und Flächeninhalt einer zusammengesetzten Figur zu berechnen, führt schematisches, formelorientiertes Vorgehen allein nicht zum Ziel. Die Frage eines Schülers der Voruntersuchung, ob es zur Berechnung der L-Fläche nicht eine spezielle Formel gebe, veranschaulicht den Versuch, den Flächeninhalt auf diese Art zu berechnen. Wie aus der Dokumentation der Ergebnisse ersichtlich, gibt es auch bei weiteren untersuchten Hauptschülerinnen und Hauptschülern Schwierigkeiten, die sich aus schematischen, formelorientiertem Vorgehen ergeben, wie das Verwenden überflüssiger Variablen und das Verwenden falscher Formeln.

Aus der beschriebenen, vorläufigen Kategorie „schematische und formelorientierte Vorstellungen und Vorgehensweisen" wurde abkürzend die geometrische Denkweise „Begriff ist Formel" abgeleitet, denn für alle Vorgehensweisen, Schwierigkeiten und Fehler, die im Zusammenhang mit dieser Denkweise stehen ist charakteristisch, dass in den Vorstellungen der Schülerinnen und

Schüler die Definitionen über die Formeln derart dominieren, dass man von einer Gleichsetzung von Begriff und Formel „Begriff ist Formel" sprechen kann.

Das theoretische Kapitel dieser Arbeit beschreibt viele Ansätze, die veranschaulichen, dass eine Gleichsetzung von Begriffen mit Formeln nicht tragfähige Erfahrungen im Umgang mit den Begriffen ersetzen kann. Hinweise zum Bilden geometrischer Begriffe werden in Abschnitt 3.1.3 gegeben. In den Auflistungen von Fähigkeiten, über die Schülerinnen und Schüler im Zusammenhang mit einem Begriffsverständnis verfügen sollen, wird beispielsweise deutlich, dass die Berechnung mit Formeln erst am Ende der Begriffentwicklung steht und nur ein Aspekt neben weiteren anderen ist. Vor allem allgemeine mathematische Fähigkeiten, wie sie auch im Zusammenhang mit dem Grundbildungskonzept von PISA beschrieben werden, wie das Mathematisieren, Vernetzen und Reflektieren wird eine hohe Bedeutung zugewiesen.

Auf viele weitere Aspekte der Begriffe „Umfang" und „Flächeninhalt" wird in Abschnitt 3.1.4 eingegangen. Erwähnenswert sind in diesem Zusammenhang die beschriebenen Zusammenhänge zwischen „Umfang" und „Flächeninhalt", deren Kenntnis bei einer Begrenzung des Begriffs auf die Formeln verloren geht.

Gerade im Hinblick auf den Geometrieunterricht in der Hauptschule werden Positionen vertreten, das knappe Definitionen gegenüber dem Vermitteln tragfähiger Erfahrungen im Umgang mit den Begriffen in den Hintergrund treten und das Eingliedern in besheriges Wissen als „Knüpfen eines Netzes" wird betont (Vollrath 1982).

Neubrand (2007, 30) weist auf die Wichtigkeit des Verständnisses von Zusammenhängen als wirkliches Verstehen geometrischer Inhalt hin. Gerade auch in der Hauptschule gelte es, im Sinne von Freudenthal (1973) Antworten zu suchen, die wie beschrieben, „jenseits der fertigen Mathematik" liegen und bei denen es um das Verknüpfen des Gewussten geht, bei denen mindestens ein Schritt zu einer Verknüpfung ins Allgemeines geht.

8.3.2 Dominanz des Berechnens

„Ich weiß ja nicht, wie lang die Stufen sind, dann kann ich das auch nicht ausrechnen."

Unter der vorläufigen Kategorie „Betonung des Rechnens" werden Vorstellungen und Vorgehensweisen zusammengefasst, bei denen das Berechnen gegenüber der algebraischen Struktur der Aufgabe dominiert. In einigen Bearbeitungen zeigt sich, dass es den untersuchten Schülerinnen und Schülern darauf ankommt, aus gegebenen Maßen etwas auszurechnen. Schwierigkeiten zeigen sich dann, wenn die hierzu notwendigen Angaben sich nicht unmittelbar erschließen oder ganz fehlen, wie beispielsweise bei solchen PISA-Aufgaben, die rechnerische oder begrifliche Modellierungen erforderlich machen. Wie bereits ausfürlich dargestellt, ist dies bei allen drei Untersuchungsaufgaben „L-Fläche", „Wandfläche" und „Zimmermann" ist dies der Fall. Ausgehend von einigen Beispielen wird in diesem Abschnitt dargestellt, wie aus der vorläufigen Kategorie „Betonung des Rechnens" die geometrische Denkweise „Dominanz des Berechnens" abgeleitet wurde und wie diese in Bezug auf die dargestellten theoretischen Sichtweisen einzuordnen ist.

Die Abbildung 90 zeigt mögliche Verbindungen und Beispiele für Konsequenzen. Wie auch bei den „schematischen und formelorientierten Vorstellungen und Vorgehensweisen" kommt es dazu, dass Begriffe nicht ausreichend sind. Bei einer Betonung des Rechnens werden Begriffe eng mit Rechenoperationen verbunden, wie in den vorkommenden Sichtweisen „Umfang – alles plus" und „Flächeninhalt – alles mal" zum Ausdruck kommt. Dass es bei den Begriffen „Umfang" und „Flächeninhalt" darum geht, etwas zu berechnen, kommt in den Vorstellungen der Schülerinnen und Schüler zum Ausdruck, wenn sie im Interview darauf antworten, was für sie der „Umfang einer Figur" beziehungsweise der „Flächeninhalt einer Figur" ist. Für Emma ist der Umfang eine „Länge", Fara beschreibt den Umfang als „einfach nur zusammenzählen", Sven als „die Meterzahl rauskriegen". Auch der Figurbegriff der Schülerinnen und Schüler ist an diese Definition angelehnt:

> *Eine Figur ist etwas, wo man den Flächeninhalt und den Umfang rauskriegen kann. (Emma)*

Bei der L-Fläche sind es die häufigen PISA-Ergebnisse 24 cm bei Umfang und 1120 cm² bei Flächeninhalt, die auf eine Betonung des Rechnens hinweisen. Auch die Verwechslung von Rechenoperationen fällt in diesen Bereich. In dieser Aufgabe werden beispielsweise Flächeninhalte von Teilflächen multipliziert statt addiert, weil die Multiplikation mit dem Flächeninhalt verbunden wird. Grundlegende Schwierigkeiten im Verständnis des Berechnens von Flächen aus Teilfiguren, die auf rechnerisch orientierte Vorstellungen der Begriffe zurückzuführen sind, zeigen sich bei Fara, die sich nicht sicher ist, ob die beiden Flächeninhalte der Teilflächen addiert oder multipliziert werden müssen:

> *Plus wäre ja wieder Umfang. (Fara)*

Statt der Subtraktion des kleinen Rechtecks bei dem Berechnen der L-Fläche aus dem großen Rechteck zieht Fara auch eine Division durch 2 in Betracht.

Auch das Übergeneralisieren kann eine Konsequenz der „Betonung des Rechnens" ohne Einbettung in vorhandenes Wissen sein, zum Beispiel, wenn wie bei der Aufgabe L-Fläche bei der Berechnung zusammengesetzter Flächen analog zur Flächenberechnung die Umfänge der Teilfiguren addiert werden, um auf den Umfang der Gesamtfigur zu kommen.

Eine mangelnde Vernetzung kann auch in diesem Zusammenhang zur Verwechslung der Begriffe führen, denn wie auch bei den schematischen und formelorientierten Vorstellungen und Vorgehensweisen gilt auch für die Betonung des Berechnens, dass isoliert abgespeichertes geometrische Begriffe vergessen oder verwechselt werden, wenn sie nicht in Beziehung zueinander gesetzt werden.

Für die Berechnung des Flächeninhalts eines Quadrats gibt Fara an, dass man viermal die Seitenlänge rechnen muss. Diese Vorgehensweise ergibt sich aus der Vorstellung „alle Seiten malnehmen". Hier zeigt sich aber auch eine Verwechslung der Begriffe „Umfang" und „Flächeninhalt".

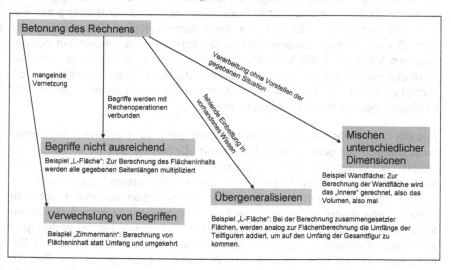

Abbildung 90: Mögliche Verbindungen und Beispiele für Konsequenzen zur vorläufigen Kategorie „Betonung des Rechnens"

Verwechslungen der Begriffe „Umfang„ und „Flächeninhalt" kommen in den Aufgaben „L-Fläche" und „Zimmermann" vor. Bei der Aufgabe „Zimmermann" wird beispielsweise der Flächeninhalt statt des Umfangs ausgerechnet. Wie im Abschnitt der Analysen der Untersuchungsaufgaben ausführlich dargestellt, steht die Aufgabe „Zimmermann" für solche Aufgaben, in denen nicht das Berechnen, sondern begriffliches Wissen im Vordergrund steht. Dass solche Aufgaben besondere Schwierigkeiten darstellen, zeigt die Begründung einer Schülerin: „Ich weiß ja nicht, wie lang die Stufen sind, dann kann ich das auch nicht ausrechnen". Sie bezieht sich damit auf die Länge der Treppenstufen bei den Treppenfiguren, für die ihrer Meinung nach Angaben fehlen. Dass die Berechnung des Umfangs der Figur gar nicht erforderlich ist, da der Umfang gleich dem Umfang des dargestellten Rechtecks ist, erkennen die meisten Schülerinnen und Schüler nicht. Sven empfindet es diesbezüglich als besonders ungewöhnlich, dass man bei der Aufgabe nichts ausrechnen soll. Diese Beutrteilung des Vorkommens im Unterricht findet sich auch bei Emma:

Das kommt schon vor, aber dann nicht so, dass man das ankreuzen soll, sondern dann selber rechnen soll. (Emma)

Die Schwierigkeiten bei der Aufgabe Wandfläche lassen sich ebenfalls mit einer Einschränkung geometrischer Denkweisen aufgrund der Betonung des Berechnens begründen. Das Mischen der unterschiedlichen Dimensionen 2D und 3D kann daraus resultieren, dass ein rechnerisches Verarbeiten der gegebenen Maße ohne ein Vorstellen der Situation erfolgt. Da es um die Berechnung eines Flächeninhalts geht, werden die Seitenlängen multipliziert. So kommt es im Fall der Wandfläche zur Berechnung des Volumens, da drei Seitenlängen miteinander multipliziert werden.

Aus der beschriebenen vorläufigen Kategorie „Betonung des Rechnens" wurde schließlich die geometrische Denkweise „Dominanz des Berechnens" generiert. Die vorläufige Kategorie fasst zunächst alle Kodes zusammen, die sich auf Stellen in den Daten beziehen, in denen Schülerinnen und Schüler das Rechnen betonen, sei es, weil sie unmittelbar versuchen, aus den gegebenen Zahlen etwas auszurechnen oder, weil das Ausrechnens in ihren Äußerungen betonen. Es kristallisierte sich heraus, dass auch hier, wie bei der ersten geometrischen Denkweise „Begriff ist Formel" eine Dominanz, diesmal des Berechnens, deutlich wird, die eine Begrentztheit mit sich bringt. Die Begriffe „Umfang" und „Flächeninhalt" stehen hier für Berechnungen, häufig sogar für spezifische Rechenoperationen. Deshalb wurde die Bezeichnung „Dominanz des Berechnens" gewählt.

In den theoretischen Positionen wird das Berechnen in einger Verbindung mit Formeln und dem Messen als Aspekt geometrischen Denkens und geometrischer Begriffsbildung beschrieben. Verschiedene Aspekte des Berechnens von „Umfang" und „Flächeninhalt" werden vor allem in Abschnitt 3.1.4 beschrieben. Wittmann (1987) hebt in diesem Zusammenhang interessante Aspekte hervor, um zu betonen, dass das Gebiet von seinem Problemgehalt her nicht reizlos ist, zum Beispiel die Berechnung von Objekten mit extremalem Flächeninhalt innerhalb bestimmter Klassen. Schulbuchbeispiele wie das in Abschnitt 3.1.4 beschriebene aus dem Unterrichtswerk „Lernstufen" zeigen allerdings auch Beispiele, in denen Berechnungsbeispiele auf bestimmte Begriffe bezogen werden und der Prozess der Mathematisierung durch Überschriften wie „Aufgaben zum Flächeninhalt" vorweggenommen wird.

Während das Berechnen in den Bearbeitungen und Äußerungen, wie auch das Formelwissen isoliert vorkommen, werden in der Literatur die Vernetzung sowie die Anwendung in unterschiedlichen Situationen betont, so wie auch bei PISA im Sinne Freudenthals Sichtweise, nicht die vorweggenommene Abstraktion und die anschließende Anwendung fertiger Konzepte, sondern der verständige, reflektierte Gebrauch in geeigneten Situationen das Lernen mathematischer Begriffe bestimme (Freudenthal 1973).

Bei PISA gibt es unterschiedliche Arten von Aufgaben, in denen Berechnungen vorkommen. Einfache, schematische Berechnungen kommen, wie bereits beschrieben nur in einem kleinen Teil der Aufgaben vor. In der Regel handelt es sich um einschrittige oder mehrschrittige Modellierungs- und Problemlöseaufgaben. Bei diesen Aufgaben stellt das Finden eines passenden Ansatzes zur Bearbeitung die Schwierigkeit dar. Außerdem gibt es eine Vielzahl von Aufgaben, die begrifflichen Modellierungs- und Problemlöseaufgaben, in denen das Berechnen gegenüber begrifflichem Wissen in den Hintergrund tritt. Für diese Aufgaben helfen isolierte Kenntnisse zum Berechnen nicht.

Die beiden beschriebenen Denkweisen „Begriff ist Formel" und „Dominanz des Berechnens" hängen eng zusammen, denn zur Berechnung von „Umfang" und „Flächeninhalt" werden meist Formeln angewendet. Es wäre auch denkbar gewesen, diese Denkweissen zusammenzufassen, beispielsweise als „Dominanz der Berechnung durch Formeln". In den Bearbeitungen wird ohnehin nicht immer deutlich, ob auf eine Formel zurückgegriffen wird, oder ob die gegebenen Seitenlängen direkt verarbeitet wurden und die Betrachtung des Vorkommens von Variablen und Formeln allein als eine „Begrenztheit geometrischen Denkens und geometrischer Begriffsbildung" einzustufen, wird ebenso als problematisch angesehen. Die Entscheidung für die Unterscheidung der beiden Denkweisen wurde vor allem getroffen, um die Fälle hervorzuheben, in denen es nicht nur eine Beschränkung auf das Ausrechnen, sondern auf spezifische Rechenoperationen zum Ausdruck kommt, wie die beschriebenen Beispiele zeigen.

8.3.3 Einschränkung auf Bekanntes

„Was sind das denn für Dinger? Irgendwelche? Ist das egal, welche das sind? Ja, das hier sind ja Rechteck und Parallelogramm und die gibt es ja eigentlich gar nicht."

Die vorläufige Kategorie „an bekannte Figuren gebundene Vorstellungen und Vorgehensweisen" bezieht sich auf alle diejenigen Schwierigkeiten von Schülerinnen und Schülern, welche daraus resultieren, dass die geometrischen Denkweisen durch die Einschränkung auf bekannte Figuren begrenzt bleiben. In den Bearbeitungen wird in diesem Zusammenhang deutlich, dass bei diesen Vorstellungen und Vorgehensweisen die Fähigkeit zum Verallgemeinern fehlt. Diese Fähigkeit ist vor allem in Aufgaben erforderlich, in denen unbekannte Figuren vorkommen, wie in den Aufgaben „L-Fläche" und „Zimmermann" oder in denen es um das Erschließen unbekannter Situationen geht, wie im Fall der Aufgabe „Wandfläche". In den Bearbeitungen zu allen drei Untersuchungsaufgaben finden sich Ansätze zur Erklärung der „Begrenztheit geometrischen Denkens und geometrischer Begriffsbildung" durch Vorstellungen und Vorgehensweisen, die an bekannte Figuren gebundene sind. Im Zusammenhang mit der Darstellung solcher Beispiele wird die hierzu generierte geometrische Denkweise „Einschränkung auf Bekanntes" vor dem Hintergrund der theoretischen Sichtweisen dieser Arbeit positioniert.

Die Abbildung 91 zeigt mögliche Verbindungen und Beispiele für Konsequenzen aus den drei Untersuchungsaufgaben „L-Fläche", „Wandfläche" und „Zimmermann". Bei der Aufgabe „L-Fläche" zeigen sich Schwierigkeiten mit der unbekannten Figur, wenn Begriffe an einen begrenzten Figurenschatz gebunden sind. Zitate wie „L-Fläche? kenne ich nicht, hatte ich noch nicht" aus der Voruntersuchung oder „ein bisschen doof, weil wir die Formen nicht kannten" (Sina) zeigen dies. Die Begriffe „Umfang" und „Flächeninhalt" lassen sich nur auf bekannte Figuren anwenden und sind in diesem Sinne nicht ausreichend zur vollständigen Lösung dieser Aufgabe.

Zu einem Übergeneralisieren kann es kommen, wenn von bekannten Figuren ausgegangen wird und Eigenschaften dieser Figuren auf die unbekannte Figur übertragen werden. Wie zum Beispiel bei der Aufgabe Zimmermann, wenn erklärt wird, dass die Treppenfiguren als unvollständige Rechtecke zu sehen sind und dass der Umfang dieser Figuren kleiner als der Umfang des Rechtecks ist, weil auch der Flächeninhalt kleiner ist. Wie bereits in den Analysen der Untersuchungsaufgaben beschrieben und in den Daten der Voruntersuchung bestätigt, kommt auch die gegensätzliche Annahme vor, nämlich, dass der Umfang der Treppenfiguren größer ist, weil er einen „Schlenker" macht. Auch diese Schwierigkeit kann durch an bekannte Figuren gebundene Vorstellungen und Vorgehensweisen erklärt werden. Zum Mischen der Dimensionen Strecke und Ebene kommt es, weil es nicht gelingt, Eigenschaften geometrischer Objekte angemessen auf andere Situationen zu übertragen, denn auch hierzu ist die Fähigkeit zum Verallgemeinern erforderlich.

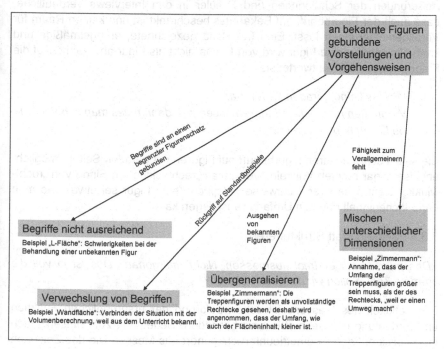

Abbildung 91: Mögliche Verbindungen und Beispiele für Konsequenzen zur vorläufigen Kategorie „an bekannte Figuren gebundene Vorstellungen und Vorgehensweisen"

Die Untersuchungsaufgabe „Wandfläche" bildet in Bezug auf die Einschränkung auf bekannte Figuren einen Sonderfall. In dieser Aufgabe kommen keine unbekannten Figuren vor, sondern eine unbekannte Situation, für die die Anwendung der Volumenberechnung nicht passt. Um diese Aufgabe miteinzubeziehen, wurde die vorläufige Kategorie „an bekannte Figuren gebundene Vorstellungen und Vorgehensweisen" erweitert zur geometrischen Denkweise „Einschränkung auf Bekanntes" die der Fähigkeit zum Verallgemeinern entgegensteht. Enno nennt in diesem Zusammenhang beispielsweise die Berechnung der Wassermenge eines Schwimmbades als Beispiel für die Berechnung des Flächeninhalts. Er unterscheidet damit nicht zwischen Flächeninhalt und Volumen und folgt damit der beschriebenen Vorstellung von Emma „Flächeninhalt – das Innere". Auch das Beispiel von Fara "wie viel Fläche in dem Ball drinne ist" passt zu dieser Sichtweise und erklärt die Schwierigkeiten der Schülerinnen und Schüler mit der Wandfläche.

Äußerungen der Schülerinnen und Schüler in den Interviews verdeutliche, dass auch der Figurbegriff auf Bekanntes beschränkt ist und keinen Raum für Verallgemeinerungen lässt. Eine frei Hand gezeichnete, unregelmäßige und krummlinienbegrenzte Figur wird von Emma nicht als Figur anerkannt. Auf die Frage, warum nicht, antwortet sie:

> *Weil es keine geraden Seiten hat.*
> *Wenn man rechteckige Figuren haben will, dann muss man schon gerade Linien haben. (Emma)*

Sie selbst schränkt ihren Figurbegriff auf Figuren mit geraden Seiten, möglicherweise sogar rechten Winkeln, wenn man „rechteckige" im Sinne von „rechtwinklig" sieht, was ihrer Sichtweise entspricht, eine Figur sei etwas, wo man den Flächeninhalt und den Umfang rauskriegen kann.

8.3.4 Messen statt Strukturieren

„Das müssen wir erstmal ausmessen. Nicht maßgenau? Das ist ja voll die krumme Zahl. Sollen wir die auch nehmen?"

Der Tätigkeit des Messens ist schon aufgrund der ursprünglichen Funktion und Bedeutung der Geometrie eine besondere Bedeutung zuzuweisen. Auch im Hinblick auf den Geometrieunterricht gehört das Messen wie das Zeichnen zu den vielfach geübten Fertigkeiten. Es ist deshalb nicht verwunderlich, dass auch das Messen ein Zugang ist, den die Schülerinnen und Schüler zu den Untersuchungsaufgaben wählen. Die „Betonung des Messens" ergab sich als vorläufige Kategorie für ein Vorgehen der Schülerinnen und Schüler, bei denen zum Lineal oder Geodreieck gegriffen wird.

Zur Bearbeitung der ersten Untersuchungsaufgabe „Rechteck" war das Messen gewünscht und zum Zeichnen des Rechtecks mit vorgegebenen Seitenlängen erforderlich. Ein Schüler betont selbst die Wichtigkeit solcher Grundfertigkeiten:

Das müsste eigentlich jeder darauf haben, finde ich. (Sven)

Obwohl wie ein Abschnitt 7.1.2 beschrieben solche Grundlagen nach Angaben der Schülerinnen und Schüler im Unterricht häufig geübt und auch als wichtig anerkannt werden, kommt es bei zwei Untersuchungspaaren zu Schwierigkeiten, was die Verwendung und Handhabung des Geodreiecks angeht.

Bei den übrigen drei Untersuchungsaufgaben „L-Fläche", „Wandfläche" und „Zimmermann" führt das Messen von Strecken nicht zur richtigen Lösung. Vor allem bei den Aufgaben „L-Fläche" und „Zimmermann" gibt es Schwierigkeiten, die sich durch das Messen von Strecken in den vorgegebenen Zeichnungen ergeben.

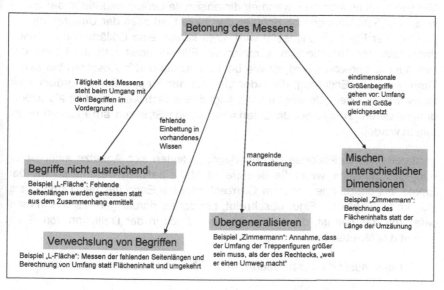

Abbildung 92: Mögliche Verbindungen und Beispiele für Konsequenzen zur vorläufigen Kategorie „Betonung des Messens"

Die Abbildung 92 zeigt mögliche Verbindungen und einige Beispiele für Konsequenzen. Bei der Aufgabe L-Fläche ist zur Berechnung des Umfangs und je nach Lösung auch zur Berechnung des Flächeninhalts eine der fahlenden Seitenlängen aus dem Zusammenhang zu ermitteln. Da die vorgegebene Zeichnung nicht maßgenau ist, führt ein Messen Seite nicht zur richtigen Lösung.

Der Versuch, die fehlenden Seitenlängen der L-Fläche durch Ausmessen zu bestimmen ist bei SinaVera und SvenTimo zu finden.

Bei der Aufgabe „Zimmermann" greift Sven zum Geodreieck. Sina betont die Schwierigkeit der Aufgabe damit, dass nicht bekannt war, wie lang die Teilstrecken bei den Treppenfiguren waren.

Die mangelnde Fähigkeit der Schülerinnen und Schüler, die fehlende Seitenlänge aus dem Zusammenhang zu ermitteln, ist ein Hinweis dafür, dass der Begriff „Umfang einer Figur" nicht ausreichend definiert ist, denn dieser ist bei der L-Fläche bereits durch die beiden angegebenen Seitenlängen festgelegt, beim Zimmermann entspricht der Umfang der Treppenfiguren dem Umfang des Rechtecks.

Zum Mischen unterschiedlicher Dimensionen im Zusammenhang mit dem Messen kann es kommen, wenn eindimensionale Größenbegriffe in der Sichtweise der Schülerinnen und Schüler dominieren, so dass der Umfang mit der Größe einer Figur gleichgesetzt wird. Dies könnte eine Erklärung dafür sein, dass beim der Aufgabe Zimmermann der Flächeninhalt statt die Länge der Umzäunung berechnet wird, so wie bei EmmaJana und in Ansätzen bei SvenTimo. Auch die Erklärung, dass der Umfang der Treppenfiguren größer sein muss, weil er einen „Umweg" macht, folgt dieser Sichtweise und ist als „Übergeneralisieren" zu deuten, da Eigenschaften von Strecken auf Flächen übertragen werden.

In abgefragten Definitionen zu den Begriffen finden sich Ansätze einer Betonung des Messens, wenn die Begriffe als Maße definiert werden, so wie bei Emma, als die „Länge von dem Ganzen" oder bei Enno der den Umfang als die Umrandung einer Figur beschreibt, bei der es darum geht zu bestimmen „wie groß das halt ist, da wird gemessen". Auch in der Definition von Sven kommt das Messen vor:

> Dann musst du das messen, um die Meterzahl rauszukriegen. (Sven)

Bei der Definition zum Flächeninhalt heißt es dazu:

> Da guckst du, was hier alles drinnen ist. (Emma)
> Der Inhalt, wie viel da rein passt. (Enno)
> Damit man sehen kann, wie viel man braucht. (Sven)

Die Definitionen der Begriffe, in denen das Messen betont wird, enthalten häufig auch Alltagsbeispiele, die an Aufgabenstellungen aus dem Unterricht orientiert sind. Im Zusammenhang mit der Einschränkung auf Bekanntes wurde hierzu bereits das Beispiel der benötigten Wassermenge eines Schwimmbades erwähnt. Außerdem werden noch die Größe eines Gebäudes, Raumes, Teppichs, einer Tischfläche sowie die Länge eines Zaunes genannt. Vor allem in den sogenannten „Anwendungsaufgaben" spielt das Messen im Zusammenhang mit dem Bestimmen des „Umfangs" und des „Flächeninhalts" eine bedeutende Rolle.

9 Zusammenfassung und Ausblick

Als Ziel der vorliegenden Arbeit werden letztendlich vier geometrische Denkweisen beschrieben und strukturiert, die an dieser Stelle noch einmal zusammengefasst werden. Um einen Ausblick zu geben, wird hiernach der Ertrag der Arbeit reflektiert und es werden zukünftige Untersuchungsaufgaben skizziert.

9.1 Zusammenfassung

Nicht erst seit dem Bekanntwerden der Ergebnisse der PISA-Studie, ist ein dringendes Anliegen des Mathematikunterrichts die Förderung von Schülerinnen und Schülern im unteren Leistungsbereich, deren Anteil in Deutschland mit mehr als 20 Prozent nach wie vor höher als in den meisten anderen vergleichbaren Ländern ist. Trotz einiger Bemühungen, zeigen Vergleiche der PISA-Ergebnisse 2000 bis 2006, dass bis jetzt kaum Veränderungen zu erkennen sind.

Wichtig für eine notwendige Weiterentwicklung des Mathematikunterrichts ist die Beantwortung von Fragen zu individuellen Vorstellungen und Denkweisen sowie besonderen Schwierigkeiten dieser Schülerinnen und Schüler im unteren Leistungsbereich:

- Wie sind die Vorgehensweisen beim Lösen der PISA-Aufgaben?
- Welche besonderen Schwierigkeiten zeigen sich?
- Welche Fehler werden gemacht?
- Welche Vorstellungen gibt es von den vorkommenden Begriffen?

Solche Fragestellungen lassen sich allein anhand der PISA-Ergebnisse nicht ausreichend beantworten. PISA liefert globale Daten über Bildungssysteme. Die Ergebnisse darf man nicht ohne weiteres auf einzelne Schülerinnen und Schüler beziehen. Neue Erkenntnisse hinsichtlich individueller Denkweisen zeigen sich, wenn neben den Ergebnissen auch die Lösungsprozesse analysiert werden. So lassen sich die Resultate der PISA-Studie besser einschätzen und interpretieren. Hier liegt der Ausgangspunkt der vorliegenden Arbeit, in der individuelle Denkweisen von Schülerinnen und Schülern beim Lösen von PISA-Aufgaben untersucht wurden, mit dem Ziel sie genauer zu beschreiben und zu strukturieren.

Aufgrund der Mitarbeit der Autorin an der Durchführung und Auswertung der PISA-Studie 2003 und der Zuständigkeit für den Bereich der Geometrieaufgaben geht es in dieser Arbeit um die Erfassung geometrischer Denkweisen. Zudem gibt es Erkenntnisse, dass gerade im Bereich der Geometrie ein Ansatz zur Förderung der Mathematikleistungen insgesamt liegt (Neubrand u.a. 2005, 81). Weil mathematisches Denken sich vor allem geometrischer Stützen bedient, sind geometrische Denkweisen für den Mathematikunterricht insgesamt von grundlegender Bedeutung. Deshalb werden seit den 70er Jahren kontinuierlich Argumentationslinien für eine Förderung geometrischen Denkens und geometrischer Begriffsbildung im Mathematikunterricht vorgetragen (Bauersfeld 1967, Winter 1976).

In der durchgeführten qualitativen Studie wurde untersucht, wie Hauptschülerinnen und Hauptschüler ausgewählte PISA-Aufgaben zu den Begriffen „Umfang" und „Flächeninhalt" lösen, welche geometrischen Denkweisen dabei zum Ausdruck kommen und wie sich diese beschreiben und strukturieren lassen. Den theoretischen Hintergrund bilden hierfür das Grundbildungskonzept von PISA sowie grundlegende Aspekte geometrischen Denkens und geometrischer Begriffsbildung sowie einige ausgewählte Sichtweisen aus Kognitionspsychologie und Mathematikdidaktik. Einen Orientierungsrahmen liefert das Modell der Didaktischen Rekonstruktion als gemeinsames Forschungsparadigma des Promotionsprogramms ProDid der Universität Oldenburg. In diesem Modell geht es darum, theoretische Sichtweisen mit Lernerperspektiven so in Beziehung zu setzen, dass daraus ein Lerngegenstand entwickelt werden kann (Kattmann u.a. 1997, 3).

Da sich interne Denkprozesse einem direkten Zugriff entziehen, wurde für die Erhebung ein mehrphasiges Design angewendet, indem Daten aus verschiedenen Erhebungsphasen zusammengefügt werden (vgl. Busse und Borromeo Ferri 2003). Bei der ergänzenden qualitativen Studie der vorliegenden Arbeit folgen auf die Bearbeitung der Untersuchungsaufgaben ein Nachträgliches Lautes Denken, ein Interview und eine Nachbearbeitung der Aufgaben.

Es werden zudem qualitative und quantitative Analysen in wechselseitigem Nutzen miteinander verbunden. Die Ergebnisse der Arbeit bestätigen, dass sich die untersuchten Hauptschülerinnen und Hauptschüler trotz der veränderten Untersuchungssituation ähnlich verhalten, wie die PISA-Schülerinnen und Schüler und sich viele Verbindungen herstellen lassen. Vorgehensweisen, besondere Schwierigkeiten sowie Hinweise auf Vorstellungen von den Begriffen der untersuchten Schülerinnen und Schüler bieten Erklärungsansätze für die PISA-Ergebnisse. Fehler der untersuchten Schülerinnen und Schüler gehören zu den häufigen Fehlern der PISA-Schülerinnen und –Schüler. Dargestellte Ergebnisse gewinnen daher den Charakter des Exemplarischen.

Aus den durchgeführten Analysen ergeben sich vorläufige Kategorien zur Beschreibung und Strukturierung geometrischer Denkweisen, die als Ergebnis der vorliegenden Arbeit zu vier geometrischen Denkweisen generiert werden. Diese vier geometrischen Denkweisen werden hier zusammengefasst:

Begriff ist Formel

Charakteristisch für diese geometrische Denkweise ist das Abarbeiten einer abgespeicherten, mathematischen Standard-Prozedur. Die dahinter stehenden Vorstellungen und Vorgehensweisen sind schematisch und formelorientiert. Folgende Schwierigkeiten und Fehler werden im Zusammenhang mit dieser geometrischen Denkweise beschrieben: Die Gleichsetzung von Begriffen mit bekannten Formeln, mangelnde Kontrastierungen, fehlende Einbettungen in vorhandenes Wissen und die Verarbeitung ohne ein Vorstellen der gegebenen Situationen.

Dominanz des Berechnens

Unter dieser geometrischen Denkweise werden Vorstellungen und Vorgehensweisen zusammengefasst, bei denen das Berechnen gegenüber der algebraischen Struktur der Aufgabe dominiert. Die Definitionen der Begriffe sind dabei eng mit Rechenoperationen verbunden. Zu den Schwierigkeiten und Fehlern, die auf diese geometrische Denkweise zurückgeführt werden, gehören vor allem Verwechslungen von Rechenoperationen und mangelne Vernetzungen.

Einschränkung auf Bekanntes

Dieser geometrischen Denkweise werden Vorstellungen und Vorgehensweisen zugeschrieben, bei denen ein begrenzter Vorrat der zur Verfügung stehenden Figuren, Formeln oder Verfahren zum Ausdruck kommt und die notwendige Fähigkeit zum Verallgemeinern unzureichend ist. Schwierigkeiten und Fehler resultieren aus dem Rückgriff auf Standardbeispiele, die nicht zur Situation der Aufgabe passen.

Messen statt Strukturieren

Bei dieser geometrischen Denkweise steht das Messen gegenüber dem Strukturieren geometrischer Inhalte im Vordergrund. Statt unbekannte Größen aus dem Zusammenhang zu ermitteln, beziehungsweise auf einer begrifflichen Ebene zur Lösung einer Aufgabe zu kommen, werden Zeichengeräte verwendet. Schwierigkeiten und Fehler sind auf solche Vorgehensweisen des Messens und damit verbundene Vorstellungen zurückzuführen.

9.2 Ausblick

Das Ziel der vorliegenden Arbeit ist die Beschreibung und Strukturierung geometrischer Denkweisen von Hauptschülerinnen und Hauptschülern, die zu Schwierigkeiten beim Lösen von PISA-Aufgaben führen. Die Untersuchungsergebnisse zeigen, dass die Schwierigkeiten dieser Schülerinnen und Schüler beim Bearbeiten geometrischer Fragestellungen mit einer Begrenztheit geometrischer Denkweisen einhergehen. Die Analysen der Daten führen zu verschiedenen, vorläufigen Kategorien, die Bedingungen und Konsequenzen dieser Begrenztheit in Beziehung setzen. Letztendlich werden vier geometrische Denkweisen generiert. Aus der Beschreibung und Strukturierung dieser geometrischen Denkweisen werden für diesen Ausblick Konsequenzen auf zwei verschiedenen Ebenen abgeleitet. Diese betreffen auf didaktischer Ebene die Praxis der Mathematiklehrerinnen und –lehrer und in Bezug auf die PISA-Studie den Nutzen für die Interpretation der Ergebnisse durch die Verbindung quantitativer und qualitativer Analysen.

Ertrag für die Praxis der Mathematiklehrerinnen und Mathematiklehrer

Nach dem verwendeten Orientierungsrahmen der Didaktischen Rekonstruktion ergibt sich der Ertrag für die Praxis aus der Didaktischen Strukturierung, die aus dem wechselseitigen Vergleich der theoretischen Positionen und der Vorstellungen und Vorgehensweisen der Schülerinnen und Schüler erwächst. Wie in diesem Zusammenhang dargestellt, ergeben sich Hinweise für den Geometrieunterricht.

Die vier beschriebenen geometrischen Denkweisen können eine konkrete Orientierungshilfe für Mathematiklehrerinnen und Mathematiklehrer hinsichtlich der Förderung geometrischen Denkens und geometrischer Begriffsbildung sein. Sie kommen gleichermaßen in allen vier Untersuchungsaufgaben vor und sind auf weitere Inhalte und andere geometrische Begriffe übertragbar. Beispielhaft werden nachfolgend einige Hinweise für den Unterricht gegeben, die im Zusammenhang mit den vier geometrischen Denkweisen aufgelistet sind:

„Begriff ist Formel"

-   statt dem Abarbeiten abgespeicherter, mathematischer Standard-Prozeduren das Mathematisieren lernen,

- statt schematischer und formelorientierter Vorstellungen inhaltliche Vorstellungen zu geometrischen Begriffen aufzubauen,

„Dominanz des Rechnens"

- algebraische Strukturen bewusst verdeutlichen,
- Rechenoperationen im Zusammenhang mit Begriffen nicht vorgeben, sondern selbst erschließen lassen um Verwechslungen vorzubeugen,

„Einschränkung auf Bekanntes"

- nicht immer auf Standardbeispiele zurückgreifen,
- Aufgaben variieren,
- den begrenzten Figurenschatz erweitern,

„Messen statt Strukturieren"

- Aufgaben nicht nur zum Messen, sondern auch zum Verstehen der inneren Strukturen,
- geometrische Zusammenhänge in den Vordergrund stellen,

Allgemeine Aspekte zum Verstehen geometrischer Begriffe, die im Zusammenhang mit allen vier geometrischen Denkweisen genannt werden, sind:

- Vernetzen: Einbetten in vorhandenes Wissen (Wagenschein 1970)
- Kontrastieren: Begriffe bewusst einander gegenüberstellen (Aebli 1963)
- Verallgemeinern: einen Schritt ins Allgemeine gehen (Neubrand 2007)

Weitere Bezugspunkte bilden im Sinne der verwendeten Methodologie die theoretischen Positionen, denn der theoretische Teil der vorliegenden Arbeit ging der Analyse nicht voraus, sondern entstand im Zusammenhang mit der Auswertung und bezieht Aspekte, deren Bedeutung sich aus den Daten ergibt, mit ein. Aus der Tradition der deutschen Mathematikdidaktik werden beispielsweise Argumentationslinien zur Förderung geometrischen Denkens geschildert (Bauersfeld 1993, Winter 1976, Wittmann 1999) und die breiten Sichtweisen von Geometrie (vgl. Vollrath 1999 und Neubrand 2010), in denen die Multiperspektivität zum Ausdruck kommt. Weitere Positionen, die ein Geometrielernen im Sinne des Literacy-Anspruchs von PISA fördern, sind im Zusammenhang mit den mathematikdidaktischen Hintergründen zu sehen, in denen die begriffsbildende Seite der Mathematik betont wird (Freudenthal, 1977).

Stufenorientierte Modelle, wie das van-Hiele-Modell können eine Hilfestellung bieten, um unterschiedliche Ebenen, zum Beispiel der Darstellung, im Unterricht zu berücksichtigen. Sie sind dabei aber nur eine mögliche Interpretation und können nicht allein einer umfassenden Beschreibung individueller Vorstellungen und Vorgehensweisen dienen. Auch die schematische Einteilung von Begriffen birgt einige Nachteile, die im Gegensatz zur Multiperspektivität der Schulgeometrie stehen. Vor allem auch in der Geometrie der Hauptschule sollte das Verstehen der grundlegenden Mathematik vorrangiges Ziel sein. Dabei wird das Netz von Begriffen immer wieder neu strukturiert und weiter entwickelt.

Ertrag für die Interpretation der PISA-Ergebnisse durch die Verbindung quantitativer und qualitativer Analysen

Für diese Arbeit wurde der Anspruch eingelöst, quantitative Analysen mit qualitativen Analysen in wechselseitigem Nutzen miteinander zu verbinden. Für jede der Untersuchungsaufgaben konnten Verbindungen mit den PISA-Ergebnissen hergestellt werden. Die Ergebnisse der qualitativen Analysen gewinnen den Charakter des Exemplarischen, weil sie in den PISA-Ergebnissen wieder gefunden werden können. Die Vorgehensweise von Emma bei der Aufgabe „Wandfläche" und die in diesem Zusammenhang erhobenen Vorstellungen steht beispielsweise für all die vielen PISA-Schülerinnen und –Schüler, die auf das gleiche, falsche Ergebnis kommen. Indem Emma bei ihrem Vorgehen beobachtet und dazu befragt wird, werden Ansätze zur Interpretation der PISA-Ergebnisse gefunden. In diesem Fall zum Beispiel die Vorstellung von Emma die Wandfläche als „das Innere" zu beschreiben, ohne zwischen den Dimensionen „2D" und „3D" zu unterscheiden.

Ertrag für zukünftige Forschung – offene Forschungsfragen

Auch die offenen Forschungsfragen werden den beiden beschriebenen Ebenen zugeordnet.

Fragen nach individuellen Vorstellungen und Vorgehensweisen lassen sich anhand der Ergebnisse globaler Schulleistungsstudien nicht ausreichend beantworten, denn man darf die Ergebnisse nicht ohne Weiteres auf einzelne Schülerinnen und Schüler beziehen. Außerdem werden bei PISA die Ergebnisse und weniger die Lösungsprozesse betrachtet. Die vorliegende Arbeit zeigt eine Möglichkeit, dass die Ergebnisse groß angelegter Studien wie PISA auch hinsichtlich einer individuellen Förderung einzelner Schülerinnen und Schüler genutzt werden können. Diese Ansätze sollten weiter verfolgt werden, denn hinsichtlich einer angemessenen Interpretation der PISA-Daten gibt es weiteren Forschungsbedarf. Mit dem Vorgehen der vorliegenden Arbeit und unter Berücksichtigung quantitativer und qualitativer Ansätze, könnten weitere PISA-Aufgaben, auch aus anderen Stoffgebieten, untersucht werden.

Für die Praxis der Mathematiklehrerinnen und -lehrer könnte das dargestellte Modell möglicher Verbindungen und Beispiele für die Begrenztheit geometrischer Denkweisen weiterentwickelt werden, zu einem Unterrichtsmodell, das die verschiedenen Aspekte geometrischer Denkweisen betont. Es sollte in diesem Zusammenhang auch über geeignete Aufgaben nachgedacht werden, die einer Begrenztheit geometrischer Denkweisen vorbeugen können und die sich nicht in ihrer Orientierung an der Welt erschöpfen, sondern auf das Verstehen innmathematischer Strukturen abzielen.

Wie die beschriebenen Untersuchungen von Blanco (2001), Ma (1999) und die Coactiv-Studie[10] zeigen, ist es vor allem wichtig, die Perspektive der Lehrenden zu berücksichtigen, denn Veränderungen zur Weiterentwicklung des Mathematikunterrichts setzen in der Aus- und Fortbildung von Mathematiklehrerinnen und Lehrern an.

---

[10] Bei der COACTIV-Studie handelt es sich um eine von Jürgen Baumert u.a. durchgeführte Untersuchung zur Kompetenz von Mathematiklehrkräften, die die PISA-Ergebnisse ergänzt (vgl. http://www.mpib-berlin.mpg.de/coactiv/studie/)

Literaturverzeichnis

Aebli, H. (1963). *Psychologische Didaktik*. Stuttgart: Klett.

Aebli, H. (1985). Das operative Prinzip. *Mathematik lehren*, 11, 4-6.

Aebli, H. (2003). *Zwölf Grundformen des Lehrens. Eine allgemeine Didaktik auf psychologischer Grundlage*. Stuttgart: Klett.

Alexandrov, A.D. (1994). Geometry as an element of culture. In D.R. Robitaille u.a. (Hrsg.) *Selected lecture from the 7th International Congress on Mathematical Education* (pp 365-368), Sainte-Foy.

Anderson, J.R. (1989). *Kognitive Psychologie: Eine Einführung*. Heidelberg: Spektrum.

Artmann, B. (1979). *Elementargeometrie Vorlesungsskript*. WS 1978/79. Unveröffentlichtes Vorlesungsskript, Technische Hochschule Darmstadt.

Bauersfeld, H. (1967). Die Grundlegung und Vorbereitung geometrischen Denkens in der Grundschule. In Ruprecht, H. (Hrsg.), *Erziehung zum produktiven Denken*. Freiburg: Herder.

Bauersfeld, H. (1993). Drei Gründe geometrisches Denken in der Grundschule zu fördern. In *Mathematica Didactica* 16 (1), 3-25.

Bauhoff, E., Jordt, D. und Tiedemann, H. (Hrsg.) .(1991). *Die Welt der Zahl. 7. Schuljahr. Ausgabe Nord*. Hannover: Schroedel.

Baumert, J., Klieme, E., Neubrand, M., Prenzel, M., Schieferle, U., Schneider, W., Stanat, P., Tillmann, K.-J. und Weiß, M. (Hrsg.). (2001). *PISA 2000. Basiskompetenzen von Schülerinnen und Schülern im internationalen Vergleich*. Opladen: Leske + Budrich.

Baumert, J., Lehmann, R., Lehrke, M., Schmitz, B., Clausen, M., Hosenfeld, I., Köller, O. und Neubrand, J. (1997). *TIMSS – Mathematisch-naturwissenschaftlicher Unterricht im internationalen Vergleich. Deskriptive Befunde*. Opladen: Leske und Budrich.

Blanco, L.J (2001). Errors in the teaching/ learning of the basic concepts of geometry. *International Journal for Mathematics Teaching and Learning*, 2-11.

BLK (Hrsg.). (1997). *Gutachten zur Vorbereitung des Programms „Steigerung der Effizienz des mathematisch-naturwissenschaftlichen Unterrichts"* (Materialien zur Bildungsplanung und Forschungsförderung, Heft 60). Bonn: Qualitätsentwicklung im Mathematikunterricht. Pädagogik, 52 (12), 22-26.

Blum, W. (1996). Anwendungsbezüge im Mathematikunterricht – Trends und Perspektiven. In G. Kadunz, H. Kautschitsch, G. Ossimitz und E. Schneider (Hrsg.), *Trends und Perspektiven* (S. 15-38). Wien: Hölder-Pichler-Tempsky (Schriftenreihe Didaktik der Mathematik 23).

Blum, W., Drüke-Noe, Ch. Hartung, R. und Köller, O. (Hrsg.) (2006). *Bildungsstandards Mathematik: konkret. Sekundarstufe I: Aufgabenbeispiele, Unterrichtsanregungen, Fortbildungsideen*. Berlin: Cornelsen.

Blum, W., Neubrand, M., Ehmke, T., Senkbeil, M., Jordan, A., Ulfig, F. und Carstensen, C. (2004). Mathematische Kompetenz. In Prenzel, M., Baumert, J., Blum, W., Lehmann, R., Leutner, D., Neubrand, M., Pekrun, R., Rolff, H.-G., Rost, J. und Schiefele, U. (Hrsg.), *PISA 2003. Der Bildungsstand der Jugendlichen in Deutschland – Ergebnisse des zweiten internationalen Vergleichs* (S. 47-92). Münster: Waxmann.

Borromeo Ferri, R. (2004). *Mathematische Denkstile. Ergebnisse einer empirischen Studie.* Hildesheim: Franzbecker.

Bruner, J. S. (1974). *Entwurf einer Unterrichtstheorie.* Berlin: Berlin-Verlag.

Bruner, J. S. (1980). *Der Prozess der Erziehung.* Berlin: Berlin-Verlag.

Bryman, A. (1988). Quantity and Quality in Social Research. London: Urwin Hyman.

Bryman, A. (1992). Quantitative and qualitative research: further reflections on their integration. In J. Brannen (Ed.). *Mixing Methods: Quantitative and Qualitative Research* (pp. 57-80). Aldershot: Avebury.

Burger, W.F. and Shaughnessy, J.M. (1986). Characterizing the van Hiele levels of development in geometry. In *Journal for Research in Mathematics Education,* 17 (1), S. 31-48.

Busse, A. und Borromeo Ferri, R. (2003). Agieren, kommentieren, reflektieren – ein Beitrag zur Methodendiskussion in der Mathematikdidaktik. *Beiträge zum Mathematikunterricht 2003,* S. 169-172.

Carstensen, C., Knoll, S., Rost, J. und Prenzel, M. (2004). Technische Grundlagen. In Prenzel, M., Baumert, J., Blum, W., Lehmann, R., Leutner, D., Neubrand, M., Pekrun, R., Rolff, H.-G., Rost, J. und Schiefele, U. (Hrsg.), *PISA 2003. Der Bildungsstand der Jugendlichen in Deutschland – Ergebnisse des zweiten internationalen Vergleichs* (S.371-388). Münster: Waxmann.

Carstensen, C., Knoll, S., Siegle, T., Rost, J. und Prenzel, M. (2005). Technische Grundlagen des Ländervergleichs. In Prenzel, M., Baumert, J., Blum, W., Lehmann, R., Leutner, D., Neubrand, M., Pekrun, H.-G., Rost, J. und Schiefele, U. (Hrsg.) (2005). *PISA 2003: Der zweite Vergleich der Länder in Deutschland – Was wissen und können Jugendliche?* (S. 385-402). Münster: Waxmann.

Dienes, Z. P. (1970). *Methodik der modernen Mathematik: Grundlagen für Lernen in Zyklen.* Freiburg: Herder.

Dana, M.E. (1987): *Geometry: A Square Deal for Elementary School.* In Learning and Teaching Geometry, K-12 Yearbook, The National Council of Teachers of Mathematics. S. 113-125.

Devlin, K. (2002). *Muster der Mathematik: Ordnungsgesetze des Geistes und der Natur.* Heidelberg: Spektrum.

Flick, U. (2005). *Qualitative Sozialforschung. Eine Einführung.* Hamburg: Rowohlt.

Flick, U. (2008). *Triangulation. Eine Einführung.* Wiesbaden: Verlag für Sozialwissenschaften.

Franke, M. (2000). *Didaktik der Geometrie.* Berlin, Heidelberg: Spektrum.

Freudenthal, H. (1973). *Mathematik als pädagogische Aufgabe. (Bd. 1 und 2)*. Stuttgart: Ernst Klett Verlag.

Freudenthal, H. (1983). *Didactical phenomenology of mathematical structures*. Dordrecht: Kluwer.

Fricke, A. (1983). *Didaktik der Inhaltlehre*. Stuttgart: Klett.

Geldermann, u.a. (1991). *Lernstufen Mathematik, Klasse 7*. Hauptschule Ausgabe Nord. Düsseldorf: Cornelsen.

Glaser, B. und Strauss, A. (1998). *Grounded Theory – Strategien qualitativer Forschung*. Bern: Huber.

Graumann, G., Hölzl, R., Krainer, K., Neubrand, M. und Struve, H. (1996). Tendenzen der Geometriedidaktik der letzten 20 Jahre. In *Journal für Mathematikdidaktik*, 17 (3/4), 164-226.

Hammersley, M. (1996). The Relationship between qualitative and quantitative research: paradigm loyality versus methodological eclecticism. In John T.E. Richardson (Ed.). *Handbook of Qualitative Research Methods for Psychology and the Social Sciences* (pp 159-174). Leicester: BPS-Books.

Hansen, L. (1998). General Considerations on Curricula designs in geometry. In Mammana, C.; Villani, N. (Eds.) (1998): *Perspectives on the teaching of geometry for the 21th century. An ICMI Study* (pp 235-242). Dordrecht, Boston, London: Kluwer Academic Publishers.

Heymann, H. W. (1996). *Allgemeinbildung und Mathematik*. Weinheim: Beltz.

Hiebert, J. (ED) (1986). *Conceptual and procedural knowledge: The case of mathematics*. Hillsdale, NJ: Erlbaum.

van Hiele, P.M. (1964): Piagets Beitrag zu unserer Einsicht in die kindliche Zahlbegriffsbildung. In *Rechenunterricht und Zahlbegriff*. Braunschweig: Westermann.

van Hiele, P.M. und van Hiele-Geldorf, D. (1978). Die Bedeutung der Denkebenen im Unterrichtssystem nach der didaktischen Methode. In Steiner, H.G. (Hrsg.), *Didaktik der Mathematik*. Darmstadt: Wissenschaftliche Buchgesellschaft.

Holland, G. (1996). *Geometrie in der Sekundarstufe. Didaktische und methodische Fragen*. Heidelberg: Spektrum.

Holland, G. (2007). *Geometrie in der Sekundarstufe. Entdecken, Konstruieren, Deduzieren. Didaktische und methodische Fragen*. Hildesheim, Berlin: Franzbecker.

Jansing, R. (2008). *Vorgehensweisen von Schülerinnen und Schülern der Hauptschule beim Lösen der PISA-Aufgabe „L-Fläche"*. Masterarbeit im Fach Elementarmathematik an der Carl von Ossietzky Universität Oldenburg.

Jick, T. (1983). Mixing Qualitative and Quantitative Methods: Triangulation in Action. In John van Maanen (Ed.), *Qualitative Methodology* (pp 153-148). London, Thousand Oaks, New Delhi: Sage.

Jürgens, M. (2008). *Skizzen von Hauptschülerinnen und Hauptschülern zur PISA-Aufgabe „Wandfläche".* Masterarbeit im Fach Elementarmathematik an der Carl von Ossietzky Universität Oldenburg.

Kadunz G. , Sträßer, R. (2008). *Didaktik der Geometrie in der Sekundarstufe I.* Hildesheim, Berlin: Franzbecker.

Karaschewski, H. (1966). *Wesen und Weg des ganzheitlichen Rechenunterrichts.* Stuttgart: Klett.

Kattmann, U. Duit, R., Gropengießer, H. und Komorek, M (1997). Das Modell der Didaktischen Rekonstruktion – Ein Rahmen für naturwissenschaftliche Forschung und Entwicklung. *Zeitschrift für Didaktik der Naturwissenschaften* 3 (3), 3-18.

Kattmann, U. und Gropengießer, H (1996). Modellierung der didaktischen Rekonstruktion. In Duit, R. und Röhneck, C.: *Lernen in den Naturwissenschaften,* IPN Kiel. 180 – 204.

Kautschitsch, H. (1989). *Anschauliches Beweisen.* Wien: Hölder-Pichler-Tempsky.

Kelle, U. (2007). *Die Integration qualitativer und quantitativer Methoden in der empirischen Sozialforschung – Theoretische Grundlagen und methodologische Konzepte.* Wiesbaden: Verlag für Sozialwissenschaften.

Kintsch, W. und Greeno, J. G. (1985). Understanding and solving word arithmetic problems. *Psychological Review*, 92, 109-129.

Kirk, J.L. und Miller, M. (1986). *Reliability and Validity in qualitative Research.* Beverly Hills: Sage.

Krauthausen, G. und Scherer, P. (2008). *Einführung in die Mathematikdidaktik.* Heidelberg: Spektrum.

Kliemann, S., u.a. (2007). *mathe live 6, Mathematik für die Sekundarstufe I.* Stuttgart: Klett.

Klieme, E. und Bos, W. (2000). Mathematikleistung und mathematischer Unterricht in Deutschland und Japan. Triangulation qualitativer und quantitativer Analysen am Beispiel der TIMSS-Studie. *Zeitschrift für Erziehungswissenschaft.* (2000) v. 3 (3). 359-379.

Klieme, E., Neubrand, M. und Lüdtke, O. (2001). Mathematische Grundbildung: Testkonzeption und Ergebnisse. In J. Baumert, E. Klieme, M. Neubrand, M. Prenzel, U. Schiefele, W. Schneider, P. Stanat, K.-J. Tillmann und M. Weiß (Hrsg.) *PISA 2000. Basiskompetenzen von Schülerinnen und Schülern im internationalen Vergleich* (S. 139-190). Opladen: Leske und Budrich.

Klipatrick, J. (2002). Understanding mathematical literacy: The contribution of research. In L. Bazzini und C. Whybrow Inchley (Eds.), *Mathematics literacy in the digital era: Proceedings CIEAEM-53, Verbania, Italy, July 2001*, (pp 62-72). Milano: Ghisetti und Corvi, 62-72.

Klipatrick, J., Swafford, J. und Findell, B. (Eds.) (2001). *Adding it up: Helping children learn mathematics.* Washington, DC: National Academy Press.

Krauthausen, G. und Scherer, P. (2007). *Einführung in die Mathematikdidaktik.* Heidelberg: Spektrum.

Kultusministerkonferenz – KMK (Hrsg.) (2004). *Bildungsstandards im Fach Mathematik für den Hauptschulabschluss* (Jahrgangsstufe 9). Neuwied: Wolters-Kluwer und Luchterhand.

de Lange, J. (1987). *Mathematics, insight and meaning.* Utrecht: Institut OW &OC.

de Lange, J. (1996). Real problems with real world mathematics. In C. Alsina et al. (Eds.), *Proceedings of the 8th International Congress on Mathematical Education,* Sevilla, July 1996. Sevilla: S.A.E.M. Thales, 83-110.

Leppich, M. (2001) (Hrsg.). *Lernstufen Mathematik 7.* Hauptschule. Ausgabe Nord. Düsseldorf: Cornelsen.

Ma, L. (1999). *Knowing and Teaching Elementary Mathematics. Teachers´ Understanding of Fundamental Mathematics in China and the United States.* New Jersey: Lawrence Erlbaum Associates.

Malloy, C.E. (1999). Perimeter and area through the van Hiele Model. In *Mathematics Thinking in the Middle School 5* (Oktober 1999), 87-90.

Mey, G. und Mruck, K. (2009). Methodologie und Methodik der Grounded Theory. In W. Kempf & M. Kiefer (Hrsg.), *Forschungsmethoden der Psychologie. Zwischen naturwissenschaftlichem Experiment und sozialwissenschaftlicher Hermeneutik. Band 3: Psychologie als Natur- und Kulturwissenschaft. Die soziale Konstruktion der Wirklichkeit* (S.100-152). Berlin: Regener.

Ministerium für Bildung, Wissenschaft, Forschung und Kultur des Landes Schleswig-Holstein (Hrsg.) (1997). *Lehrplan für die Sekundarstufe der weiterführenden allgemeinbildenden Schulen Hauptschule, Realschule, Gymnasium, Gesamtschule. Mathematik.* Kiel.

Ministerium für Bildung, Wissenschaft, Forschung und Kultur des Landes Schleswig-Holstein (Hrsg.) (1997). *Lehrplan Grundschule.* Kiel.

NCTM – National Council of Teachers of Mathematics (Ed.) (2000). *Principles and Standards for School Mathematics.* Reston, VA: NCTM.

Neubrand, J. (2002). *Eine Klassifikation mathematischer Aufgaben zur Analyse von Unterrichtssituationen. Selbsttätiges Arbeiten in Schülerarbeitsphasen in den Stunden der TIMSS-Video-Studie.* Hildesheim: Franzbecker.

Neubrand, M., Blum, W., Ehmke, T., Senkbeil, M., Jordan, A., Ulfig, F. und Carstensen, C. (2005). Mathematische Kompetenz im Ländervergleich. In Prenzel, M., Baumert, J., Blum, W., Lehmann, R., Leutner, D., Neubrand, M., Pekrun, R., Rolff, H.-G., Rost, J. und Schiefele, U. (Hrsg.) *PISA 2003. Der zweite Vergleich der Länder in Deutschland. Was wissen und können Jugendliche?* (S. 51-84). Münster: Waxmann.

Neubrand, M. (1981). Das Haus der Vierecke – Aspekte beim Finden mathematischer Begriffe. *Journal für Mathematik-Didaktik,* 2, 37-50.

Neubrand, M. (1994). Geometrieunterricht nach „new math": Die Öffnung der Perspektiven. In J. Schönbeck, H. Struve und K. Volkert (Hrsg.), *Der Wandel*

im Lehren und Lernen von Mathematik und Naturwissenschaften, Band 1:
Mathematik (S. 27-49). Weinheim: Deutscher Studienverlag.

Neubrand, M., Biehler, R., Blum, W., Cohors-Fresenburg, E., Flade, L., Knoche, N., Lind, D., Lödungs, W., Möller, A., und Wynands, A. (2001). Grundlagen der Ergänzung des internationalen PISA-Mathematik-Tests in der deutschen Zusatzerhebung. *Zentralblatt für Didaktik der Mathematik – Berichtsteil 33* (2), 45-59.

Neubrand, M. (Hrsg.) (2004). *Mathematische Kompetenzen von Schülerinnen und Schülern in Deutschland. Vertiefende Analysen im Rahmen von PISA 2000.* Wiesbaden: VS Verlag für Sozialwissenschaften.

Neubrand, M. und Neubrand, J. (2007). Geometrie: Was sollen Hauptschüler darüber wissen? In *Lernchancen* 55, 28-33.

Neubrand, M. (2010). Inhalte, Arbeitsweisen und Kompetenzen in der (Schul-) Geometrie: Versuch einer theoretischen Klärung. In M. Ludwig und R. Oldenburg (Hrsg.), *Basiskompetenzen in der Geometrie* (S. 11-34). Hildesheim: Franzbecker.

Niss, M. (2003). Mathematical competencies and the learning of mathematics: The Danish KOM Projekt. In A. Gagatsis und S. Papastavridis (Eds.), *3rd Mediteranean conference on mathematical education. Athens – Hellas 3-4-5 January 2003* (pp 115-124). Athens: The Hellenic Mathematical Society.

OECD – Organisation for Economic Co-operation and Development (Ed.). (1999). *Measuring student knowledge and skills: A new framework for assessment.* Paris: OECD [In deutscher Sprache: Deutsches PISA-Konsortium (Hrsg.). (2000). Schülerleistungen im internationalen Vergleich. Eine neue Rahmenkonzeption für die Erfassung von Wissen und Fähigkeiten. Berlin: Max-Planck-Institut für Bildungsforschung].

OECD – Organisation for Economic Co-operation and Development. (2001). *Knowledge and skills for life: First results from PISA 2000.* Paris: OECD [In deutscher Sprache: OECD. (2001). Lernen für das Leben: Erste Ergebnisse der internationalen Schulleistungsstudie PISA 2000. Paris: OECD].

OECD – Organisation for Economic Co-operation and Development (Ed.). (2003). *The PISA assessment framework – Mathematics, reading, science and problem solving knowledge and skills.*

OECD – Organisation for Economic Co-operation and Development. (2004). *Learning for tomorrow´s world. First results from PISA 2003.* Paris: OECD [In deutscher Sprache: OECD. (2003). Lernen für die Welt von morgen: Erste Ergebnisse von PISA 2003. Paris: OECD].

Orpwood, G. und Garden, R. A. (1998). *Assessing mathematics and science literacy.* Vancouver: Pacific Educational Press (TIMSS-monograph 4).

Piaget, J. (1967). Psychologie der Intelligenz. Stuttgart: Klett.

Piaget, J. und Inhelder, B. (1971). Die Entwicklung des räumlichen Denkens beim Kinde, Stuttgart: Klett.

Pohle, E. und Reiss, K. (1999). Operatives Üben im Geometrieunterricht. In *Grundschulunterricht*, H.10, S. 30-32.

Prediger, S. (2005). „Auch will ich Lernprozesse beobachten, um besser Mathematik zu verstehen." Didaktische Rekonstruktion als mathematikdidaktischer Forschungsansatz zur Restrukturierung von Mathematik. *Mathematica didactica* 28 (2005). 2

Prenzel, M., Baumert, J., Blum, W., Lehmann, R., Leutner, D., Neubrand, M., Pekrun, R., Rolff, H.-G., Rost, J. und Schiefele, U. (Hrsg.) (2004). *PISA 2003: Der Bildungsstand der Jugendlichen in Deutschland – Ergebnisse des zweiten internationalen Vergleichs.* Münster: Waxmann.

Prenzel, M., Baumert, J., Blum, W., Lehmann, R., Leutner, D., Neubrand, M., Pekrun, H.-G., Rost, J. und Schiefele, U. (Hrsg.) (2005). *PISA 2003: Der zweite Vergleich der Länder in Deutschland – Was wissen und können Jugendliche?* Münster: Waxmann.

Radatz, H. und Rickmeyer, K. (1991). *Handbuch für den Geometrieunterricht an Grundschulen.* Hannover: Schroedel.

Reusser, K. (1992). Kognitive Modellierung von Text-, Situations- und mathematischem Verständnis beim Lösen von Textaufgaben. In K. Reiss und M. Reiss (Hrsg.), *Maschinelles Lernen – Modellierung von Lernen mit Maschinen.* Berlin: Springer, 225-249.

Reusser, K. (1996). From cognitive modelling to the design of pedagogical tools. In S. Vosniadou, E. De Corte, R. Glaser und H. Mandl (Eds.), *International perspectives on the design of technology-supported learning environments.* Mahwah, NJ: Erlbaum, 81-103.

Schlump, S. (2007). *Professionelle Kompetenz von Lehrer(innen)n bei herausfordernden mathematikdidaktischen Szenarien.* Masterarbeit im Fach Elementarmathematik an der Carl von Ossietzky Universität Oldenburg.

Schoenfeld, A. (2001). Reflections on an impoverished education. In L. A. Steen (Ed.), *Mathematics and democracy: The case for quantitative literacy.* Princeton, NJ: National Council on Education and the Disciplines, 49-54.

Schoenfeld, A.H. (1986). *On Having and Using Geometric Knowledge.* In Hiebert, J. (Ed): Conceptual and Procedural Knowledge: the case of mathematics. Hillsdale, New Jersey: Erlbaum. S. 225-264.

Schupp, H. (1988). Anwendungsorientierter Mathematikunterricht in der Sekundarstufe I zwischen Tradition und neuen Impulsen. *Der Mathematikunterricht*, 34 (6), 5-16.

Steinke, I. (1999). *Kriterien qualitativer Forschung. Ansätze zur Bewertung qualitativ-empirischer Sozialforschung.* Weinheim, München: Juventa.

Steinke, I. (2009). Gütekriterien qualitativer Forschung. In Flick, U., von Kardoff, E., Steinke, I., (Hrsg.). *Qualitative Forschung – Ein Handbuch.* Reinbek: Rowohlt. 319 – 331.

Strauss, A. L. und Corbin, J. (1996). *Grounded Theory: Grundlagen qualitativer Sozialforschung.* Weinheim: Belz.

Strübing, J. (2008). *Grounded Theory. Zur sozialtheoretischen und epistemologischen Fundierung des Verfahrens der empirisch begründeten Typenbildung.* Heidelberg: Verlag für Sozialwissenschaften.

Tashakkori, A. und Teddlie, C. (Eds.) (2003). *Handbook of Mixed Methods in Social and Behavioral Research.* Thousand Oaks: Sage.

Tenorth, H. (1994). *"Alle alles zu lehren": Möglichkeiten und Perspektiven allgemeiner Bildung.* Darmstadt: Wissenschaftliche Buchgesellschaft.

Ulfig, F. (2003). Von Apfelbäumen, Tannen und Mathematik. Eine PISA-Aufgabe in der Grundschule. *Praxis Grundschule* (4). S. 46-49. Braunschweig: Westermann.

Ulfig, Frauke (2008). Hauptschülerinnen und Hauptschüler lösen Geometrieaufgaben der PISA-Studie 2003 – eine Triangulation qualitativer und quantitativer Analysen. *Beiträge zum Mathematikunterricht 2008, S.* 769-772.

Ulfig, Frauke (2009). Hauptschülerinnen und Hauptschüler lösen Geometrieaufgaben der PISA-Studie 2003 – Verbindung qualitativer und quantitativer Analysen. In Ludwig, M., Oldenburg, R. und Roth, J (Hrsg.), *Argumentieren, Beweisen und Standards im Geometrieunterricht* (133-141). Hildesheim, Berlin: Franzbecker.

Vollrath, H.-.J. (1978). Lernschwierigkeiten, die sich aus dem umgangssprachlichen Verständnis geometrischer Begriffe ergeben, In Lorenz, H. (Hrsg.), *Lernschwierigkeiten: Forschung und Praxis*, Aulis-Verlag, Köln, 57-73.

Vollrath, H.-J. (1982). Geometrielernen in der Hauptschule. In Vollrath, H.-J. (Hrsg.), *Geometrie* (S. 7-18). Stuttgart: Klett.

Vollrath, H.-J. (1982). Geometrie im Mathematikunterricht – eine Analyse neuerer Entwicklungen. In H. G. Steiner und B. Winkelmann (Hrsg.), *Fragen des Geometrieunterrichts (IDM-Untersuchungen zum Mathematikunterricht, Band 1)* (11-27). Köln: Aulis-Verlag.

Vollrath, H.-J. (1984). *Methodik des Begriffslernens im Mathematikunterricht.* Stuttgart: Klett.

Vollrath, H.-J. (1995). Modelle langfristigen Lernens von Begriffen im Mathematikunterricht. *Mathematik in der Schule* (33), 460-472.

Vollrath, H.-J. (1999). Ein Modell für das langfristige Lernen des Begriffs „Flächeninhalt". In Henning, H. (Hrsg.), *Mathematik lernen durch Handeln und Erfahrung. Festschrift für Heinrich Besuden* (S. 191-198). Oldenburg: Bültmann und Gerriets.

Wagenschein, M. (1970). *Ursprüngliches Verstehen und exaktes Denken 1.* Stuttgart: Klett.

Weidle, R. und Wagner, A. (1994). Die Methode des lauten Denkens. In Huber, G.; Mandl, H. (Eds.), *Verbale Daten* (S. 81-103). Weinheim: Psychologie Verlags Union, 81-103.

Winter, H. (1975). Allgemeine Lernziele für den Mathematikunterricht? *Zentralblatt für Didaktik der Mathematik* (7), 106-116.

Winter, H. (1976). Was soll Geometrie in der Grundschule? *Zentralblatt für Didaktik der Mathematik* (8), 14-18.

Winter, H. (1983). Über die Entfaltung begrifflichen Denkens im Mathematikunterricht. In *Journal für Mathematik-Didaktik* 4/3, 175-204.

Winter, H. (1995). Mathematikunterricht und Allgemeinbildung. *Mitteilungen der Gesellschaft für Didaktik der Mathematik*, 61, 37-46.

Wittmann, E. (1981). *Grundfragen des Mathematikunterrichts*. Braunschweig: Vieweg.

Wittmann, E. (1985). Objekte – Operationen – Wirkungen: Das operative Prinzip in der Mathematikdidaktik. In *Mathematik lehren* (11), 7-11.

Wittmann, E. (1987). *Elementargeometrie und Wirklichkeit: Einführung in geometrisches Denken*. Braunschweig: Vieweg.

Wittmann, E. Ch. (1999). Konstruktion eines Geometriecurriculums ausgehend von Grundideen der Elementargeometrie. In Henning, H. (Hrsg.), *Mathematik lernen durch Handeln und Erfahrung* (S. 250-223). Oldenburg: Bültmann und Gerriets.

Ziegenbalg, J. (2004). Das operative Prinzip und der Computer. In Krauthausen, G. und Scherer, P. (Hrsg.), *Mit Kindern auf dem Weg zur Mathematik*. Donauwörth: Auer.